电子设计丛书

元器件的识别与选用

(第二版)

王加祥　雷洪利　曹闹昌　宋　博　编著

西安电子科技大学出版社

内 容 简 介

本丛书以笔者多年教学实践与科研设计为基础，以众多学生学习电子设计的经历为参考，讲解了电子系统设计的基础方法，告诉初学者怎样跨过电子系统设计的门槛。本书详细介绍了电子系统设计过程中各种常见元器件的使用方法与选择技巧，第1章为基础知识，简要介绍了元器件的识别方法和应用原则；第2～9章介绍了各种常见元器件的分类、外形、特点、符号识别、参数识别、使用和选型等；第10章介绍了元器件数据手册的阅读方法。

本书图文并茂，内容丰富、新颖，实用信息量大，可为读者拓宽电子元器件选择的范围。本书可供从事电子系统应用研究的工程技术人员在进行元器件选择时参考，也可作为高等院校电子类专业本科生学习电子系统设计的入门指导，还可作为其他职业学校或无线电短训班的培训教材，对于电子爱好者也不失为一本较好的自学读物。

图书在版编目(CIP)数据

元器件的识别与选用 / 王加祥等编著. —2版. —西安：西安电子科技大学出版社，2020.4

ISBN 978-7-5606-5621-2

Ⅰ. ① 元…　Ⅱ. ① 王…　Ⅲ. ① 电子元器件—基本知识　Ⅳ. ① TN6

中国版本图书馆CIP数据核字(2020)第046385号

策划编辑　戚文艳

责任编辑　郑一锋　阎　彬

出版发行　西安电子科技大学出版社(西安市太白南路2号)

电　　话　(029)88242885　88201467　邮　　编　710071

网　　址　www.xduph.com　　电子邮箱　xdupfxb001@163.com

经　　销　新华书店

印刷单位　陕西天意印务有限责任公司

版　　次　2020年4月第2版　2020年4月第4次印刷

开　　本　787毫米×1092毫米　1/16　印　张　14

字　　数　325千字

印　　数　3451～6450册

定　　价　33.00元

ISBN 978 - 7 - 5606 - 5621 - 2 / TN

XDUP 5923002-4

前　言

本丛书自出版以来，经过5年的教学使用，部分内容需要进行优化。为更好地满足教学需求，根据读者建议及教学实践，编者对本丛书第一版进行了认真的修订，删去了一些不必要的内容，修改了部分文字、图片，增加了课后习题等相关的新内容。

本丛书第二版继续采用第一版的书籍名称，《元器件的识别与选用》一书将教会读者认识元器件，掌握元器件的特点、用途。《实用电路分析及应用》一书将教会读者怎样参考别人成熟的设计电路，掌握别人的设计思路，设计出自己的电路系统。《基于Altium Designer的电路板设计》一书将教会读者设计出自己需要的电路板，掌握电路板设计的要点。《电路板的焊接组装与调试》一书将教会读者怎样焊接自己设计的电路板，调试出电路系统所拥有的性能。通过这四本书的学习，读者可以轻松跨入电子系统设计的门槛。

编者根据多年从事电子系统设计和产品研发的经验，搜集整理大量的资料，编写了这本关于元器件认识、选择、使用的书籍。通过本书的学习，可以使读者对电子系统中常用的元器件有一个直观、全面的认识，在进行电子系统设计时，能够选择出更适合所设计系统的元器件。

本书继承了上一版的以下特点：

(1) 着重从应用领域角度出发，突出理论联系实际，面向广大工程技术人员，具有很强的工程性和实用性。书中有大量不同元器件的选择方法，为读者提供有益的借鉴。

(2) 系统全面地讲述了电子系统设计中常用的元器件系列，如电抗元件、电声元件、检测元件、显示元件、机电元件、半导体分立元件、半导体集成元件等，有助于工程设计人员全面了解掌握电子系统设计中常用的元件系列。

(3) 每个元件系列下还介绍了多种元器件，如电抗元件有电阻器、电位器、电容器、电感器、变压器等，以帮助工程设计人员按需求查找、筛选元器件，得到电子系统的最佳元器件选择方案。

(4) 元器件应用电路全部由工程设计案例中分解而出，有助于读者进一步掌握元器件的使用方法，从而提高对元器件灵活应用的能力，提高系统的可靠性。

(5) 配有大量元器件实物插图，在插图旁还配有详细说明，有助于读者直观了解并掌握元器件的外形特点，加深对元器件的认识。

(6) 讲解了元器件数据手册的阅读方法，有助于初学者准确、高效、快速阅读元器件数据手册，掌握元器件的性能参数。

本次修订在每章结束后增加了部分习题，便于读者检测该章节的学习情况，部分习题可能超出章节内容，需要读者查阅相关资料学习。

第二版继承了上一版的章节结构，共分为十章，其中第 1 章主要介绍元器件的识别和应用；第 2 至 9 章介绍电子系统中常用的电抗元件、电声元件、检测元件、显示元件、机电元件、半导体分立元件、半导体集成元件等，分别介绍了它们的分类、外形、特点、符号识别、参数识别、使用和选型；第 10 章介绍了元器件数据手册的阅读方法。全书的结构安排主要以元器件应用的广泛度为线索，由浅入深、由易到难，按类别划分，有助于读者快速了解掌握元器件的类别、特点。

本书内容突出了工程性、实用性、全面性，知识点全面，内容翔实，案例丰富。由于受学识水平所限，书中难免存在疏漏和错误，敬请读者提出宝贵意见，并通过邮件发送到 2422115609@qq.com，以便于笔者做进一步改进。

编　者

2019 年 7 月于西安

第一版前言

随着电子产品的广泛普及，对电子产品设计感兴趣的人越来越多，学习电子类专业课程的学生也随之增多，他们都梦想成为电子系统设计人员，而入门是他们必经的过程。许多学生多年来一直徘徊在门外，即使最后进入电子设计行业，也走了许多弯路。那么有没有好的方法使初学者少走弯路呢？

本丛书将引领读者进入电子系统设计的门槛。其中，《元器件的识别与选用》一书将教会读者认识元器件，掌握元器件的特点、用途。《实用电路分析与应用》一书将教会读者怎样参考别人成熟的设计电路，掌握别人的设计思路，设计出自己的电路系统。《基于 Altium Designer 的电路板设计》一书将教会读者设计出自己需要的电路板，掌握电路板设计的要点。《电路板焊接、组装与调试》一书将教会读者怎样焊接自己设计的电路板，调试出电路系统所拥有的性能。通过这四本书的学习，读者将轻松地跨入电子系统设计的门槛。

电子系统设计的好坏直接决定了电子产品的生命周期。电子产品好坏不仅取决于产品的品牌、外观、价格，还取决于电子系统设计的可靠性、实用性、易用性。电子系统的可靠性依赖于系统的软件和硬件，而元器件的性能直接决定了系统的硬件水平。怎样选择性价比高的元器件，设计出高性能的电子系统，对于缺少电子系统设计经验的学生来说，是一个较难逾越的障碍。即使对一个拥有许多设计经验的“老手”来说，怎样选择元器件才适合批量生产(可以提高生产速度、降低维修率、提高一次成品率)，也是一个棘手的问题。

本人根据多年从事电子系统设计和产品研发的经验，搜集整理了大量的资料，编写了这本关于元器件认识、选择、使用的书籍。

本书具有如下特点：

(1) 从应用领域角度出发，突出理论联系实际，面向广大工程技术人员，具有很强的工程性和实用性。书中有大量不同元器件的选择方法，为读者提供了有益的借鉴。

(2) 系统全面地讲述了电子系统设计中常用的元器件系列，如电抗元件、电声元件、检测元件、显示元件、机电元件、半导体分立元件、半导体集成元件等，有助于工程设计人员全面地了解和掌握电子系统设计中常用的元器件系列。

(3) 在每一个元器件系列下还介绍了多种元器件，如电抗元件有电阻器、电位器、电容器、电感器、变压器等，以帮助工程设计人员按需求查找、筛选元器件，得到电子系统的最佳元器件选择方案。

(4) 元器件应用电路全部由工程设计案例中分解而出，有助于读者进一步掌握元器件的使用方法，从而提高对元器件灵活应用的能力，提高系统的可靠性。

(5) 配有大量元器件实物插图，并配有详细说明，有助于读者直观地了解和掌握元器件的外形特点，加深对元器件的认识。

(6) 讲解了元器件数据手册的阅读方法，有助于初学者准确、高效、快速地阅读元器件数据手册，掌握元器件的性能参数。

全书共分为 10 章，其中第 1 章主要介绍元器件的识别和应用；第 2～9 章介绍了电子系统中常用的电抗元件、电声元件、检测元件、显示元件、机电元件、半导体分立元件、半导体集成元件等器件的分类、外形、特点、符号识别、参数识别、使用和选型；第 10 章介绍了元器件数据手册的阅读方法。全书主要以元器件应用的广泛程度为顺序，由浅入深、由易到难，按类别划分，有助于读者快速地了解和掌握元器件的类别、特点。

本书内容突出了工程性、实用性、全面性，知识点全面，内容翔实，案例丰富。由于本人学识水平有限，书中难免存在疏漏和错误，敬请读者提出宝贵意见，以便于做进一步的改进。

为了便于读者学习，作者可通过 QQ 号 2422115609 提供在线网络辅导答疑，也可发邮件咨询，邮箱为 2422115609@qq.com。

王加祥

2014 年 1 月于空军工程大学

目　录

第1章 概 述

随着科学技术的进步，电子系统已经常见于人们的日常生产生活中，从做饭用的电饭煲、电压力锅，洗衣用的洗衣机，保鲜用的冰箱，娱乐生活用的游戏机、电视机、PDA，办公用的台式电脑、笔记本电脑、平板电脑，到出行用的汽车、导航设备等，电子系统在其中都起到了主导作用。认识、维修甚至设计电子系统已经成为很多青少年的梦想，现在很多相关书籍中过量的知识灌输、冗长的理论分析以及复杂的数学推导，使多数学生头脑胀满、不堪重负。怎样才能轻松地学习、较快地掌握电子系统的设计呢？首先，我们从认识电子系统、认识电子元器件入手。

1.1 电子系统的认识

认识电子系统是学习电子系统设计的第一步。认识、分析别人设计的成熟电子产品，有利于初学者快速掌握电子系统的设计方法。因为，成熟的电子产品具有结构设计合理、电路设计合理、电路板布局合理的优点。下面以笔者设计的一款工业缝纫机的主控电路板为例说明怎样认识电路板，认识电子元器件。电路板如图 1-1-1 所示。

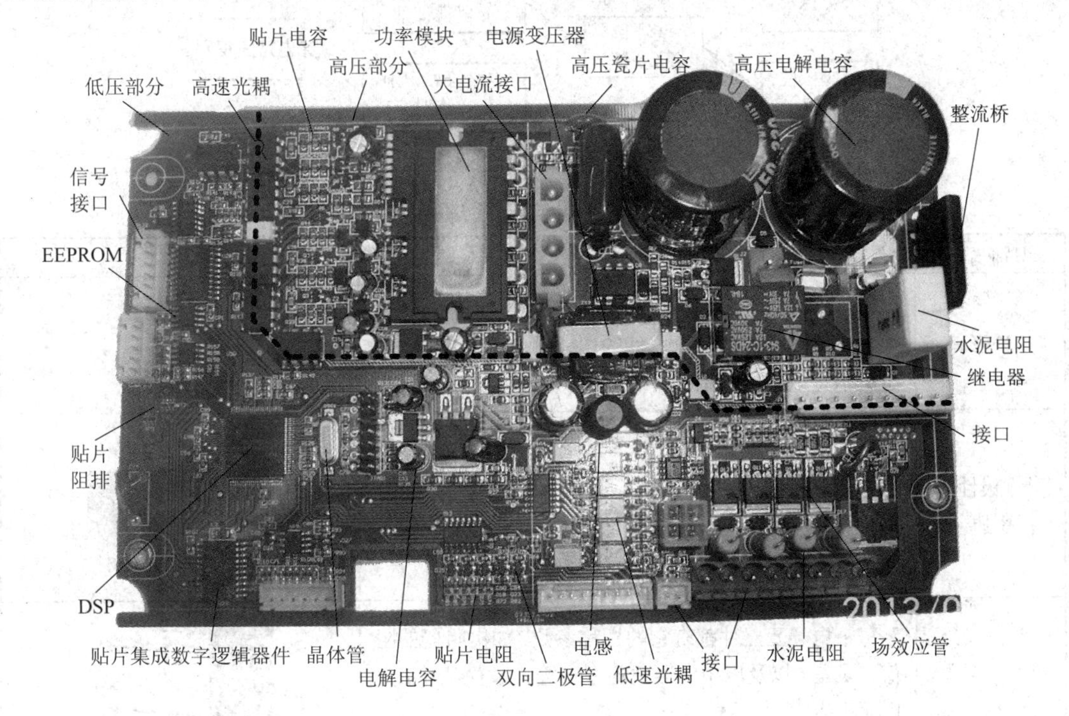

图 1-1-1 电路板示意图

由图 1-1-1 可以看出，在一个产品的设计中，使用的电子元器件的数量和种类是非常多的，图中的电路板仅仅只是工业缝纫机系统的部分电路，但是也用到了电阻、电容、二极管、三极管、场效应管、智能器件、74 系列集成电路器件等各种元件，同一系列元件中又用到了不同的具体元件，如电容就用到了大容量的高压电解电容(如 330 μF/450 V)、大容量的低压电解电容(如 220 μF/35 V、470 μF/16 V、47 μF/25 V 等)、贴片电容(如 0805 封装的 0.1 μF、0.01 μF、2200 pF，0603 封装的 0.1 μF、0.01 μF、20 pF 等)。可见，在一个电子系统中，几乎会用到所有类型的电子元器件，而且同一类型的元器件也各不相同、各有应用。故对于初学者而言，必须掌握各种常见电子元器件的特点和使用方法。

1.2　电子元器件的识别

不管电子系统如何错综复杂、千变万化，它的最小组成单元都是电子元器件，只有认识它、了解它、掌握它，才有可能进行电子系统的设计。可见，认识电子元器件是学习电子系统设计的第一步。

1.2.1　电子元器件的识别方法

要想掌握一个电子元器件的使用方法，必须做到如图 1-2-1 所示的 6 项内容，即认识电子元器件的外形、引脚、功能，直至画出电路板所对应的电路图，才能说明我们已经基本掌握了该电子元器件。表 1-2-1 列出了关于电子元器件的 6 项基本识别内容的说明。

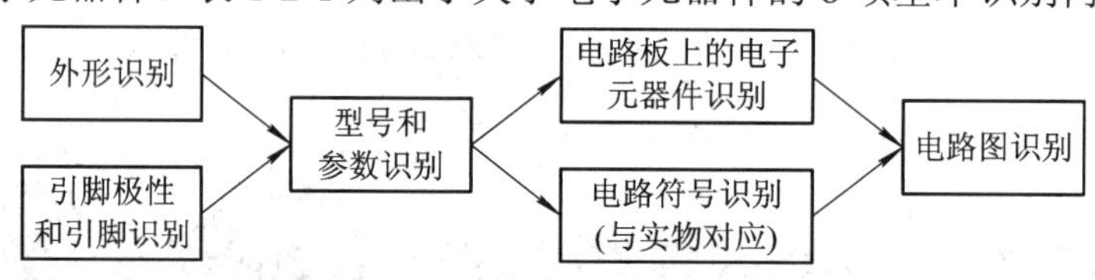

图 1-2-1　电子元器件识别内容

表 1-2-1　电子元器件 6 项识别内容的说明

识别内容	说　　明	参 考 图
外形	通过外形识别各种电子元器件“长”得啥模样，以便与电路图中该电子元器件的电路符号相对应，如右图所示是电阻器实物照片	
引脚极性和引脚	电子元器件至少有两个引脚，每个引脚都有特定的作用，相互之间不能代替，必须对各引脚加以识别。如右图所示是一个集成电路，它有很多个引脚。有的电子元器件的两个引脚有正、负极性之分，此时也需要对两只引脚进行正极和负极的识别	
型号和参数	每个电子元器件都有它的标称参数，如电阻器的阻值、误差，以及电子元器件的型号等。如右图所示是电解电容	

续表

识别内容	说　明	参考图
电路板上的电子元器件	将电路板转化为电路图是每个电子设计人员必须经历的一个过程，认识电路板上所有的电子元器件是画电路图的第一步，对初学者而言困难很大，但是却非常重要，如右图所示就是电路板上的两只贴片电容	
电路符号	电路图中每种电子元器件都有一个对应的电路符号，电路符号相当于电子元器件在电路图中的代号，如右图所示是电阻器的电路符号	
电路图	电路图是将电路符号按照电子元器件的连接关系画成的图形。如右图所示是一个运算放大器的放大电路图，图中的电阻符号与运放符号通过连线连接，表示电阻的该引脚与运放的对应引脚在实物中需要有导线相连	

1.2.2　电子元器件的外形识别

电子元器件的外形识别是指看见一个电子元器件，就能够知道它的名称、用途和电路符号。表 1-2-2 所示的是 5 种常见的电子元器件实物图。

表 1-2-2　5 种常见的电子元器件实物图

实物图					
名称	电阻	电容	电感	发光二极管	集成电子元器件

识别电子元器件最有效的方法是去电子元器件市场看实物(当然在网络商店上观看图片亦是一种方法)，市场内的各种电子元器件多得足以让你找出各种常见的电子元器件，甚至一些特殊的电子元器件亦可找到。通常电子元器件按类放置，各种电子元器件旁边都标有它们的名称，因此通过实物与名称的对应，感性认识很强，这样的视觉信息的摄入具有学习效率高、信息量大的优点。

对于初学者，走进电子元器件市场进行实践活动，收获会很大。初学者可以试着购买一些常用的电子元器件，以加深对它的了解，另外向市场上的售货人员学习也是一个很好的途径。当然，由于初学者对电子元器件了解不深，花点学费是应该的，常见的情况是，由于对电子元器件的参数不了解，会提出一些超常规的要求(如购买 1.7 kΩ 的碳膜电阻)，售货人员会以不是常规器件而提出较高的价格，因为在 E12、E24、E48 标准系列中都无 1.7 kΩ 的电阻参数规格。

1.2.3 引脚极性和引脚识别

不同的电子元器件的引脚识别如表 1-2-3 所示。

表 1-2-3 电子元器件的引脚识别

引脚特点	说　明	实 物 图
无需识别引脚的器件	这类电子元器件由于只有两个引脚，且无极性，这时就无需识别引脚，如电阻、小容量电容(无正负极性)等	
有极性引脚的器件	这类电子元器件虽然只有两个引脚，但是引脚是有极性的，如二极管、大容量电容(有正负极性)，各引脚之间是不能相互代用的，这时就要通过电路符号或电子元器件实物进行引脚和引脚极性的识别	
多引脚的器件	这类电子元器件引脚超过两个，各个引脚的功能互不相同，这时就要区分谁是第一引脚，谁是第二引脚…… 这类电子元器件各引脚之间同样不能相互代用，需要通过电路符号或电子元器件实物进行引脚的识别	

1.2.4 电子元器件的参数识别

电子系统设计人员必须了解、掌握常见的电子元器件的常见参数。只有这样，在设计时才可能设计出合理、合格的电路。常见的电子元器件有电阻、电容、电感、开关、按键、数码管、LCD、连接器、继电器、二极管、三极管、场效应管、运放等，对于这些电子元器件的参数，电子设计人员都需要有一定的认识。

有一些电子元器件是针对某一些特殊的应用而设计的，如电机驱动芯片，它只适合于特定的场合，如果电子设计人员不设计该类产品就无需掌握它，只有当设计该类产品时才需要深入地理解该芯片，这时就需要参考元器件生产商所给出的数据手册了。读懂、理解数据手册，是电子设计人员所必须掌握的技能，关于数据手册的阅读方法，将在第 10 章讲述。

1.2.5 电子元器件的电路符号识别

电路符号是电子元器件最直观的表示形式，理解电路符号中的识别信息有助于对电路符号的记忆，同时对分析电路的工作原理也十分有益。表 1-2-4 给出了几种常见的电子元器件的电路符号图，通过它可以使初学者对电子元器件的电路符号有一个直观的认识。

表 1-2-4　常见电子元器件符号

电子元器件符号图	说　明
R (a) R (b)	图(a)所示为国标电阻器符号，矩形框表示电阻体，两根引线表示电阻的两个引脚。图(b)所示为国外常用电阻器符号，波浪线表示电阻丝，两根引线表示电阻的两个引脚。 可见，电子元器件的电路符号中含有不少电路分析中所需要的识图信息，最基本的识图信息是通过电路符号了解该元器件有几个引脚，有时电路符号还能表示该元器件的结构和特性
C　C + (a)　(b)	图(a)所示为无极性电容器符号，两根平行线表示电容器的极板，用于存储电荷，两根引线表示电容的两个引脚。图(b)所示为有极性电容器符号，同样，两根平行线表示电容器的极板，两根引线表示电容的两个引脚，正号表示该极板的引脚为正极。 可见，电子元器件的电路符号中通常还含有引脚极性的信息
电流方向 1　2　3 VD (a) VD (b)	图(a)所示为二极管符号，三角形表示二极管的单向导电性，电流方向如图所示，电流从三角形一边 1 的引脚向对面角 2 的引脚流动，竖线 3 表示二极管的 N 极(阴极)。图(b)所示为稳压二极管符号，与图(a)的区别在于竖线(3)变成折线，表示稳压。 可见，电子元器件电路符号具有形象化的特点，电路符号的每一个笔画或符号都表达了特定的识图信息
R_1 10 kΩ C_{103} 0.1 μF	在电路原理图中，除了画出符号外，通常还标有 R_1、10 kΩ 等字样，R 表示电阻，1 表示为电路中 1 号电阻，10 kΩ 表示该阻值大小。在一些电路中，有时会将 10 kΩ 标成 103 或 10 k。同样 C_{103} 表示电容在电路中的标号，0.1 μF 表示该容值的大小，同样，有时亦会将 0.1 μF 标成 104。 电路符号中的字母是该元器件英语单词的第一个字母，如电阻用 R 表示，它是英语 Resistance 的第一个字母；电容用 C 表示，它是英语 Capacitance 的第一个字母

1.3　了解和掌握电子元器件

了解电子元器件的基本结构、理解电子元器件的基本工作原理、掌握电子元器件的特性是分析电路工作原理的关键要素，亦是对电子系统设计人员的入门要求。不知道电子元器件的基本工作原理，不掌握电子元器件的主要特性，电路分析将寸步难行。同时，掌握电子元器件的主要特性还有助于对电子元器件进行质量检测，更可以帮助记忆，深入理解电子元器件的作用。

1.3.1　了解电子元器件的基本结构

了解电子元器件的结构，知道在电子元器件的外壳下面装的是什么，有助于进一步的深入学习、理解该电子元器件的工作原理，进而可以学习电子元器件的主要特性，运用这些特性就可以分析电路中电子元器件的工作原理。这其中的知识链是一环扣一环的，比如基础知识掌握得不扎实，往往就是因为在知识链中缺少了一环。

图 1-3-1 为一电阻器的内部结构，由图可见，电阻器内部是采用镍铬或康铜合金丝缠绕在高热传导瓷芯上制作而成的。由理论可知，$R = \rho L/S$，即物体电阻的大小与长度 L 成正比，与其横截面积 S 成反比，ρ 为电阻率。内部结构与理论吻合。可见，了解电子元器件的结构，有助于进一步掌握电路的理论知识，深入理解电子元器件的特性。

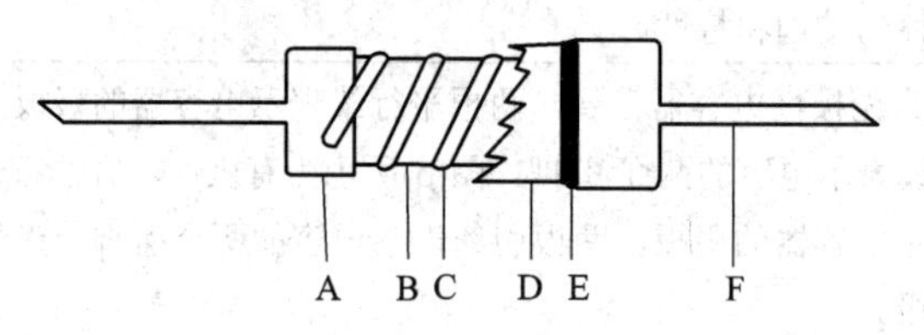

图 1-3-1　电阻器内部结构

1.3.2　了解电子元器件的基本工作原理

在知道了电子元器件的基本结构之后，还需要进一步了解电子元器件的基本工作原理，只有了解了电子元器件的工作原理，才有可能会合理使用电子元器件，设计出合格的电路，因此，对于每种电子元器件的工作原理都需要了解，对于常用和重要的电子元器件的工作原理则需要深入理解，为掌握电子元器件的主要特性打下基础。

例如，只有掌握了电位器的工作原理才能更加深刻地理解电位器的分压作用，才能深入地理解图 1-3-2 所示电路中 R_{P1} 的信号衰减控制作用。

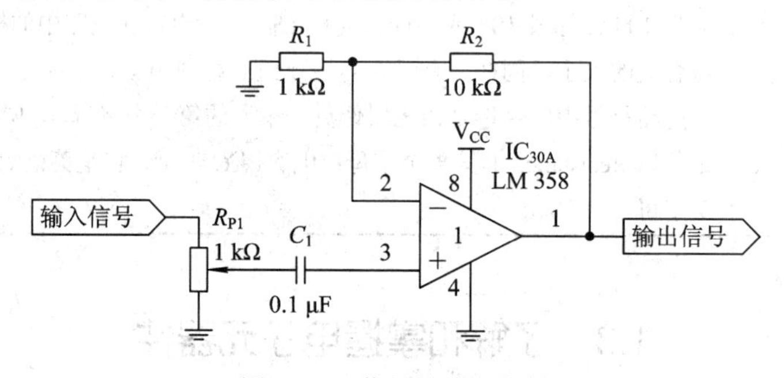

图 1-3-2　信号的放大控制

1.3.3　掌握电子元器件的主要特性

从分析电路工作原理的角度出发，掌握电子元器件的主要特性非常重要。每种电子元器件可能有多个重要的特性，要全面地掌握电子元器件的主要特性。如何灵活、正确的运用电子元器件的主要特性是电路设计中的关键点。图 1-3-3 所示为一个电机驱动电路，在该电路中，电流采样电阻 R_8 的选择非常重要，选择的阻值、特性将决定采样信号的精度。同样，在该电路中，保护二极管 VD_3 的选择亦很重要，其耐压值、最大导通电流、导通速度等特性将决定该二极管在电路中是否能起到保护作用。

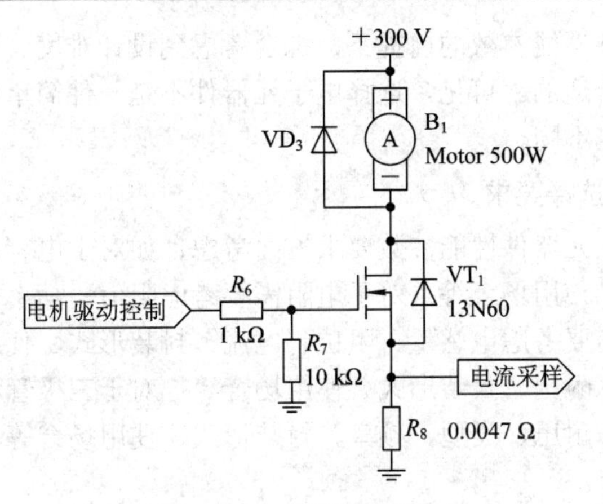

图 1-3-3　电机驱动电路

学习电子元器件的特性并不困难，困难的是如何灵活运用这些特性去解释、理解电路的工作原理。同一个电子元器件可以构成不同的应用电路，当该电子元器件与其他不同类型的电子元器件组合使用时，需要运用不同的特性去理解电路工作原理。图 1-3-4 所示为信号高低压隔离电路，图中 C_1、C_2 同为电容器，但 C_1 作为滤波电容，滤除 $+V_{CC5}$ 的高频干扰，在电路板设计时要求尽量靠近 IC_1 的电源端放置；C_2 作为隔直通交电容，提高三极管基极驱动信号脉冲边沿的陡峭度，与基极限流电阻 R_2 并联使用。

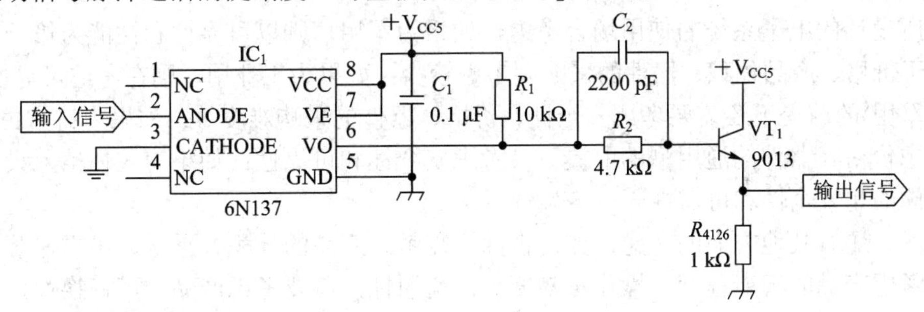

图 1-3-4　信号高低压隔离电路

在电路分析中，熟练地掌握电子元器件的主要特性是关键因素。初学者往往对电路工作原理的分析无从下手，其原因是没有真正掌握电子元器件的主要特性。

1.4　应用电子元器件

在电路原理图中，电子元器件是一个抽象概括的图形文字符号，而在实际电路中则是一个具体的实物，一个电容器符号可以代表几十、几百甚至成千上万种规格的实际电容器。对一件电子产品而言，如何正确地选择电子元器件，既实现电路功能，又保证设计性能，还要均衡地考虑产品的性能与价格问题，实在不是一件容易的事。

1.4.1　电子元器件的选型

在设计电子系统时，选择合适的电子元器件尤为重要。什么是合适的电子元器件呢？

笔者认为在满足元器件性能参数的前提下，综合考虑到设计难度、焊接难度、广泛性、性价比的元器件，就是合适的。可见，选择电子元器件不是一件简单的事情，考虑的侧重点不同，选择的元器件也不同。

1. 电子元器件的选择要求

从电子系统对电子元器件性能参数要求方面考虑，如对于电容需要考虑容量、耐压、介质特性、封装形式、使用场合等；对于电阻需要考虑阻值、功率、精度、封装形式、使用场合等；对于电感需要考虑电感量、阻抗、电流、封装形式、使用场合等；对于二极管需要考虑电流、速度、耐压、封装形式、使用场合等；对于三极管和场效应管需要考虑速度、放大倍数、功率、耐压、类型、频率、封装形式、使用场合等。对于集成元件，需要根据它的用途具体选择。

从所设计的电子系统的产量方面考虑，如果只是为了学生学习设计电子系统使用，一般只需要考虑电子元器件的性能参数，只要元器件的性能满足要求，再选择容易手工焊接的元器件即可；如果为小批量生产，除了需要考虑电子元器件的性能参数以外，还需要考虑元器件的可靠性，以及根据焊接方式(手工焊接还是机器焊接)选择元器件的封装；如果为大批量生产，则还需要考虑电子元器件的价格，在参数满足要求的前提下尽量选择低价的元器件，如将元器件更换为同型号国产的元器件，同时还需要考虑元器件的供货可靠性，不能出现断货情况，以免在生产时出现采购问题。

从所设计的电子系统的使用场合考虑，如果为军用，则以可靠性和性能为第一考虑原则，对于价格、产品体积、器件的采购则考虑较少；如果为工业用，则在考虑可靠性(可靠性低于军用)的前提下还需要考虑安全性、价格、器件的采购难度等；如果为日常生活用，则在考虑价格、器件的通用型的前提下，考虑安全性和可靠性；如果为人体植入设备，则第一考虑的是安全性和可靠性。

当然，还有其他方面的考虑，如便携性，需考虑产品的体积、重量、可靠性等；易用性，需考虑产品的智能程度、操作难易度等；通用性，需要考虑产品的可替换性、与其他设备的兼容性等。

市场上的电子元器件众多，根据市场流通的特点可以分为，全新件(厂家生产的原包装未拆开的元件，批号一致)、散新件(包装已拆开的元件，批号可能不一致)、旧件(包装已拆开，批号不一致，存放时间较长的零散元件)、拆机件(从废旧电路板上拆下的元件)、翻新件(从废旧电路板上拆下的、经测试未损坏的、重新安装管脚和打磨外观的元件)等，怎样选择合适的电子元件是电子设计人员必须考虑的问题。在批量生产时必须选择知名企业生产的全新件，而对于散新件和旧件可在设计时调试电路用，拆机件和翻新件最好不要使用。

2. 电子元器件的降额使用

电子元器件的工作条件对其使用寿命和失效率影响很大，减轻负荷可以有效提高电子元器件可靠性。实验证明，将电容器的使用电压降低1/5，其可靠性可以提高5倍以上。因此在实际应用中，电子元器件都不同程度地降额使用。

不同的电子元器件，不同的参数，用于不同的电子产品，降额范围各不相同，表1-4-1所列的常用电子元器件降额经验范围可供参考(降额系数 S = 实际参数/额定参数)。

表 1-4-1　常用电子元器件降额经验范围

电子元器件种类	降额参数	*S* 范围
通用电子元器件	温度	≤0.7
固定电阻	功率	≤0.5
可变电阻	功率	≤0.25
敏感元件	功率	≤0.6
薄膜电容	电压	0.5～0.9
电解电容	电压	0.3～0.8
晶体管等分立器件	电压	＜0.8
晶体管等分立器件	电流	＜0.6
晶体管等分立器件	功率	＜0.5
继电器	电流	＜0.5
线性 IC	输出	＜0.5
数字 IC	输出	＜0.7
电源变压器	功率	＜0.8

对于某些电子元器件而言，并非降额越多越好，例如，如果 $S<0.1$，继电器负载则由于触点接触电阻大而影响系统工作；如果 $S<0.3$，电解电容则会使有效电容量减小等，因此电子元器件的降额必须保持在一个合理的范围内。

1.4.2　电子元器件的检测

电子元器件检测技术不仅应用于电路故障检修中，还应用于电子元器件的筛选中。电路故障检修的最后一环是确定所怀疑的电子元器件是否真的有质量问题，这需要通过检测来完成。电子元器件在焊接前需要检测是否完好，特别是价格较高的电子元器件更需如此，因为每个电子元器件都可能在生产出厂时或运输过程中损坏，在焊接前检测，如发现问题可要求退货，而焊接后再查出问题，不但无法退货，还会损坏电路板，浪费人力物力，造成巨大的经济损失。

1．电路故障检修

电路发生故障时，一般需要先通过仪器对其故障点进行定位，通过定位哪一块电路板发生故障(板级)、哪一个模块发生故障(模块级)、哪一个元器件发生故障(元件级)，找出故障元器件。在一些智能电子设备中，设备本身就具有故障定位功能，常见为模块级故障定位，较少的还有元件级故障定位。这就对电子系统设计人员提出了另一要求，所设计的产品需要有故障定位功能。

在对故障定位到元件级后，需对元器件进行修理，有些元器件的某些故障是可以通过修理使之恢复正常功能的，如常见的遥控器按键失灵故障，一般可以通过无水酒精擦洗按键或用铅笔铅涂抹按键表面解决；有些元器件或机械零部件通过必要的调整可以使之恢复正常工作，主要是机械零部件可以通过相关项目的调整，使之恢复正常功能。

如果无法使电子元器件恢复正常，则必须更换元器件，最理想的做法就是用原配器件(同型号同厂家的元器件)直接更换，但是在许多情况下，因为没有原配器件，则需要通过选配来完成，选配时需要选择参数性能接近且引脚尽量兼容的元器件。

2．元器件筛选

理论上讲，凡是作为商品提供给市场的电子元器件，都应该是符合一定质量标准的合格产品。但实际上，由于各个厂商生产要素的差异(例如设备条件、原材料质地、生产工艺、管理水平、检测、包装等诸方面)导致同种产品不同厂商之间存在差异，或同一厂商不同生产批次存在差异。这种差异对使用者而言就会产生产品质量的不同。因此，对于全新的元器件，在焊接前一般需要对它进行筛选，筛选器件是需要设计专用的检测设备，该设备可将待检测元器件安放在专用插座上而不需要焊接被检测元器件，保证元器件不会在筛选时损伤。检测设备一般分为全自动和半自动两种，全自动设备具有自动安放元器件、自动检测、自动剔除故障元器件等功能。而大多数检测设备为电子系统设计人员专门为特定系统用元器件设计的半自动设备，该类设备简单易用，但需要人工参与安放元器件和捡出故障元器件。图 1-4-1 所示为一款家用医疗设备上专用的 LED 显示屏设计的筛选设备，该设备是笔者在该医疗设备用电路板的基础上加装 LED 显示屏插座，更改显示程序设计而成的。

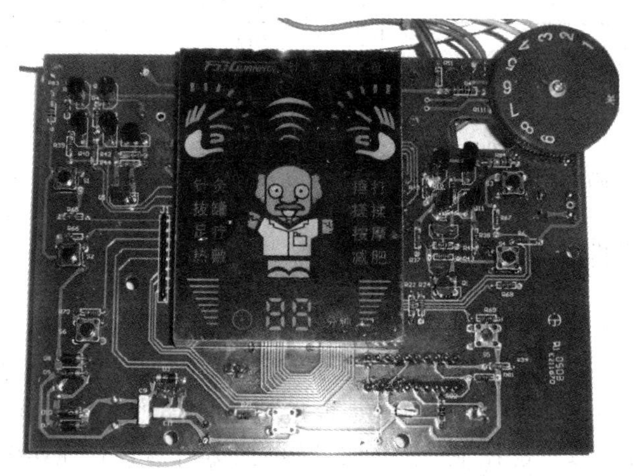

图 1-4-1　LED 显示屏用简易检测设备

习　题

1-1　在一个常见的电子系统中，不同种类元器件按使用个数的多少划分，通常应如何排列？

1-2　在一个常见的电子系统中，哪些元器件的价格比较昂贵？

1-3　飞机、汽车、车床、家用冰箱、手机、玩具，在设计这些产品所使用的电路时，采用的元器件需要考虑温度等级，按从高到低的顺序应如何排列？

1-4　怎样识别电容的极性？

1-5　怎样读取元器件的参数？

1-6　在 +5 V 的滤波电路中，如果使用电解电容，那该电容的耐压应选择多少？为什么？

1-7　为特定场合使用而定制的元器件，应怎样筛选？

第2章　电 抗 元 件

电抗元件包括电阻器(含电位器)、电容器、电感器(含变压器)。它们在电子产品中的应用非常广泛，特别是电阻器和电容器，往往能占一个电子产品中元器件数量的50%以上，所以也称它们为三大基础电子元件。

2.1　电　阻　器

电阻器在电子电路中的应用相当广泛，主要是用于限制电路中的电流，与其他电子元器件一起构成具有各种功能的电路。

2.1.1　电阻器的分类

电阻器的分类方式很多，图 2-1-1 是电阻器的一种详细分类方式，在电路中，电阻器的通用文字符号用字母 R 表示。有时，为了区分，特殊电阻在电路中也用 R 加下标表示，如热敏电阻用 R_T 表示，光敏电阻用 R_L 或 R_G 表示等。

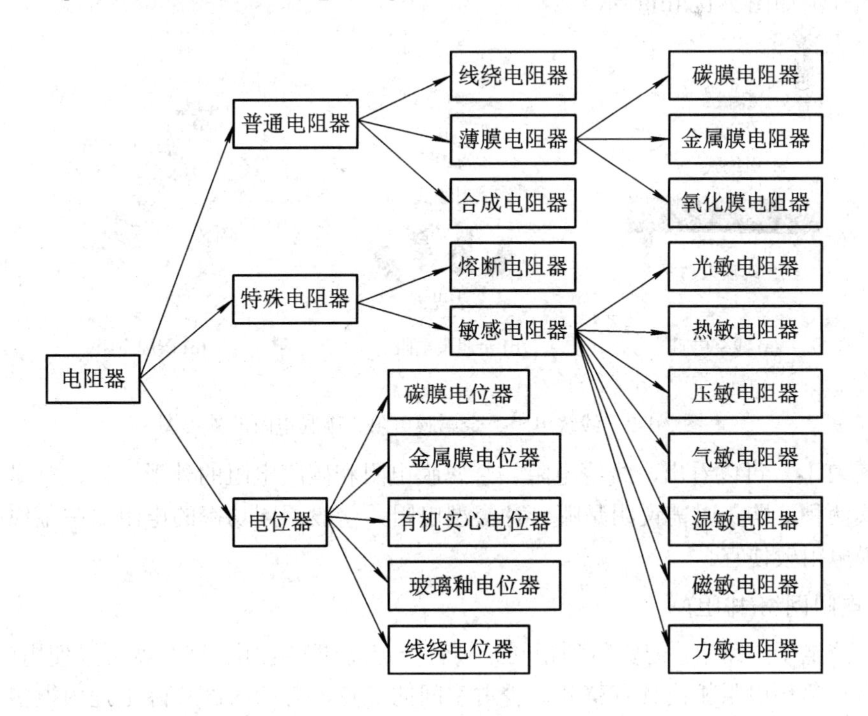

图 2-1-1　常用电阻器的分类

2.1.2 常用电阻器的外形、特点

认识电子元器件的外形是识别电子元器件的第一步，也是电子设计入门的第一步。相同功能的电子元器件一般都有多种外形，只有认识它才会在以后的电子设计中正确地使用它。下面列出了几种常见的电阻元件的外形和特点。

1. 线绕电阻

这是一种应用最早的电阻，它由导体作成的金属丝缠绕在高热传导瓷芯上制作而成，这种电阻的使用环境温度为 –55℃～275℃，阻值范围为 0.1 Ω～3.6 kΩ，额定功率为 0.25 W～10 W，精度等级分为 ±1%、±2%、±5%和 ±10%四个等级，线绕电阻的实物如图 2-1-2(a)所示。

2. 金属膜电阻

金属膜电阻的主要特点是工作环境温度范围大(–55℃～155℃)，温度系数小(为正值)，噪声低，体积小(与碳膜电阻相比，在相同的体积下，额定功率相差一倍左右)，额定功率为 1/8 W～5 W，阻值范围为 1 Ω～620 MΩ，精度等级为 ±1%、±2%、±5%等。金属膜电阻的实物如图 2-1-2(b)所示。

3. 碳膜电阻

这是一种应用最早、最广泛的薄膜电阻。它由碳氢化合物在真空中通过高温热分解，使碳在瓷质基体表面上沉积成导电膜而制成。这种电阻的阻值范围为 10 Ω～10 MΩ，额定功率为 1/8 W～10 W，精度等级分为 ±5%、±10%和 ±20%三个等级，温度系数为负值。碳膜电阻的外形如图 2-1-2(c)所示。

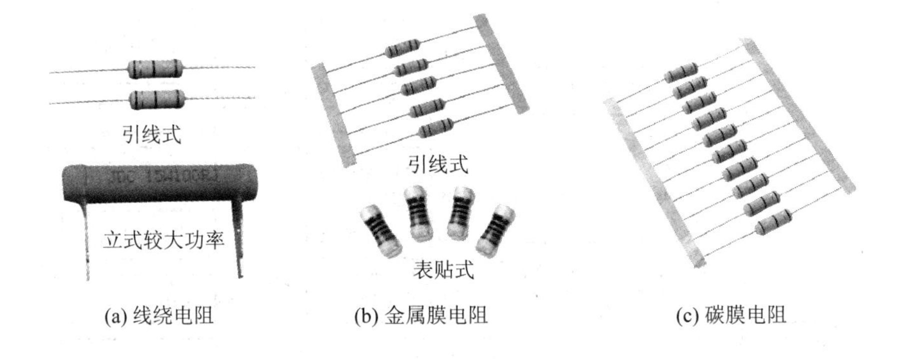

(a) 线绕电阻　(b) 金属膜电阻　(c) 碳膜电阻

图 2-1-2　线绕电阻、金属膜电阻、碳膜电阻的外形图

由图 2-1-2 可以看出，线绕电阻、金属膜电阻和碳膜电阻的外形一样，常见有引线式和表贴式两种，购买时需说明是哪一种类型电阻，一般相同功率的电阻器中金属膜电阻较贵，碳膜电阻较便宜。

4. 电阻网络(排阻)

在一些电子电路中，需要用到相同且具有一定规律的电阻，这时就可以使用电阻网络，电阻网络与色环电阻相比具有整齐、少占空间的优点，它的内部实际上是由很多个电阻整

齐的排在一起，所以也叫做排阻，如图 2-1-3 所示。排阻具有方向性，1 号管脚由小圆点来表示。常见的排阻内部连接关系对应如图 2-1-3 所示。

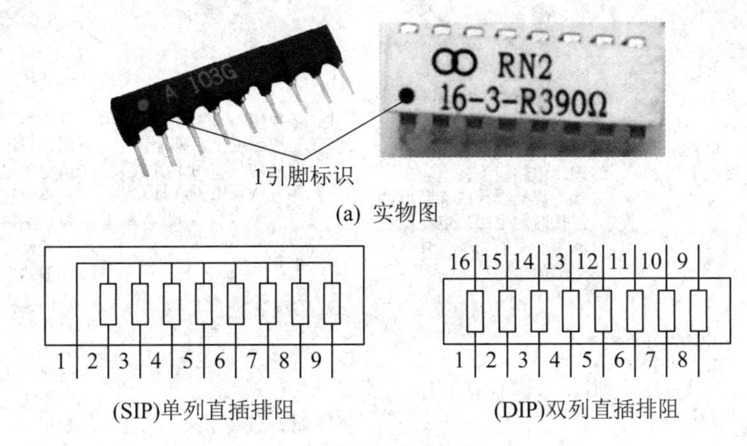

(a) 实物图

(SIP)单列直插排阻　　(DIP)双列直插排阻

(b) 内部连接关系图

图 2-1-3　电阻网络图

在一些特殊应用中，排阻的内部连接比较特别，如图 2-1-4 所示，具体使用时请参考厂商数据手册。

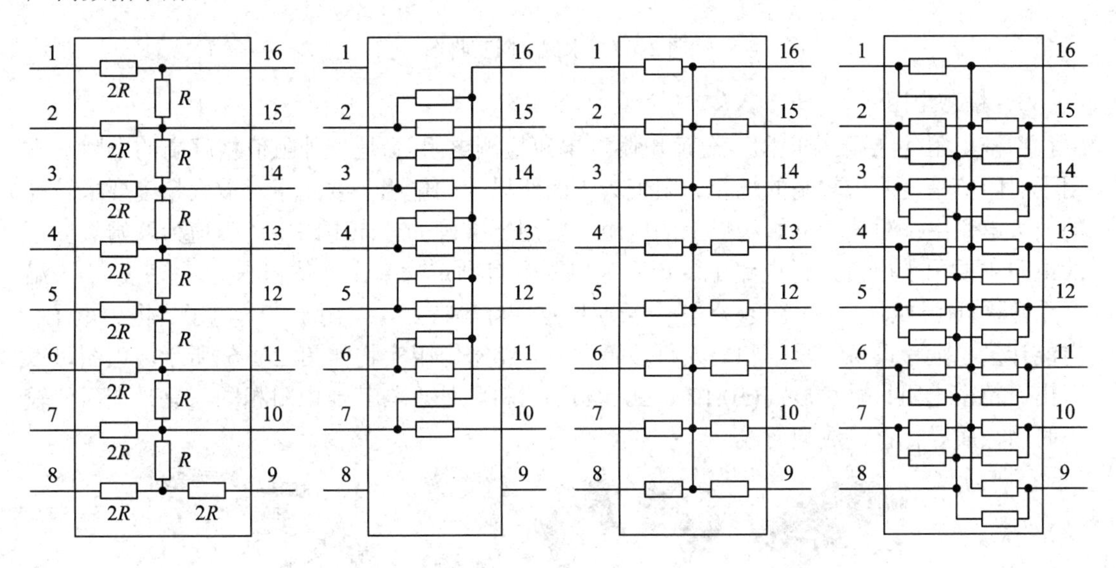

图 2-1-4　排阻内部的特殊连接关系

5. 水泥电阻

水泥电阻的内部由康铜丝缠绕制成电阻芯，外部由水泥制成壳体，将电阻芯封装在壳体内制作完成。一般情况下电阻的体积决定了电阻的功率，相同阻抗的情况下体积越大功率越大，从图 2-1-5 可以看出，水泥电阻的体积都比较大，因此，水泥电阻一般应用于对功率有要求的场合，其单个额定功率为 2 W～100 W，多个水泥电阻进行串并联后功率可达数百千瓦。

注：该电阻两端为圆形金属引脚，可直接焊接于电路板上

注：该电阻两端为扁平金属引脚，在电路板设计时，需将电路板上该电阻焊接的焊孔设计成椭圆形。焊接时，电阻离电路板应有一定的高度，有利于散热

注：该电阻可直接焊接于电路板上，外加金属散热器用于散热并固定电阻，且该电阻为立式安装，可节省电路板板面面积

注：该电阻为无感电阻，应用于大电流检测电路中，当电流过大时可保护电路中的重要元件。(说明：一般的电阻器因其制造工艺的特点都会有一定的感抗，该感抗在交流电流检测时会影响电流检测的精度。)

注：该电阻两端用软导线引出，在软导线另一端接上连接器，插入电路板上的插座

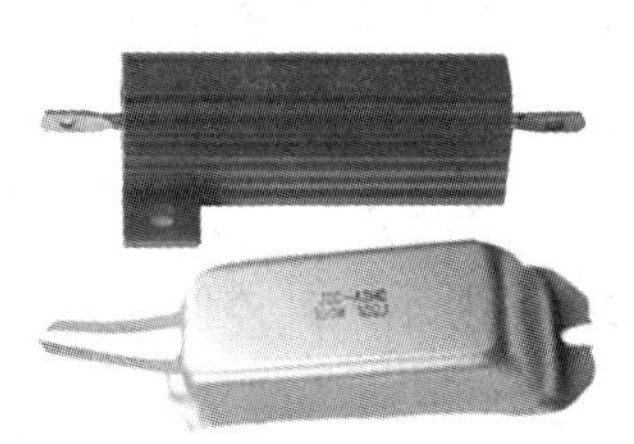

注：该电阻为带铝壳散热器电阻，便于安装和散热，一般还需将该电阻固定于较大的散热片上。散热电阻产生的热量，根据使用场合的不同而不同。散热电阻有不同的外形可供选择

图 2-1-5　水泥电阻实物图

6．精密电阻

精密电阻(包括采样电阻、分流电阻、电流检测电阻等)是一种阻值精度高的电阻，常用于对阻值精度要求较高的场合。阻值为千欧级以上的电阻主要用于对放大精度要求较高的放大电路中；阻值为欧姆级以上的电阻主要用于准确的分流电路中；阻值为欧姆级以下的电阻主要用于电流采样电路中。该系列电阻具有额定功率高、体积小(功率密度高)、温度系数极低(温飘)、高精密度(公差)、长期稳定性好等特点，常用于汽车电子、电力电子、电能计量、医疗设备、军工和航天科技等领域。精密电阻实物如图 2-1-6 所示。由图可以看出，精密电阻只是精度高(±0.1%、±0.5%)，材料和外形与其他电阻相同，只是在阻值较小时用金属导体直接成型而成。

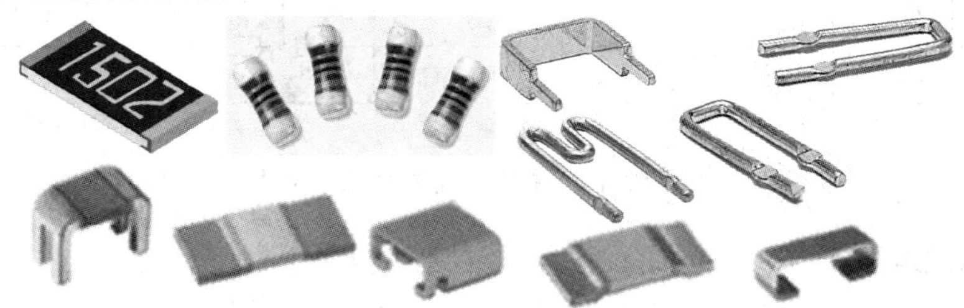

图 2-1-6　精密电阻

7．熔断电阻

熔断电阻俗称保险电阻。由于它能在过电流、过载时自动熔断，从而起到保护电子元器件的作用，且又有普通电阻的作用，故又称为双功能电阻器。图 2-1-7 为两种常见的

熔断电阻外形图，其外形与普通电阻相同，功率从 0.25 W 到 10 W 不等，阻值范围为 0.1 Ω～1 kΩ，具体熔断时间、功率倍率、阻值请参考所选用器件厂商的数据手册。

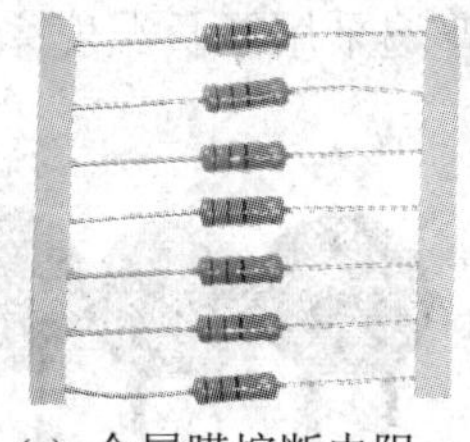
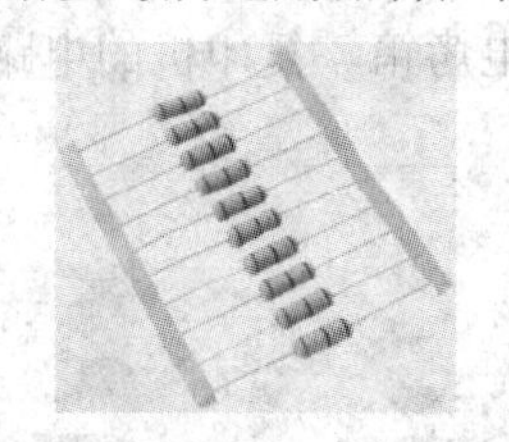
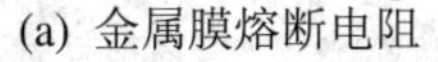

(a) 金属膜熔断电阻　　(b) 线绕熔断电阻

图 2-1-7　熔断电阻外形图

8．玻璃釉电阻

玻璃釉电阻具有高耐冲击性及稳定性(由于玻璃釉电阻器电阻本体的皮膜镀层极厚)、阻值范围大(4.7 Ω～200 MΩ)、阻值误差有两种规格(±5%、±10%)、噪声小、使用温度范围宽(−55℃～125℃)、耐高压(可达 80 kV 左右)、耐潮湿性能好的特点，可广泛用于要求可靠性高、耐热性能好的彩色监视器及各种交、直流、脉冲电路中。玻璃釉电阻的外形如图 2-1-8 所示。

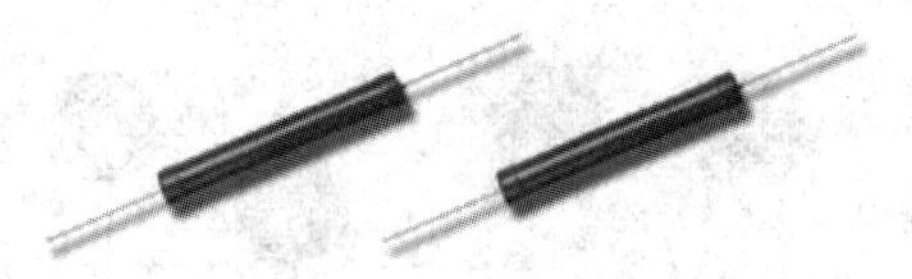

图 2-1-8　玻璃釉电阻

9．敏感电阻

敏感电阻是指将热、力、光、磁、温度、气体等非电量信号转换成电信号的电阻或对电压等电量敏感的电阻。敏感电阻种类较多，下面讲解几种常见的敏感电阻。

1) 热敏电阻

热敏电阻是一种对温度极为敏感的电阻。这种电阻在温度发生变化时其阻值也随之变化。常见的有正温度系数(PTC)热敏电阻和负温度系数(NTC)热敏电阻。热敏电阻的标称值是指环境温度为 25℃时的电阻值。一般用万用表测量其阻值时，其阻值不一定和标称阻值相同。

正温度系数(PTC)热敏电阻在温度升高时，其阻值也随之增大，常用于温度控制和温度测量电路，如彩色电视机的消磁电路，电冰箱、电驱蚊器、电熨斗等家用电器中，其实物如图 2-1-9 所示。

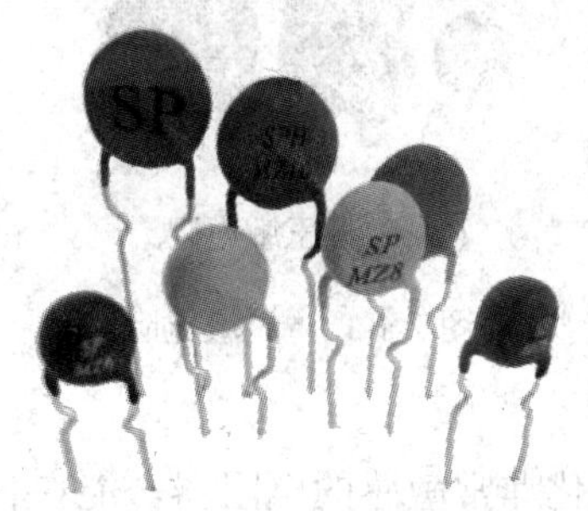

图 2-1-9　正温度系数(PTC)热敏电阻

负温度系数(NTC)热敏电阻的阻值与温度的变化成反比，即阻值随温度的升高而降低。负温度系数热敏电阻的应用范围很广，如用于家电类的温度控制、温度测量、温度补偿等。在空调器、电冰箱、电烤箱、复印机的电路中普遍采用了负温度系数热敏电阻，其实物如图 2-1-10 所示。

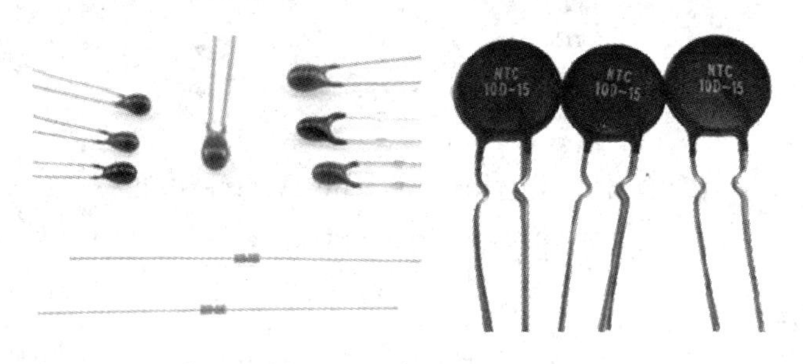

图 2-1-10　负温度系数(NTC)热敏电阻

2) 光敏电阻

光敏电阻是利用半导体的光电效应制成的一种电阻值随入射光的强弱而改变的电阻器，当入射光强时，电阻减小；当入射光弱时，电阻增大，其实物如图 2-1-11 所示。

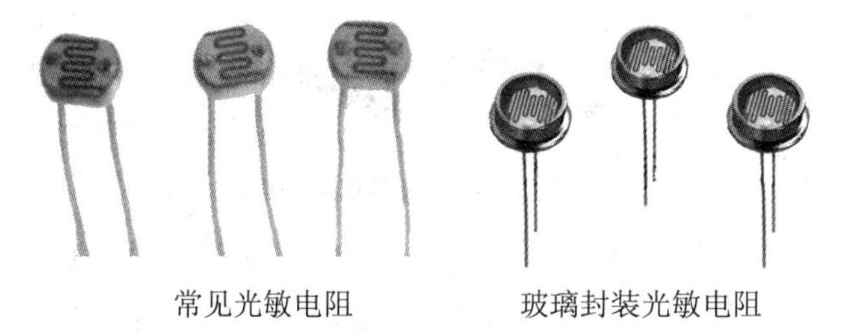

常见光敏电阻　　玻璃封装光敏电阻

图 2-1-11　光敏电阻

3) 压敏电阻

压敏电阻(MLV)是一种浪涌电压抑制器，它能为被保护元件(电路)提供强有力的保护，同时具有优良的浪涌能量吸收能力及内部散热能力，其实物如图 2-1-12 所示。

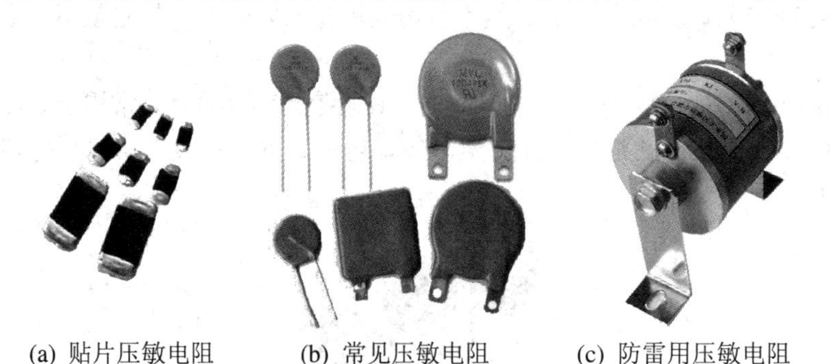

(a) 贴片压敏电阻　(b) 常见压敏电阻　(c) 防雷用压敏电阻

图 2-1-12　压敏电阻器

4) 湿敏电阻

湿敏电阻是一种对湿度变化非常敏感的电阻器，能在各种湿度环境中使用，它是将湿度转换成电信号的换能器件。湿敏电阻广泛用于湿度检测及湿度控制电路中，其实物如图2-1-13所示。

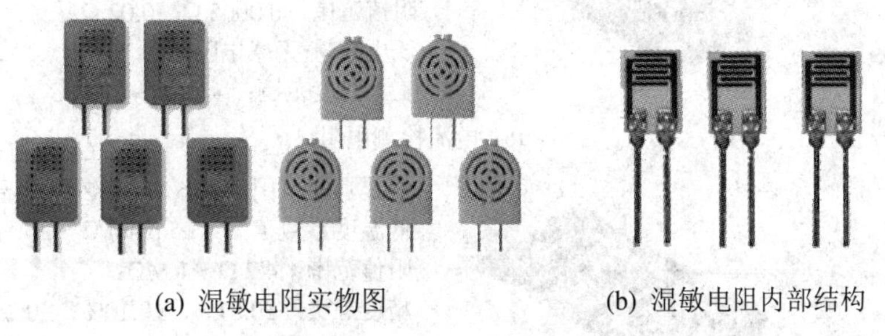

(a) 湿敏电阻实物图　　(b) 湿敏电阻内部结构

图2-1-13　湿敏电阻

5) 磁敏电阻

磁敏电阻是对磁场变化非常敏感的电阻器，它是将磁场信号转换成电信号的器件，与霍尔传感器功能类似。常见的磁敏电阻如图2-1-14所示。常见的有两只引脚的磁敏电阻(内部只有一只磁敏电阻)、3只引脚的磁敏电阻(内部有两只串联的磁敏电阻)和4只引脚的磁敏电阻(双路差分磁敏电阻)。

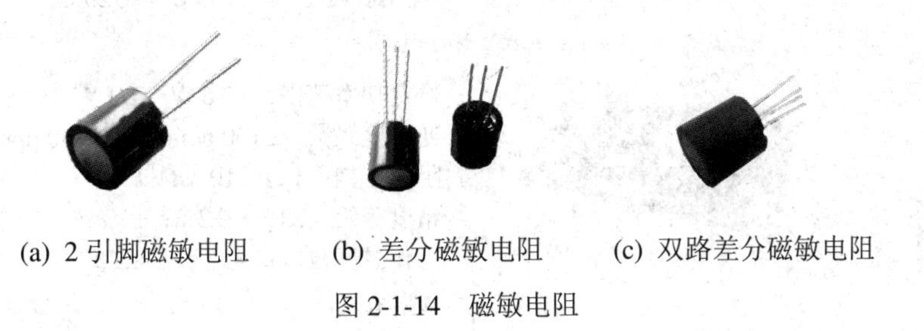

(a) 2引脚磁敏电阻　　(b) 差分磁敏电阻　　(c) 双路差分磁敏电阻

图2-1-14　磁敏电阻

6) 气敏电阻

气敏电阻是对不同气体(如一氧化碳、甲烷、氧气、天然气等)敏感的电阻器，常温型气敏电阻有两只引脚，加热型气敏电阻通常有4只引脚，其中两只是电极，另两只是加热丝引脚，如图2-1-15所示。

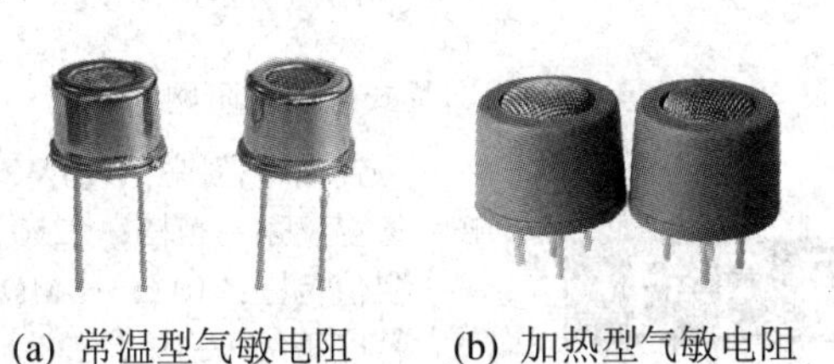

(a) 常温型气敏电阻　　(b) 加热型气敏电阻

图2-1-15　气敏电阻

10. 贴片电阻

上面所讲述的各种电阻在功率要求不高的情况下都可以做成表贴形式(贴片电阻)。贴片电阻因其体积小、重量轻、无引线的特点，在电子产品研发生产过程中，有利于产品设计小型化、机器自动贴装，因而得到了广泛的应用，如手机电路板里面用的全是表贴元器件。各种常见类型的贴片电阻如图2-1-16所示。

最大额定功率：3 W；
低温度系数：±50 ppm/℃～±100 ppm/℃
阻值范围：0.0005 Ω～0.02 Ω；
低电感量(无感电阻)；
工作温度范围：−55℃～+170℃

(a) 电流检测电阻

额定功率范围：1/16 W～1/2 W；
低温度系数范围：±5 ppm/℃～±50 ppm/℃
阻值范围：4.7 Ω～1 MΩ；
精度等级：±0.01%、±0.10%、±0.25%、±0.50%、±1.00%；
工作温度范围：−55℃～+125℃

(b) 精密电阻

额定功率(70℃)：5 mW；
低温度系数范围：−2800 ppm/℃～−1000 ppm/℃
阻值范围：220 kΩ～100 kΩ；
阻值误差：±5%、±10%；
使用温度范围：−55℃～+125℃

(c) 热敏电阻

额定功率范围：1/16 W～1/4 W；
低温度系数：±100 ppm/℃～±250 ppm/℃
阻值范围：1 Ω～10 MΩ；
精度等级：±1%、±2%、±5%；
工作温度范围：−55℃～+125℃

(d) 贴片厚膜电阻

温度范围：−55℃～+125℃
工作电压范围：3.3 V～615 V，
具有双向限制特性，适合ESD保护，漏电流非常小，寄生电感小，响应速度快(响应时间小于0.5 ns)，优良的温度系数

(e) 压敏电阻、片式压敏电阻网络

额定功率范围：1/16 W～1/8 W；
低温度系数范围：±250 ppm/℃～±400 ppm/℃
阻值范围：10 Ω～1 MΩ；
精度等级：±1%、±2%、±5%、±10%；
温度范围：−55℃～+155℃

(f) 片式电阻网络

图 2-1-16　贴片电阻实物图

2.1.3　电路图形符号

在电子系统设计时，通常需要画出电路原理图，在原理图设计时，每种电子元器件必需有其对应的符号，表 2-1-1 给出了常用电阻图形符号。

表 2-1-1　电阻图形符号

名　称	国标电路符号	国外电路符号
一般电阻	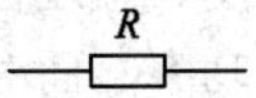 R	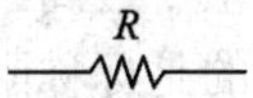 R
可调电阻	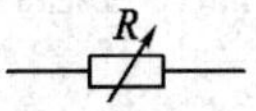 R	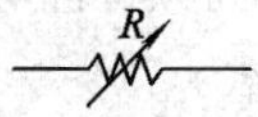 R
滑动电阻	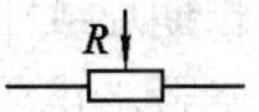 R	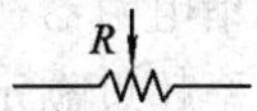 R
压敏电阻	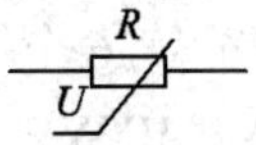 R U	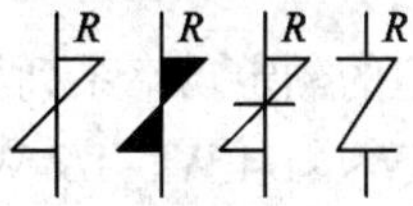 R R R R
气敏电阻	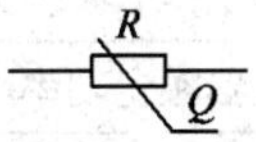 R Q 常温型气敏电阻图形符号	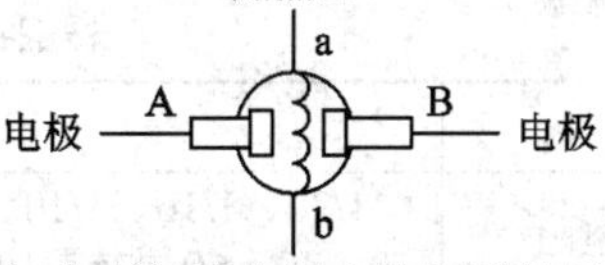 加热丝 a A B b 电极 电极 加热型气敏电阻电路图形符号
磁敏电阻	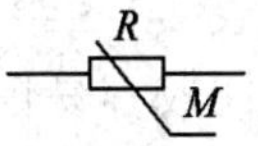 R M	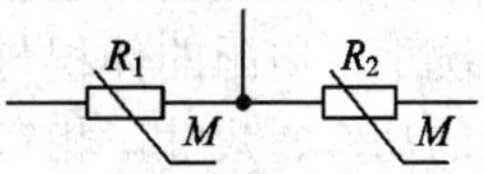 R_1 M R_2 M 3 引脚磁敏电阻符号
热敏电阻	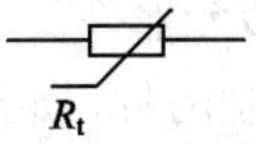 R_t	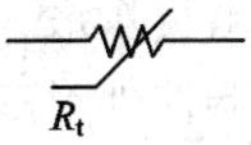 R_t
光敏电阻	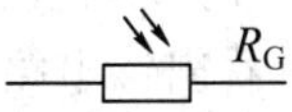 R_G	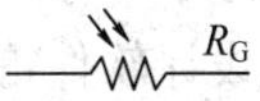 R_G
排阻	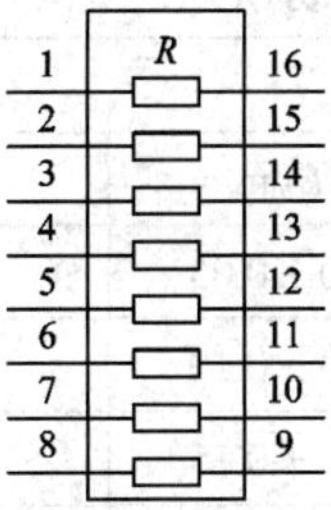 R 1–16	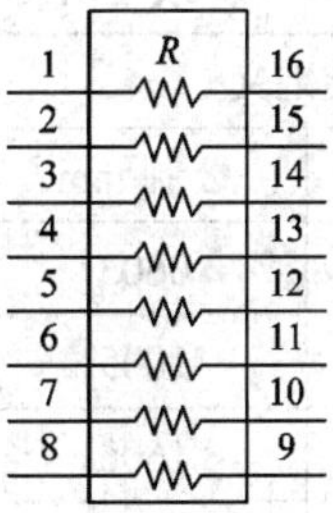 R 1–16
电阻桥	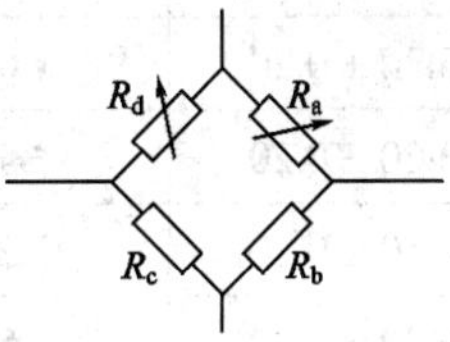 R_d R_a R_c R_b 全桥电阻	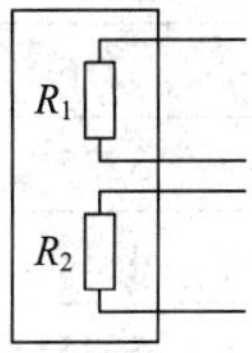 R_1 R_2 半桥电阻

2.1.4　电阻器参数识别

为了正确地选用电阻器就必须了解电阻器的技术参数。电阻器的参数有标称阻值、阻值误差、额定功率、最高工作电压、最高工作温度、温度特性、高频特性等。在实际使用过程中考虑最多的是标称阻值、阻值误差和额定功率，而对于最高工作电压、最高工作温度、温度特性和高频特性等只有在一些特殊场合需要考虑。

1. 额定功率

额定功率是指电阻器在一定的气压和温度下长期连续工作所允许承受的最大功率。如果电阻器的电功率超过额定值，电阻器就可能被烧毁。电阻器的额定功率的单位为瓦，用字母 W 表示。

线绕电阻的额定功率系列如表 2-1-2 所示，共分为 26 个等级，常用的有 1/20 W、1/16 W、1/10 W、1/8 W、1/4 W、1/2 W、1 W、2 W、5 W、10 W、25 W 等，有时会在电路原理图中标出电阻器的功率。

表 2-1-2　电阻器额定功率系列

种　类	电阻器额定功率/W
线绕电阻	1/20、1/16、1/10、1/8、1/4、1/2、1、2、3、4、5、6、7、8、10、15、20、25、30、40、50、75、100、150、250、500
非线绕电阻	1/20、1/16、1/10、1/8、1/4、1/2、1、2、5、10、25

通常情况下，电阻的体积与额定功率相关，表 2-1-3 给出了常用贴片电阻的封装名称，及其所对应的功率、尺寸。相对于手工焊接而言比较容易焊接的最小封装为 0603(英制)，更小的封装只适合于机器焊接，如常见于手机电路板中的 0402(英制)和 0201(英制)封装元器件。目前全球出货量最大的为 01005(英制)封装元器件。

封装是对元器件外形的定义，分为英制和公制两种，如表 2-1-3 所示，其英制封装 0201 对应公制封装 0603，每一种封装对应一定的尺寸，在电路板设计完成后，通过 Altium Designer(电路板设计软件)的三维观察功能，即可看出该电路板的三维立体图。

表 2-1-3　不同表贴电阻封装所对应的功率和尺寸

封装定义		功率/W	尺寸		
英制/mil	公制/mm		长(*L*)/mm	宽(*W*)/mm	高(*T*)/mm
0201	0603	1/20	0.60 ± 0.05	0.30 ± 0.05	0.23 ± 0.05
0402	1005	1/16	1.00 ± 0.10	0.50 ± 0.10	0.30 ± 0.10
0603	1608	1/10	1.60 ± 0.15	0.80 ± 0.15	0.40 ± 0.10
0805	2012	1/8	2.00 ± 0.20	1.25 ± 0.15	0.50 ± 0.10
1206	3216	1/4	3.20 ± 0.20	1.60 ± 0.15	0.55 ± 0.10
1210	3225	1/3	3.20 ± 0.20	2.50 ± 0.20	0.55 ± 0.10
1812	4832	1/2	4.50 ± 0.20	3.20 ± 0.20	0.55 ± 0.10
2010	5025	3/4	5.00 ± 0.20	2.50 ± 0.20	0.55 ± 0.10
2512	6432	1	6.40 ± 0.20	3.20 ± 0.20	0.55 ± 0.10

贴片电阻类元器件常用于产品的批量化生产，而引线电阻类元器件常用于要求较大功率电阻的设计中(如开关电源设计)和学生焊接练习。表 2-1-4 给出了不同引线封装器件所对应的功率、尺寸和电阻器上常标的符号，对于功率较大的电阻器，其封装形式不再是两端引线式，故尺寸和封装名称未给出。

表 2-1-4 不同引脚电阻封装所对应的功率、尺寸和电阻器上常标的符号

封装名称	功率/W	尺寸/mm			标出功率的电阻器符号	
		长($L \pm 1$)	宽($W \pm 0.5$)	高($T \pm 0.5$)		
AXIAL-0.3	1/8	7.6	1.6	1.6	//	//
AXIAL-0.4	1/4	10.2	2.0	2.0	/	/
AXIAL-0.5	1/2	12.7	2.5	2.5	—	—
AXIAL-0.6	1	15.2	2.5	2.5	1	I
AXIAL-0.7	2	17.8	4.0	4.0	2	II
AXIAL-0.8	3	20.3	4.0	4.0	3	III
AXIAL-0.9	4	22.8	5.0	5.0	4	IV
AXIAL-1.0	5	25.4	7.6	7.6	5	V
—	10	—	—	—	10	X
—	20	—	—	—	20	XX

常用的不同功率电阻器所对应的元器件外形如图 2-1-17 所示。

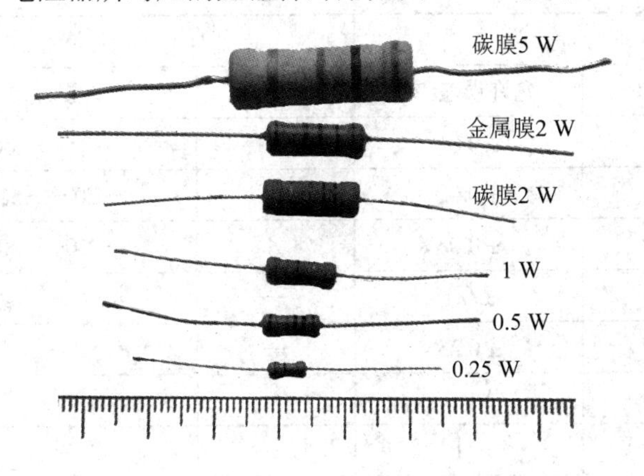

图 2-1-17 不同功率的电阻器外形

2. 标称阻值

标称阻值是指电阻器表面所标的阻值。电阻器的标称阻值是根据国家制定的标准系列标注的，不是生产者任意标定的。为了生产的便利，选购的方便，国标规定了系列阻值，因此选用电阻器时必须在国标规定的电阻器标称阻值范围中选用。

电阻有 E6、E12、E24、E48、E96、E192 这 6 个标准系列，分别适用于允许偏差为 ±20%、

±10%、±5%、±2%、±1%和 ±0.5%的电阻器。其中 E24 为常用系列，E48、E96、E192 为高精密电阻系列。每个系列里的值是对应 10 的 *n* 次方所得的阻值，如 E12 系列里有 2.2 的值，即电阻有 0.022 Ω、0.22 Ω、2.2 Ω、22 Ω、220 Ω、2.2 kΩ、22 kΩ、220 kΩ、2.2 MΩ 的阻值。在选择电阻器的阻值时，可能系列中没有，此时可以选择与系列中相近值的电阻器使用。常用的 E6、E12、E24、E48 系列里的参考值如下：

E6：1.0，1.5，2.2，3.3，4.7，6.8；

E12：1.0，1.2，1.5，1.8，2.2，2.7，3.3，3.9，4.7，5.6，6.8，8.2；

E24：1.0，1.1，1.2，1.3，1.5，1.6，1.8，2.0，2.2，2.4，2.7，3.0，3.3，3.6，3.9，4.3，4.7，5.1，5.6，6.2，6.8，7.5，8.2，9.1；

E48：1.00，1.05，1.10，1.15，1.21，1.27，1.33，1.40，1.47，1.54，1.62，1.69，1.78，1.87，1.96，2.05，2.15，2.26，2.37，2.49，2.61，2.74，2.87，3.01，3.16，3.32，3.48，3.65，3.83，4.02，4.22，4.42，4.64，4.87，5.11，5.36，5.62，5.90，6.19，6.49，6.81，7.15，7.50，7.87，8.25，8.66，9.09，9.53。

3. 误差等级

由于生产电阻器工艺水平的差别，使产品的实际阻值与标称阻值之间产生一定的误差，为了能够反映出误差的大小，国标规定了误差等级，不同等级的误差对应标称阻值的偏差不同，如 I 级误差为标称值的 ±5%，即 95 Ω～105 Ω 的阻值统称为 100 Ω；II 级误差为标称值的 ±10%，即 90 Ω～110 Ω 的阻值统称为 100 Ω；III 级误差为标称值的 ±20%，即 80 Ω～120 Ω 的阻值统称为 100 Ω。电阻器的常用允许误差有 ±0.05%、±0.1%、±0.25%、±0.5%、±1%、±2%、±5%、±10%、±20%。允许误差越小，其精度等级越高。在电阻器标识时通常用字母表示允许误差，如表 2-1-5 所示。

表 2-1-5　阻值允许误差与字母对照表

对称偏差		不对称偏差	
字母	允许误差(%)	字母	允许误差(%)
H	± 0.01	R	－10～＋100
U	± 0.02	S	－20～＋50
W	± 0.05	Z	－20～＋80
B	± 0.1	—	—
C	± 0.25	—	—
D	± 0.5	—	—
F	± 1		
G	± 2		
J	± 5		
K	± 10		
M	± 20		
N	± 30		

4. 电阻参数读取

1) 直标法电阻读取

直标法就是将电阻器的标称阻值及误差直接标注在电阻器的表面，使用者可以从电阻器的表面直接读出阻值及阻值误差，如图 2-1-18 所示。

JDC：生产厂家标识；
MPR：电阻外形标识；
2W：电阻功率；
0.33Ω：电阻标称阻值；
J：允许误差标识

JDC：生产厂家标识；
SQK：电阻外形标识；
10W：电阻功率；
51K：电阻标称阻值；
J：允许误差标识

图 2-1-18 直标法电阻器读法

2) 标称阻值字母数字混标法电阻读取

在直标法中，若在印刷或使用过程中将小数点漏掉，3.3 kΩ 的电阻将会变成 33 kΩ。为此，可采用字母数字混标法来解决这一问题，如将 3.3 kΩ 电阻标注成 3k3，k 的位置表示小数点，且 k 表示该电阻的单位为 kΩ。常用的文字符号有 R、Ω、k、M、G、T，其意义分别是：R 表示电阻、Ω 表示欧姆、k 表示千欧、M 表示兆欧、G 表示吉(10^9)欧、T 表示太(10^{12})欧。表 2-1-6 给出了字母数字混标法电阻器的一些例子。

表 2-1-6 字母数字混标法电阻器示例

标 识	标称阻值	标 识	标称阻值
R10	0.1 Ω	R047	0.047 Ω
1R5	1.5 Ω	4R7	4.7 Ω
100Ω	100 Ω	47 Ω	47 Ω
1k1	1.1 kΩ	4k7	4.7 kΩ
1M1	1.1 MΩ	4M7	4.7 MΩ
1G2	1200 MΩ	4G7	4700 MΩ
1T	10^6 MΩ	—	—

通常，在混标法中不但标出电阻的标称阻值，还会标出误差，如 4R7F 表示标称阻值为 4.7 Ω，允许误差为 ±1%；6k8J 表示标称阻值为 6.8 kΩ，允许误差为 ±5%。

在高精密贴片电阻中，用黑色片式封装，底面及两边为白色，在上表面标出代码，代码由两位数字和一位字母组成(DDM)，前两位数字(DD)是代表有效数值的代码，后一位字母(M)是有效数值后应乘的数值。如 88A，查代码表，88 表示 806，A 表示 10^0，则 88A 为 806 Ω。数字代码所对应的数值如表 2-1-7 所示。字母所对应的乘数如表 2-1-8 所示。表 2-1-9 给出该表示法的一些例子。

表 2-1-7　数字代码与对应数值对照表

代码	数值	代码	数值	代码	数值	代码	数值	代码	数值
01	100	21	162	41	261	61	422	81	681
02	102	22	165	42	267	62	432	82	698
03	105	23	169	43	274	63	442	83	715
04	107	24	174	44	280	64	453	84	732
05	110	25	178	45	287	65	464	85	750
06	113	26	182	46	294	66	475	86	768
07	115	27	187	47	301	67	487	87	787
08	118	28	191	48	309	68	499	88	806
09	121	29	196	49	316	69	511	89	825
10	124	30	200	50	324	70	523	90	845
11	127	31	205	51	332	71	536	91	866
12	130	32	210	52	340	72	549	92	887
13	133	33	215	53	348	73	562	93	909
14	137	34	221	54	357	74	576	94	931
15	140	35	226	55	365	75	590	95	953
16	143	36	232	56	374	76	604	96	976
17	147	37	237	57	383	77	619	—	—
18	150	38	243	58	392	78	634	—	—
19	154	39	249	59	402	79	649	—	—
20	158	40	255	60	412	80	665	—	—

表 2-1-8　字母与对应乘数对照表

字母代码	A	B	C	D	E	F	G	H	X	Y	Z
应乘的数值	10^0	10^1	10^2	10^3	10^4	10^5	10^6	10^7	10^{-1}	10^{-2}	10^{-3}

表 2-1-9　数字字母表示法示例

标　识	标 称 电 阻
74A	$576 \times 10^0 = 576\ \Omega$
63B	$442 \times 10^1 = 4420\ \Omega = 4.42\ \text{k}\Omega$
92E	$887 \times 10^4 = 8\ 870\ 000\ \Omega = 8.87\ \text{M}\Omega$
47F	$301 \times 10^5 = 30\ 100\ 000\ \Omega = 30.1\ \text{M}\Omega$
04X	$107 \times 10^{-1} = 10.7\ \Omega$

3) 色环标注法电阻读取

色标法是指用不同的颜色在电阻体表面标出主要参数的一种方法。常见的有三色环、四色环和五色环。

(1) 三色环和四色环的读法。

三色环电阻实际是四色环电阻的特例，当四色环电阻的误差环为无色(误差 ±20%)时即为三色环电阻，如图 2-1-19(a)所示。

四色环电阻如图 2-1-19(b)所示，在四色环电阻中，如果发现最边上的色环为金色或银色，则该色环为误差环，在放置电阻时，误差环放在右边，则放在左边的为第一色环；第一、二色环为数字环，第三色环表示 0 的个数，前三个色环合起来代表的数字即为电阻的阻值，如棕绿红表示 $15 \times 10^2 = 1.5\ k\Omega$；第四色环为误差环，银色表示误差为 ±10%，金色表示误差为 ±5%。具体颜色表示的数字请参考表 2-1-10。

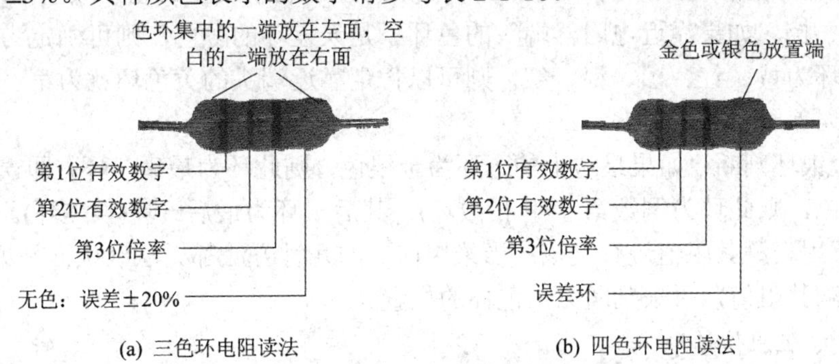

(a) 三色环电阻读法　　(b) 四色环电阻读法

图 2-1-19　三色环与四色环电阻读法

表 2-1-10　电阻器的色标符号意义

色环颜色	有效数字	被乘数	允许误差%	工作电压/V
黑	0	10^0	—	4
棕	1	10^1	±1	6.3
红	2	10^2	±2	10
橙	3	10^3	—	16
黄	4	10^4	—	25
绿	5	10^5	±0.5	32
蓝	6	10^6	±0.25	40
紫	7	10^7	±0.1	50
灰	8	10^8	—	63
白	9	10^9	−20～+5	—
金	—	10^{-1}	±5	—
银	—	10^{-2}	±10	—
无色	—	—	±20	—

(2) 五色环读法。

精密电阻器一般用五条色环来表示，其前三条色环表示有效数字，第四环表示倍乘，第五环表示误差，表示误差的色环其颜色代表的意义如表 2-1-10 所示，实物如图 2-1-20 所示。由于五环电阻的误差环的颜色与表示数字的颜色相同，因此较难区分哪一边为第一色环，哪一边为最后的误差色环。

图 2-1-20　五色环电阻

下面介绍区分第一色环的方法：

① 从环的间隔判断：通常情况下误差环的间隔与其他色环的间隔较大，当发现较大间隔时，则该色环为最后一环(误差环)。

② 从阻值的范围给予判断：因为一般电阻取值的范围是 1 Ω～10 MΩ，如果我们读出的阻值超过了这个范围，那就可能是把第一色环选错了。例如电阻器的色环为绿、棕、黑、绿、棕，如果误认为绿色环为第一色环，则阻值为 51 MΩ，显然太大了，超出一般电阻器的范围，这不太可能；如将棕色认为是第一色环，则阻值为 1.5 kΩ，就符合实际了。

③ 从误差环的颜色来判断：从表 2-1-10 中可知，表示误差的色环颜色有银、金、紫、蓝、绿、红、棕。如果靠近电阻器端头的色环不是误差环的颜色，则可确定为阻值环，如电阻器的色环为黄、红、黑、银、红，则可以肯定靠近端头的黄色环就为第一色环，因为黄色不表示误差。

④ 从金银环判断：如果最边上的一环为金银色，则此环为最后一环，即误差环；如果内环为金银色，则此环为倒数第二环(指数环)，其后一环为最后一环(误差环)。

⑤ 用万用表测其阻值进行复核：当采用前面的几种方法都无法确认谁是第一色环时，可用万用表测其阻值，再来判断第一色环的位置。

4) 贴片电阻阻值读取

贴片电阻的标注方法常用直标法和混标法，读取实例如图 2-1-21 所示。

该电阻为混标法：阻值为 0.005 Ω

该电阻前 3 位为数值，第 4 位为 10^n 中的 n；该电阻精度为 ±1%；阻值为 15 kΩ

该电阻前 2 位为数值，第 3 位为 10^n 中的 n；该电阻精度为 ±5%；阻值为 22 kΩ

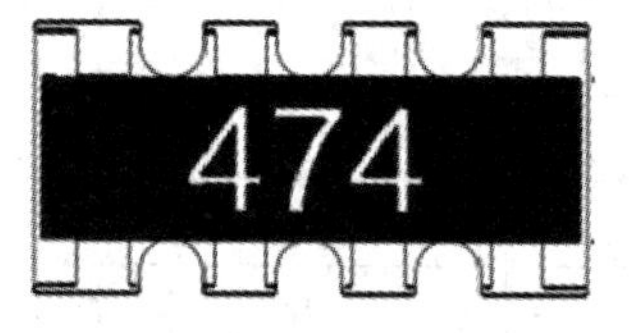

该电阻为排阻，前 2 位为数值，第 3 位为 10^n 中的 n；该电阻精度为 ±5%；阻值为 470 kΩ

该电阻前 3 位为数值，第 4 位为 10^n 中的 n；该电阻精度为 ±1%；阻值为 287 kΩ

该电阻前 2 位为数字代码，需查数字代码对照表找到对应数值，第 3 位为 10^n 中的 n，n 需查字母乘数对照表；该电阻精度为 ±1%；阻值为 301×10^4 Ω = 3.01 MΩ

图 2-1-21　贴片电阻读法

2.1.5　电阻器的使用

电阻器广泛地应用于各种电子电路中，不同的封装、功率、阻值、精度使用的场合也不同，下面举例说明不同的使用场合对参数的要求。

图 2-1-22 为电源泄放电路，该电路的电源由市电(220VAC/50 Hz)经火线和零线进入扼流滤波电路后整流滤波而得。在此不讲解扼流滤波电路，故未画出。交流电压经 D_1 整流后通过 R_{t1} 给 C_3 充电。如果 C_3 电容的电压过高(由电机制动时对电容反向充电引起)，则通过控制 VT_1 经 R_1 电阻给 C_3 放电。

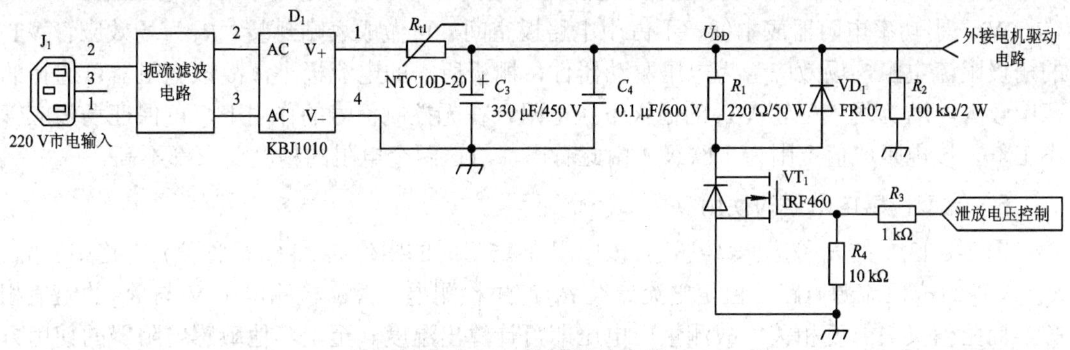

图 2-1-22　电源泄放电路

1．电阻器参数在电路原理图中的标注方法

在电路原理图中一般对电阻需要标注三个参数：电阻序号(如 R_1、R_3、R_4 等，同一电路原理图中不能有相同的电阻序号)、电阻阻值(如 1 kΩ、10 kΩ、220 Ω 等)、电阻封装(如 0201、AXIAL-0.4、3216 等，封装标注在参数选项内部，不直接显示在原理图上，具体参考电路设计软件书籍)。电阻的功率很少标注在电路原理图上，除非是特殊功率的电阻器(如 R_1 电阻上标注了 220 Ω/50 W)。对于电路中常用的普通电阻器，根据封装即知它们的功率，具体内容参考表 2-1-3 和表 2-1-4。

2．负温度系数热敏电阻器的使用

图 2-1-22 中的 R_{t1} 为负温度系数热敏电阻器。加入该电阻的目的是，在系统通电瞬间，由于 C_3 电容无电荷，相当于短路，故瞬间电流很大，因此加入一限流电阻 R_{t1}，限制 C_3 的充电电流；如果 R_{t1} 为一固定阻值电阻，则该电阻 R_{t1} 的消耗功率为 R_{t1} 的阻值乘以外接负载的电流，消耗功率太大，电阻发热严重。故在此使用负温度系数热敏电阻，随着温度的升高，电阻阻值降低，消耗功率降低，则阻值、消耗功率和温度之间将达到平衡。在这里使用 R_{t1} 存在一个缺点，就是在 R_{t1} 温度高时突然断电，而电阻温度还未降低，电容 C_3 已经放电完毕，则再次开机时起不到防止瞬间电流过大的作用。

3．大功率水泥电阻器的使用

图 2-1-22 中的 R_1 为 220 Ω、50 W 的水泥电阻器。C_3 电容为外部电机提供驱动能量，当电机需要紧急制动停转时，电机就会变为发电设备，向 C_3 电容反向充电，抬升 C_3 电容的电压，当电压超过电容耐压值时，电容将会损坏，大功率水泥电阻 R_1 就是在 C_3 电容电压过高时，瞬间泄放掉 C_3 电容的过多能量，降低电压，保护电容。

4. 泄放保护电阻器的使用

图 2-1-22 中的 R_2 为泄放保护电阻器，该电阻器的用处就是在整个电路断电后，保证在一段时间内将高压电容 C_3 内的电荷泄放掉，以保护人身安全(在维修时，高压电容 C_3 内如果存在电荷，会电击到人体，造成危害)。该电阻在电路工作时是一个纯耗能元件，如果电阻阻值过小，则消耗能量过大，因此，选择 100 kΩ 以上的阻值，计算其功率在 2 W 以下。

5. 通用贴片电阻器的使用

图 2-1-22 中的 R_3、R_4 为普通贴片电阻器，这两个电阻均可选用小功率电阻器(1/4 W～1/16 W)，小功率电阻器成本低、不占用电路板空间、可做成表贴封装。R_3 为场效应管 VT_1 的栅极限流电阻，场效应管为电压驱动器件，栅极所需的电流极小，故该电阻器可选择的范围较大。R_4 为场效应管 VT_1 的栅极下拉电阻，在无控制信号的作用下，可保证场效应管不工作，该电阻取值范围为千欧级。由此看出，对这两个电阻的精度要求都不高。

6. 温度传感电阻器的使用

图 2-1-23 中的 R_{t2} 为温度传感器，该电阻在 25℃时的阻值为 3 kΩ(标称值)。电路中 IC_{1A}、R_5、VT_2 组成恒流源电路，恒定电流流经 R_{t2} 产生检测电压 V。检测电压 V 与 R_{t2} 的阻值相关，而阻值又与温度相关，故测量出电压即可计算出温度。至于其他敏感电阻器的使用方法与温度传感电阻器的使用方法基本相同。

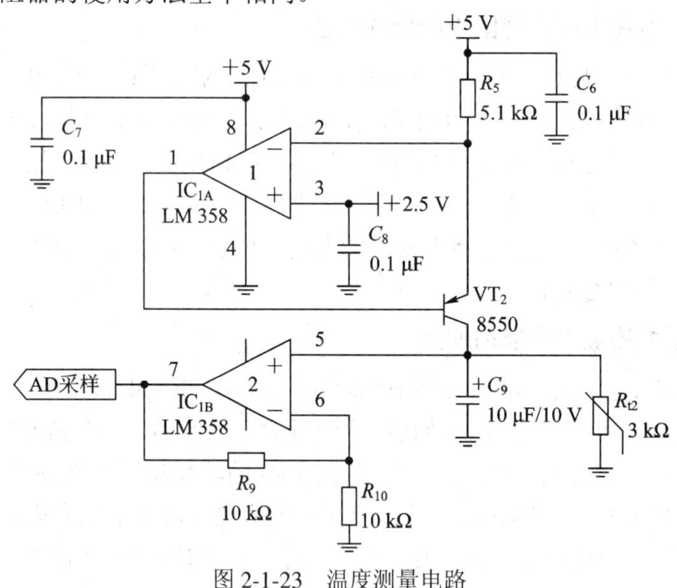

图 2-1-23 温度测量电路

7. 精密电阻器的使用

图 2-1-23 中的 R_5、R_9、R_{10} 为精密电阻器，R_5 电阻与 IC_{1A}、VT_2 组成恒流源电路，该恒流源电路的电流为

$$I = \frac{(+5\text{V}) - (+2.5\text{V})}{R_5}$$

在 +5 V、+2.5 V 恒定时，电流与 R_5 相关，该电阻的精度决定了恒流源电流的精度。R_9、

R_{10} 为运放的放大比例控制电阻，精度越高，比例越精确。在电路中 R_5 的精度通常要求在 ±1% 以上，R_9、R_{10} 则要求在 ±2%以上。

8．采样电阻器的使用

图 2-1-24 中的 R_8 为采样电阻器，采集电机的驱动电流，当该电流过大时，需要关断 VT_1。该电机正常的驱动电流为 10 A，则 R_8 上的耗散功率为

$$I^2R = 100 \times R_8$$

当 R_8 阻值为 0.0047 Ω 时，耗散功率为 0.47 W；当 R_8 阻值为 0.47 Ω 时，耗散功率为 47 W，故该电阻的阻值应取得较小。而采样电压为

$$U = IR = 10 \times R_8$$

当 R_8 阻值为 0.0047 Ω 时，采样电压为 47 mV；当 R_8 阻值为 0.47 Ω 时，采样电压为 4.7 V，故该电阻越大，越有利于的电流值的采样。如果该电阻存在感抗，则采样电流时会因为受到电感的影响而不准确。综合考虑以上各因素，该电阻需要采用无感精密小阻值的采样电阻。

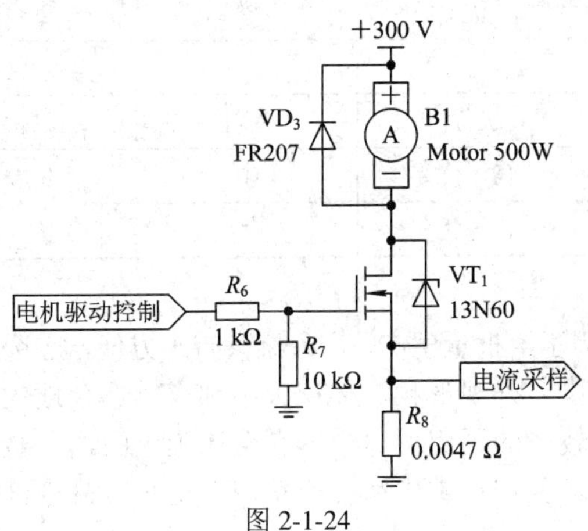

图 2-1-24

9．排阻的使用

图 2-1-25 中的 R 为排阻，用于限制 LED 上的 8 个发光二极管的驱动电流。使用排阻的好处一是因为排阻的阻值相同，可使发光二极管的亮度相同；二是排阻与 8 个电阻相比体积较小，可节省电路板的空间。

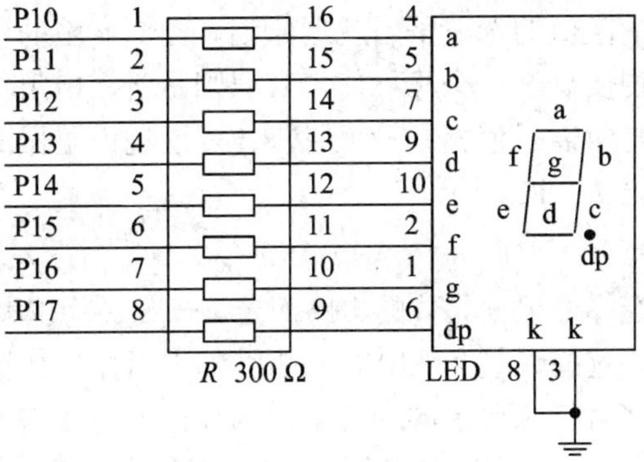

图 2-1-25　数码管驱动电路

2.1.6 电阻器的选型

电阻器的种类很多，特点又各不相同，不同的电路所需要的电阻器的特性也会有所不同，为了能够满足各种电路的实际要求，发挥各类电阻器的特性，精心选用电阻器是特别重要的，现将各种电位器的性能作一比较，如表 2-1-11 所示。

表 2-1-11　各种电位器的性能比较

性　能	绕线型	合成型	金属膜型	碳膜型
阻值范围	低～高	中～高	低～高	中～高
电阻温度系数	优～极优	尚可	优	中
高频、快速响应	差～尚可	尚可	优	极优
功率	中～高	中	中～高	中
脉冲负荷	良～优	优	中	良
储存稳定性	优	中	良～优	良
工作稳定性	极优	良	优	良
非线性、噪声	极优	尚可	优	良
耐潮性	良～优	中	良～优	良
可靠性	良～优	优	良～优	中

1. 类型的选则

在选择电阻器时，为了给批量生产、产品维修带来方便，应选择种类较多，规格齐全，生产批量较大，阻值范围、外观形状、体积大小都有挑选余地的电阻器。该类电阻器称为通用型电阻器，使用较多的通用型电阻器有金属膜电阻器、金属氧化膜电阻器、碳膜电阻器、线绕电阻器等。我们日常生活中所使用的电子产品内部的电阻器大多为通用型电阻器。

2. 标称阻值的选择

在电路设计过程中，很多阻值都是计算而出的，而电阻器的标称值不是每个电阻都有的，如在 E24 系列中存在 100 Ω、110 Ω，而不存在 101 Ω，这时，如果电路中计算出的阻值为 101 Ω，那该如何确定该电阻的阻值呢？

电路中所需电阻器的阻值的选取采用就近原则。当电路中的电阻器不能与国家规定的系列标称阻值相符时，便要靠近一个标称值，其原则是所需电阻器的阻值与标称值的差值越小越好。如果标称值与所需阻值相差较大时，便要通过电阻器的串、并联来解决，具体串并联后阻值的变化如表 2-1-12 所示。

3. 误差等级的选择

电阻器误差等级的选择要根据具体的电路而定。一般误差越大的电阻成本越低，因此，在无特殊要求的场合下，选择误差为 ±10%～±20%的电阻器，如退耦电路、反馈电路、滤波电路、负载电路等；在有特殊要求的场合下，选择误差为 ±1%～±5%的电阻器，如运算放大电路、有源滤波电路、*RC* 定时电路等；在特定场合下需要选择误差小于 ±1%的精密电阻器，如电流采样电路、校准电路等。

表 2-1-12　串并联对阻值的影响

说明	电阻连接形式	电 阻 值
串联	R_1 300 Ω, R_2 10 kΩ, R_3 2 kΩ	$R=R_1+R_2+R_3$ $R=12.3\ \text{k}\Omega$
并联	R_1 300 Ω, R_2 10 kΩ, R_3 2 kΩ	$\frac{1}{R}=\frac{1}{R_1}+\frac{1}{R_2}+\frac{1}{R_3}$ $R=118.58\ \Omega$
串并联	R_1 300 Ω, R_2 10 kΩ, R_3 2 kΩ	$R=R_1+\frac{R_2\cdot R_3}{R_2+R_3}$ $R=1966.67\ \Omega$

4．额定功率的选择

电阻器在电路中工作时所承受的功率不得超过电阻器的额定功率(标称功率)，为了保证电阻器在电路中能正常工作而不被损坏，因此选用电阻器时，必须留有适当的余地。通常情况下，所选用电阻器的额定功率应大于实际承受功率的两倍以上，这样才能保证电阻器在电路中长期工作时的可靠性。例如图 2-1-24 中的 R_8 电阻的功率为

$$P=I^2\cdot R=100\cdot 0.0047=0.47\ \text{W}$$

故选择功率大于 1 W 的电阻器。而图 2-1-22 中的电阻 R_1 的功率计算得出

$$P=\frac{U^2}{R}=\frac{300^2}{220}=409\ \text{W}$$

如按上述方法则应选择 1000 W 功率的电阻器，而实际电路中只选择 50 W 的功率，这是因为该电阻器不是长时间工作的器件，它的工作时间极短，在电阻还未发热时就已经停止工作了，它属于脉冲负载，对于脉冲负载的功率，可以用公式

$$P=\frac{U^2}{R}f\tau$$

计算，式中 U 为脉冲峰值电压；R 为电阻器阻值；f 为重复频率(单位为 Hz)；τ 为脉冲宽度时间(单位为 s)。

5．封装的选择

虽然同种阻值、同种功率的电阻器，其外形、体积大小不一样，但在电路中起的作用是一样的，所以选择电阻器时应视实验条件和板面空间的宽松程度而定。

学生在用实验板设计电路时，由于使用手工焊接，且需要焊接大量的导线来连接不同的器件，故一般选择引线电阻器，有利于焊接。

在电路板设计时，往往受到电路板大小的限制，对电阻器的体积大小就要有所考虑。如果安装空间比较大，可选用体积较大的碳膜电阻器；如果安装空间较小，可选用同阻值、同功率的金属膜电阻器，这是因为后者的体积要比前者小一倍左右。而在手机、PDA、平

板电脑、笔记本电脑的电路板中，由于板面空间更加有限，只能选择体积更小的电阻器(如0201、0402、0603 封装)。

6．耐压的选择

每个电阻器都有其最大的耐压程度，当实际电压超过此值时，即便满足了功率要求，电阻器也会被击穿损坏。往往有人误认为能满足功率要求，就可不必考虑电阻的耐压问题了，这种看法是不对的。电阻器的极限电压可以通过查询厂家的数据手册得到。厂家通常会给出最大工作电压、最大负荷电压、最高脉冲电压、最高绝缘电压和耐压值等电阻的电压参数。在选择时，应降额使用，即使用场合的电压要小于各项指标允许电压的 50%。

7．使用场合的选择

由于各种电子设备使用的环境不同，对电阻器的要求也不同。在温度较高的环境(如室外加油设备、汽车电子)中，应选用金属膜电阻器或金属氧化膜电阻器，因为这两种电阻器都可以在 125℃的高温下长期工作。在湿度较高的环境(如洗衣机、空气加湿器)中，应选用金属玻璃釉电阻器、金属氧化膜电阻器。

8．特殊电阻器的选择

1) 热敏电阻器的选择

选择热敏电阻器时不但要注意其额定功率、最大工作电压、标称阻值，更要注意最高工作温度和电阻温度系数等主要参数。由于热敏电阻器的种类和型号较多，而且还分正温度系数和负温度系数的热敏电阻器，因此选用时一定要符合具体电路的要求。

2) 光敏电阻器的选择

由于光敏电阻器对光线特别敏感，有光线照射时，其阻值迅速减小；无光线照射时，其阻值为高阻状态，因此选用时，应首先考虑控制电路对光敏电阻器的光谱特性有何要求，到底是选用紫外光光敏电阻器、可见光光敏电阻器还是选用红外光光敏电阻器。另外选用光敏电阻器时还应确定亮阻、暗阻的范围，此项参数的选择是关系到控制电路能否正常动作的关键，因此必须予以认真确定。

3) 压敏电阻器的选择

压敏电阻器选用的正确与否将直接影响到应用电路的可靠性和保护效果。应根据电路的具体工作条件来选取标称电压值的压敏电阻器。如果标称电压值选得太低，虽然可提高保护效果，但是由于流过压敏电阻器的电流较大，容易使压敏电阻器因过热而损坏；如果标称电压值选得太高，它对电路将起不到过电压保护的作用。因此，根据具体电路的要求，准确选择标称电压值是关键。一般的选择方法是：压敏电阻器的标称电压值应是加在压敏电阻器两端电压的 2～2.5 倍。另外，还应注意选用温度系数小的压敏电阻器，以保证电路的稳定性。

4) 湿敏电阻器的选择

湿敏电阻器的选用应根据不同类型的特点以及湿敏电阻器的精度、湿度系数、响应速度、湿度量程等因素来进行选择。

5) 熔断电阻器的选择

选择熔断电阻器时，必须考虑其双重性能，既能满足在正常条件下阻值的要求，又能保证在过载时能快速熔断，以保护电子元器件不受损坏。如果熔断电阻器的阻值选得较大或功率选得较大时，则起不到保护电路的作用，所以正确的选择阻值与功率就成为选用熔断电阻器的关键。

当熔断电阻器损坏后，无法识别其阻值与功率时，可采用欧姆定律进行计算来获得具体的数据。熔断电阻器的阻值计算公式为 $R = U/I$；熔断电阻器的功率计算公式为 $P = I^2 \cdot R$，式中的 U 和 I 值可以通过测量电路得到。

9．特定电路中电阻器的选择

在不同的应用电路中，电阻的选择亦有所不同，如果选用不当就会影响单元电路的正常工作。

在低频电路中，由于工作频率较低，对电阻的分布参数没有什么过高的要求，故选用范围很大，因此凡是在高频电路中使用的电阻器都可以使用。工作频率在 50 Hz 以下的电路，还可以选用分布参数较大的 RX 型线绕电阻器、RS 型和 RH 型实心电阻器等。

在高频电路中，由于工作频率较高，要求电阻器的分布参数越小越好，即电阻器的分布电感应尽量小，故应选用 RJ 型系列金属膜电阻器、RY 型金属氧化膜电阻器，也可选用 RT 型碳膜电阻器。对于工作频率在几十兆赫以下的电路，可以选用 RH 型合成膜电阻器或 RS 型实心电阻器。对于超高频电路，最好选用 RTCP 型高频电阻器。

在高增益放大电路中，需要先对信号进行几百倍的放大，然后送往下一级，这就要求电路中使用噪声电动势小的电阻器，否则在放大信号的同时，噪声也放大了，从而严重地影响信号采样的效果，所以这种电路应选用噪声电动势小的电阻器，如 RJ 型金属膜电阻器或 RJ10 型精密金属膜电阻器。

在要求高稳定性的电路(功率放大电路、偏置电路、取样电路)中，电路的稳定性与电阻器阻值的稳定性密切相关，而电阻器的阻值又与温度相关，这样在温度发生变化时，就会造成电路的不稳定。为此，应选用温度系数小的电阻器，如金属膜电阻器、金属氧化膜电阻器、碳膜电阻器、玻璃釉电阻器等。在要求稳定性较高的电路中还可以选用线绕电阻器，因为线绕电阻器采用的是特殊材料的合金线绕制，它的温度系数很小，而实心电阻器的温度系数较大，一般不能用在有稳定性要求的电路中。

在退耦电路、滤波电路中，电阻器阻值的变化对电路没有太大的影响，故电阻器的选用范围较宽松，只要阻值基本符合电路的要求，不论何种型号的电阻器都可以使用。

2.2 电 位 器

电位器又称可调电阻器、可变电阻器或微调电阻器，它是阻值在一定范围内连续可调的电阻，主要用在要求电阻值可变动而又不需要经常改变阻值的电路中。电位器是电阻器的一种，但是因为电位器所涉及的知识较多，故在此处单独设为一节。

2.2.1 电位器的分类

电位器的常见分类方式如表 2-2-1 所示。

表 2-2-1　电位器的分类

分类方式	分　类	说　明
操纵形式	旋转式电位器	电位器上存在一个旋钮，通过旋转旋钮改变阻值
	滑动式电位器	电位器上存在一个滑片，通过滑片的滑动改变阻值
	数字电位器	电位器与数字逻辑相结合，通过数字逻辑控制改变阻值
材料	碳膜电位器	这种电位器的电阻体的材料是碳膜，在使用中碳膜容易磨损且容易造成接触不良的现象。碳膜微调电阻器多用在要求不高的民用电器中，如收音机、录音机、黑白电视机等
	金属膜电位器	这种电阻器由于采用金属膜电阻材料，故其在性能上优于碳膜微调电阻器，多用于有一定要求的电路中，如仪器仪表等
	有机实心电位器	这种电阻器是用颗粒状的导电粉料加在预压好的基座胚中经热压形成导电体，再配上转动部分组成的。它的导电体积大，过负荷能力很强，但噪声大，精确度和稳定性较差。一般线绕电位器成本较高，有机实心电位器的成本较低
	线绕电位器	线绕微调电阻器的电阻体由合金电阻丝制成，由于合金电阻丝有良好的特性，故这类微调电阻器多用于要求精度较高的电路中
安装形式	立式电位器	电位器的引脚垂直向下，平卧安装在电路板上，阻值调节口朝上
	卧式电位器	电位器的引脚与调节平面成 90°，垂直安装在电路板上，阻值调节口在水平方向
联数	单联电位器	这种电位器的操纵柄只能控制一个电位器的阻值变化，电路中广泛应用的就是这种电位器
	双联电位器	这种电位器的外形与单联电位器基本一样，但它内部有两个单联电位器，用一个操纵柄可同步控制这两个电位器阻值的变化
有无开关	不带开关电位器	这种电位器不带开关，在电路中使用最多
	带开关电位器	这种电位器除了具有调节电阻的作用外，还附有一只开关。这种电位器常用做音量电位器，其附设的开关作为电源开关，如收音机的开关——音量调节旋钮
输出函数特性	线性电位器	电位器的阻值随转轴的旋转作均匀变化，并与旋转角度成正比，即阻值变化与转角成直线关系。用 X 型表示线性电位器，这种电位器主要用在音响设备中，作为立体声平衡控制电位器
	对数电位器	电位器的阻值与转轴的旋转角度成对数关系，即阻值的变化在开始时较快，而在转角较大时，阻值变化较慢。用 D 型表示对数电位器，这种电位器用来构成音调控制器电路，这是一种十分常用的电位器
	指数电位器	电位器的阻值随转轴的旋转呈指数规律变化，即开始转动时阻值变化较小，随着角度的加大，其阻值变化加快。用 Z 型表示指数电位器，这种电位器构成音量控制器电路
	特殊型电位器	例如音响设备中专用的 S 型电位器
调节精度	普通电位器	这种电位器的调节精度比较低，用于一些对调整精度要求不高的电路中，是一种用的最多的电位器
	精密电位器	这种电位器的调节精度比较高，用于对调整精度要求很高的电路中，常见电路中一般不使用这种电位器

2.2.2　常用电位器的外形、特点

电位器的样式很多，常见的电位器有三只引脚，如图 2-2-1 所示，其中两只引脚连接定片，另一只引脚与动片连接。两只定片引脚间的阻值就是该电位器的标称阻值，其中一只定片引脚与动片引脚之间的最大阻值也是该电位器的标称阻值，通过旋转旋钮改变动片与两定片之间的距离从而改变动片与两定片之间的电阻，图 2-2-1(b)给出了符号说明。其他一些电位器还有五只引脚(如带开关的电位器)、六只引脚(如双联电位器)的。下面介绍几种常见的电位器。

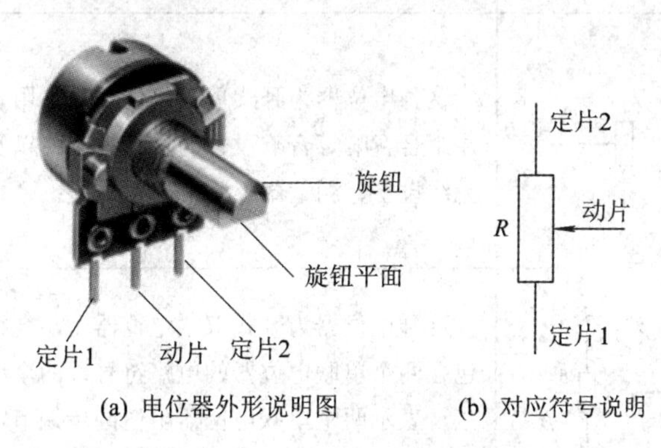

(a) 电位器外形说明图　　(b) 对应符号说明

图 2-2-1　电位器外形引脚说明图

1．旋转电位器

通过旋转旋钮改变动片引脚与两端定片引脚之间的电阻，该种类型的电位器应用最为广泛。表 2-2-2 给出了几种常用的旋转电位器。

表 2-2-2　几种常用旋转电位器

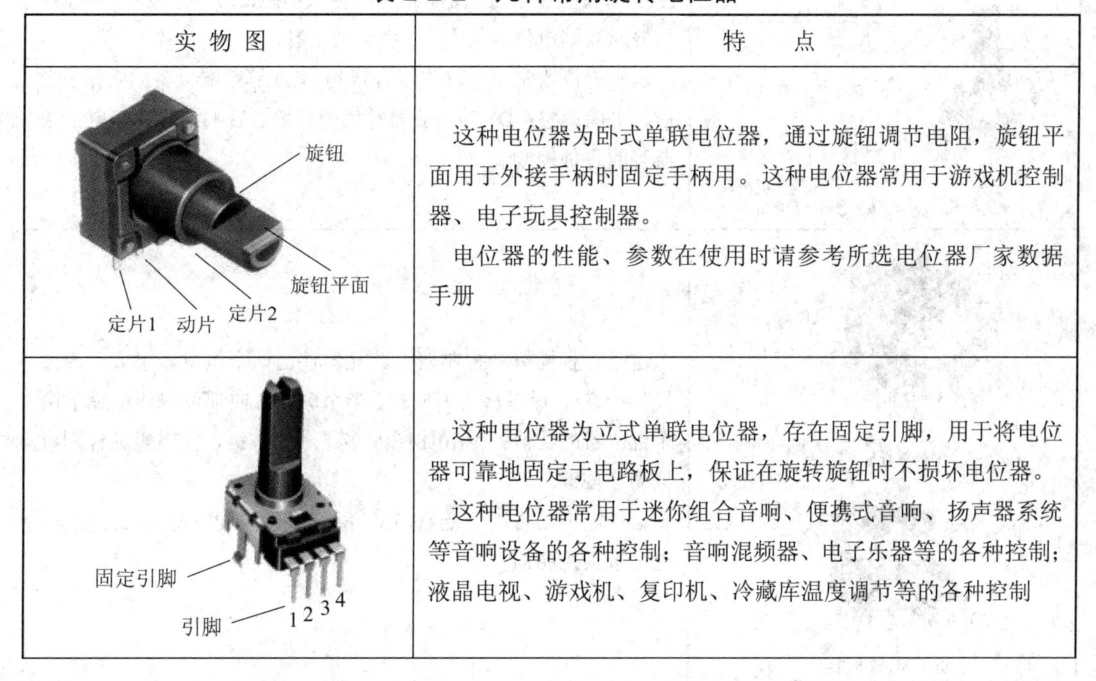

实 物 图	特　点
旋钮、旋钮平面、定片1、动片、定片2	这种电位器为卧式单联电位器，通过旋钮调节电阻，旋钮平面用于外接手柄时固定手柄用。这种电位器常用于游戏机控制器、电子玩具控制器。 电位器的性能、参数在使用时请参考所选电位器厂家数据手册
固定引脚、引脚 1 2 3 4	这种电位器为立式单联电位器，存在固定引脚，用于将电位器可靠地固定于电路板上，保证在旋转旋钮时不损坏电位器。 这种电位器常用于迷你组合音响、便携式音响、扬声器系统等音响设备的各种控制；音响混频器、电子乐器等的各种控制；液晶电视、游戏机、复印机、冷藏库温度调节等的各种控制

续表一

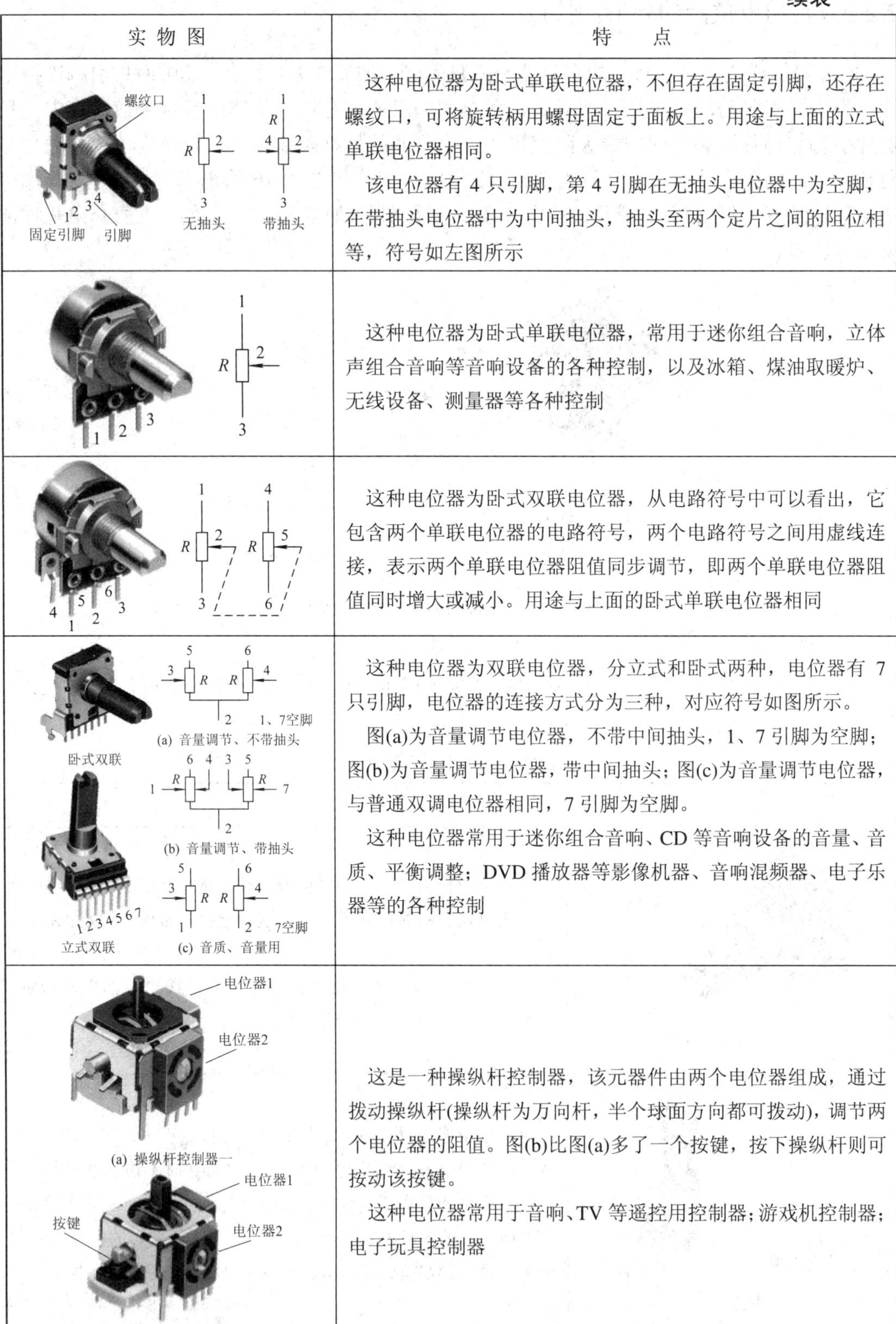

实物图	特　点
无抽头　带抽头	这种电位器为卧式单联电位器，不但存在固定引脚，还存在螺纹口，可将旋转柄用螺母固定于面板上。用途与上面的立式单联电位器相同。 该电位器有 4 只引脚，第 4 引脚在无抽头电位器中为空脚，在带抽头电位器中为中间抽头，抽头至两个定片之间的阻位相等，符号如左图所示
	这种电位器为卧式单联电位器，常用于迷你组合音响，立体声组合音响等音响设备的各种控制，以及冰箱、煤油取暖炉、无线设备、测量器等各种控制
	这种电位器为卧式双联电位器，从电路符号中可以看出，它包含两个单联电位器的电路符号，两个电路符号之间用虚线连接，表示两个单联电位器阻值同步调节，即两个单联电位器阻值同时增大或减小。用途与上面的卧式单联电位器相同
卧式双联 立式双联 (a) 音量调节、不带抽头 (b) 音量调节、带抽头 (c) 音质、音量用	这种电位器为双联电位器，分立式和卧式两种，电位器有 7 只引脚，电位器的连接方式分为三种，对应符号如图所示。 图(a)为音量调节电位器，不带中间抽头，1、7 引脚为空脚；图(b)为音量调节电位器，带中间抽头；图(c)为音量调节电位器，与普通双调电位器相同，7 引脚为空脚。 这种电位器常用于迷你组合音响、CD 等音响设备的音量、音质、平衡调整；DVD 播放器等影像机器、音响混频器、电子乐器等的各种控制
(a) 操纵杆控制器一 (b) 操纵杆控制器二	这是一种操纵杆控制器，该元器件由两个电位器组成，通过拨动操纵杆(操纵杆为万向杆，半个球面方向都可拨动)，调节两个电位器的阻值。图(b)比图(a)多了一个按键，按下操纵杆则可按动该按键。 这种电位器常用于音响、TV 等遥控用控制器；游戏机控制器；电子玩具控制器

续表二

实 物 图	特　点
电位器 直流电机 电位器引脚	这种电位器为马达驱动型电位器，通过驱动直流电机即可调节电位器阻值，它内置小型 DC 马达，可以达到 300°/s 的高速模仿轴的旋转操作。 这种电位器常用于放大器、CD 播放器、卡拉 OK、收录两用机等音量控制；各种专业音响设备(混音控制、吉他放大器等)控制
滑动片 动片　定片2 定片1	这是一种磁盘变阻器，采用康铜线或镍铬线作为电阻材料绕于圆形陶瓷器骨架上，电阻材料除了在滑动接触表面外均涂以耐高温珐琅涂料并粘合于陶瓷器底盘上，中心配以转轴，带动碳刷的滑动从而获得变化的电阻值。变阻器分开启式和保护式两种，其中保护式即为变阻器加金属防护箱壳，并配以调节手柄。 这种电位器常用于电压不超过 380 V 的工业电气设备中作电压、电流调节和交直流发电机的电压调整及直流电动机的转速调节之用

2．滑动电位器

这是长方形结构的电位器，它有一根垂直向上的操纵柄，此柄只能直线滑动而不能转动，它的引脚片在下部，如图 2-2-2 所示。这种电位器不是通过旋转转轴来改变阻值的，而是通过与电阻体接触的滑柄作直线运动来调节阻值。它的电阻体为板条形，电阻材料为合成碳膜。阻值变化特性有直线式(X 型)和对数式(D 型)两种。

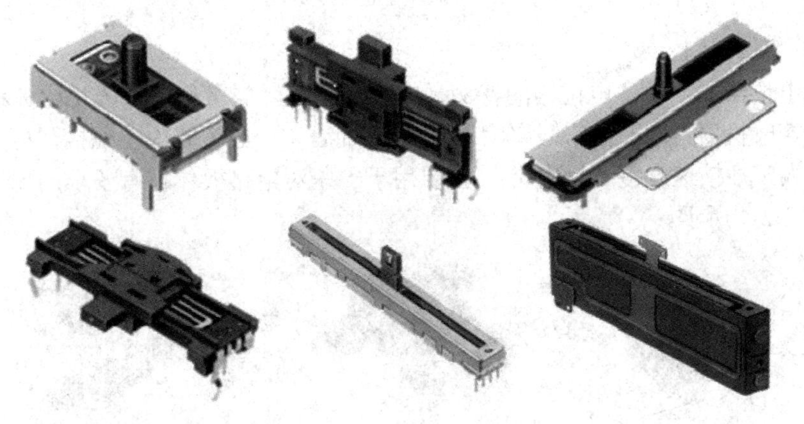

图 2-2-2　常用滑动电位器实物图

3．微型电位器

微型电位器具有体积小、重量轻(节省电路板面空间)、引脚镀金(可实现 PCB 高密度安装)、采用十字槽或微调旋钮(可自动调整并保证优越的可调整性)、由两部分组成的结构(可实现低成本与高质量)和特殊树脂基片(最适于高温回流焊接)等优点，特别适合应用于光学检波器、液晶显示器、移动电话、平板电脑、笔记本电脑、数码相机、车载导航仪、音频播放器等便携式手持设备中。它亦有旋转(单圈或多圈)、双联、带开关等各种类型。其常见实物如图 2-2-3 所示。

图 2-2-3　微型电位器实物图

4. 贴片电位器

贴片式电位器属于微型电位器的特例，它没有引脚，与微型电位器相比体积更小，有利于批量焊接时机器自动贴装(对于有引脚的器件而言，一般需要人工插接，与机器的自动贴装相比，人工插接速度慢、易出错)，主要用于一些对电路板体积有要求的场合中。其常见形式如图 2-2-4 所示。

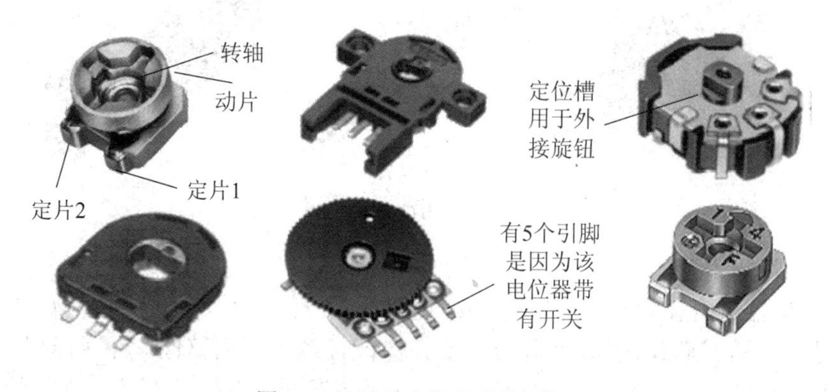

图 2-2-4　贴片电位器实物图

5．数字电位器

数字电位器是用数字信号控制输出电阻值变化的元器件。它具有耐冲击、抗振动、噪声小、使用寿命长等优点。数字电位器采用数字控制，可以方便地通过计算机软件编程实现电阻值的改变，使工业现场运行中的调节工作容易实现自动化、智能化。

x9221芯片就是一款数字式电位器，它内含有两个E^2POT，每个E^2POT都有一个滑动端寄存器(WCR)、4个非易失性数据寄存器(R_0～R_3)，此外每个E^2POT有64个抽头。滑动端由WCR控制。

x9221芯片的封装有DIP和SOIC两种形式，其外形和引脚配置如图2-2-5所示。它需要使用SCL、SDA两个引脚，并通过I^2C总线协议，由微控制器编程控制。

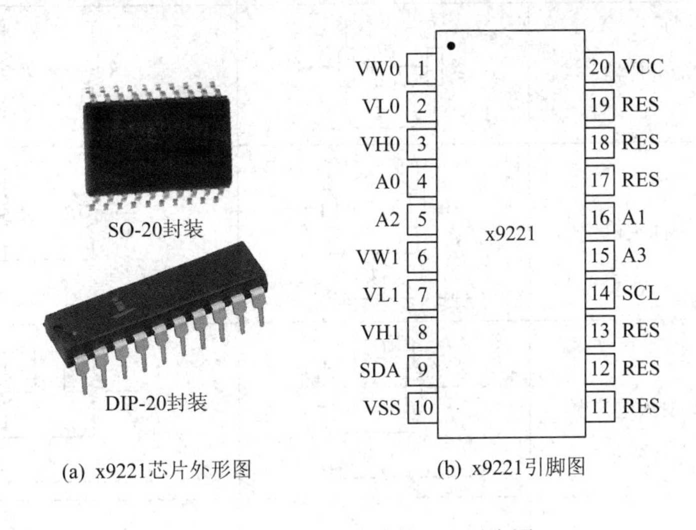

(a) x9221芯片外形图　(b) x9221引脚图

图2-2-5　x9221芯片外形和引脚图

6．带开关电位器

顾名思义，这种电位器附带有一个开关装置，在电路中可省去一个控制开关。这种电位器常见的结构形式有两种，其中一种是推拉式，另一种是旋转式，如图2-2-6所示。它们的开关和电位器虽然通过轴相连，但电阻值的调节与开、关动作互不影响，彼此独立。

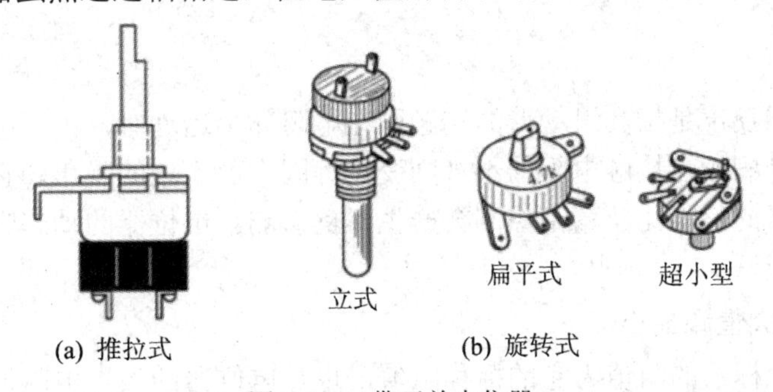

(a) 推拉式　(b) 旋转式

图2-2-6　带开关电位器

2.2.3　电路图形符号

电位器的电路符号与电阻器的电路符号相似，表2-2-3列出了电位器的电路符号。

表 2-2-3 电位器图形符号

名 称	国 标 符 号	国外电路符号
可调电位器	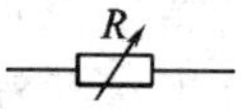 R	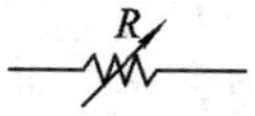 R
滑动电位器	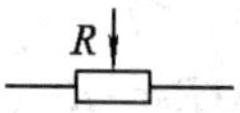 R	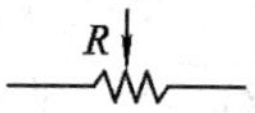 R
带中间抽头的电位器	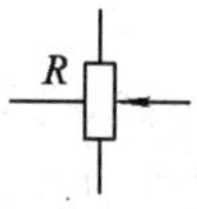 R	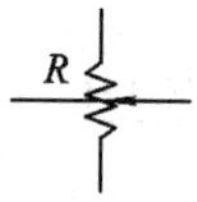 R
双联同轴电位器	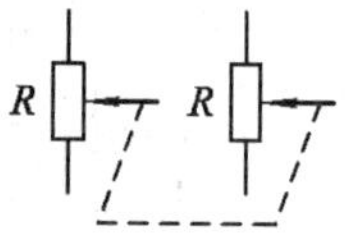 R R	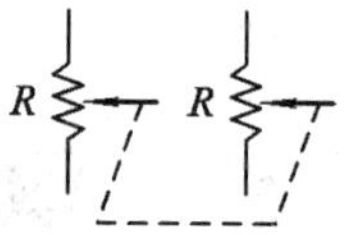 R R
双联同轴不带抽头电位器	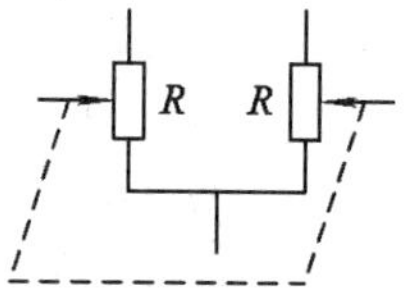 R R	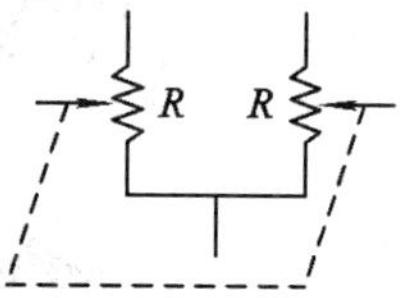 R R
双联同轴带抽头电位器	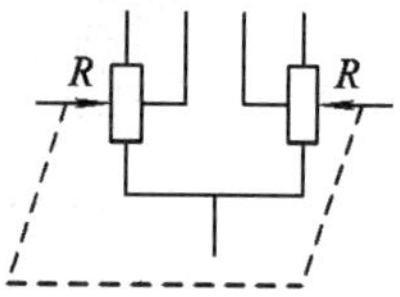 R R	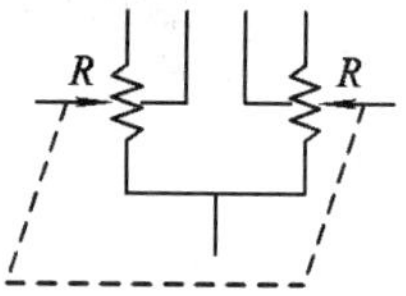 R R
带开关电位器	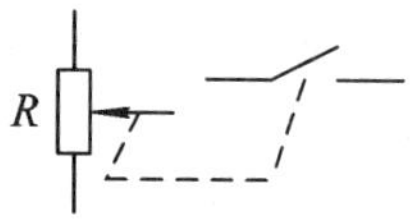 R	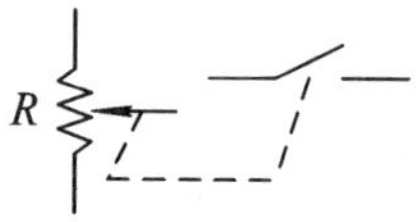 R

2.2.4 电位器参数识别

1. 动态噪声

电位器的动态噪声是指其滑动臂的接触刷在电阻体上运动时，由于电阻体电阻率分布的不均匀性和接触刷触点接触电阻的不规则变化等因素而产生的噪声。它附加在输出电压上，对前级放大器的信噪比及精密控制会产生不良影响。电位器的动态噪声远比静态噪声大，为毫伏数量级。

2. 阻值的最大值和最小值

电位器壳体上标示的阻值为它的标称阻值，也是电位器的最大电阻值。由于滑动臂接触刷的触点存在接触电阻，因而电位器的最小电阻值不为零，但要求该值越小越好。

电位器除了上述几个参数外，还有符合度、线性度、平滑性、阻值允许偏差和精度、温度特性、额定功耗、额定工作电压和最高工作电压等参数。可根据电位器的使用场合及用途，对这些参数予以考虑。

2.2.5 电位器的使用

1. 用作音量控制

音量控制电路如图 2-2-7 所示，通过调节 R_1，改变输入信号的强度，从而改变输出音量的大小。

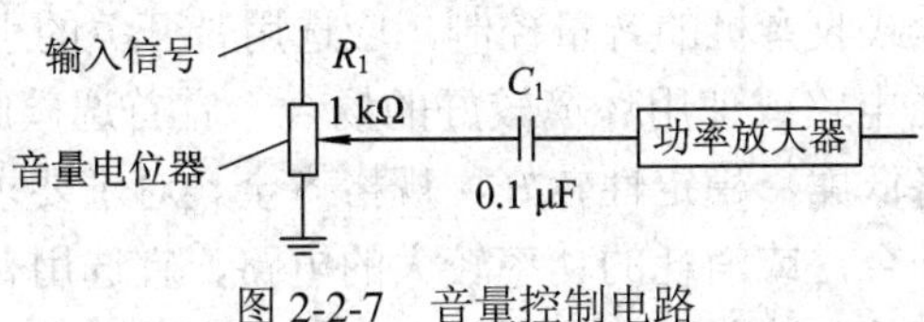

图 2-2-7　音量控制电路

2. 用作电压调节

在电子电路中，通常需要不同的供电电压，LM317 是一种用途广泛的三端可调式正电压调节器，如图 2-2-8 所示，通过改变 R_1 阻值可以改变输出电压，输出电压

$$U_o = 1.25\left(1+\frac{R_1}{R_2}\right)+I_{adj}\times R_1$$

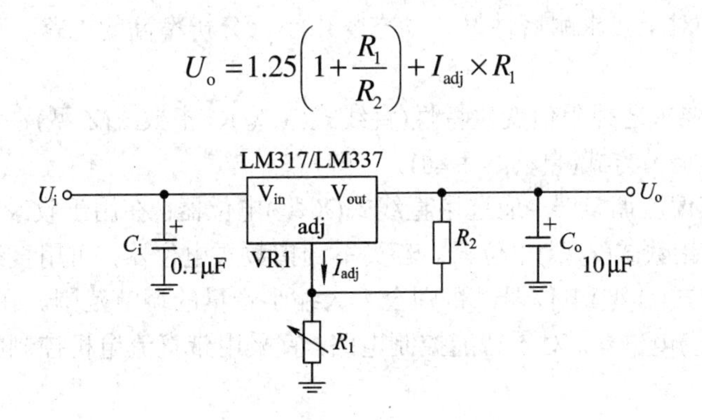

图 2-2-8　三端电压调节电路

3. 用作亮度调节

图 2-2-9 为亮度调节电路，扭动电位器时先接通开关 S_1，此时，R_2 阻值最大，LED 发光二极管亮度最低，继续扭动电位器，R_2 的阻值继续降低，LED 发光二极管的电流继续增大，亮度提高。

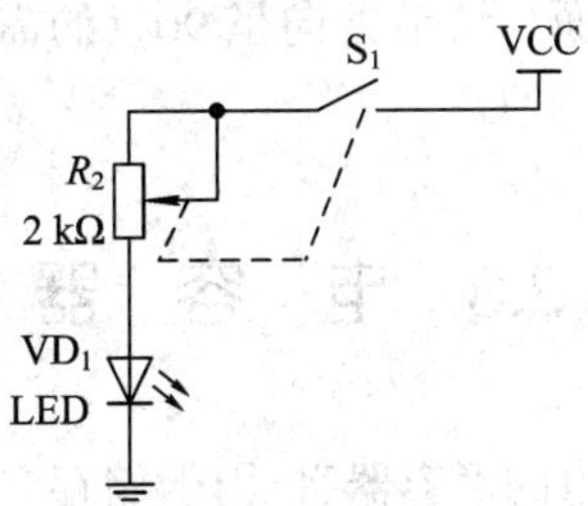

图 2-2-9　亮度调节电路

2.2.6 电位器的选型

电位器的种类很多，而且型号也繁多。怎样选择合适的电子元器件，是电子设计工程师所必须掌握的技能，对于电位器，通常根据如下几个方面进行选择：

(1) 根据使用场合选择外形、体积大小、功率大小及是否需要带开关、耐磨、耐高温、耐高湿。

对于不经常调整阻值的电路，应选用轴柄短并有刻槽的电位器，一般用螺丝刀调整好后不要再轻易转动；对于振动幅度大或在移动状态下工作的电路，应选用带锁紧螺母的电位器；对于装在仪器或电器面板上的电位器，应选用轴柄尺寸稍长且螺纹可调(配旋钮)的电位器；对于小型或袖珍式收音机的音量控制，应选用带开关的小型或超小型电位器。

对于要求不高的普通电路或使用环境较好的场合，宜首选碳膜(或合成膜)电位器。这类电位器结构简单，价格低廉，稳定性较好，规格齐全。对于要求性能稳定、电阻温度系数小、需要精密调节的场合，或消耗的功率较大的电路，宜选用普通线绕电位器；而对于需要进行电压或电流微调的电路，则应选用微调型线绕电位器；对于需要进行大电流调节的电路，应选用功率型线绕电阻器。对于工作频率较高的电路，不宜选用线绕电位器(因为其分布电感和寄生电容大)，宜选用玻璃釉电位器。对于高温、高湿且要求电阻温度系数小的场合，也宜选用玻璃釉电位器。对于要求能耐磨、耐热或需要经常调节的场合，可选用有机实芯电位器。对于要求耐磨性好、动态噪声小、分辨率高的电路，可选用导电塑料电位器。

(2) 根据电路要求选择阻值变化特性(直线式(X 型)、指数式(Z 型)、对数式(D 型))、动态噪声、分辨率、调节方式(自动、手动)。

在用于分压或偏流调整时，应选用直线式(X 型)电位器；在用于收录机、电视机等的音量控制时，应选用指数式(Z 型)电位器。若买不到指数式电位器，可用直线式电位器勉强代用，但不可用对数式(D 型)电位器，否则会大大缩小音量的调节范围。在用于音调调制时，宜采用对数式(D 型)电位器。对于智能控制电路，宜采用带直流电机控制的电位器或数字电位器。

(3) 根据电路板的要求选择安装方式(表面贴装、电路板插入)、是否需要密封、调节口方向。

在用于具有较大壳体的电子产品中，电路板的体积一般亦较大，宜采用有引线、引脚的电位器，如用于收音机电路中；对于较小的电子产品，宜采用贴片电位器，如用于光驱调节激光头激光强度的旋钮。对于电位器调节口的方向，则要按照外壳调节位置与电路板安装的具体情况而定，电路板平面与调节方向呈 90° 的需要采用侧面调节；电路板平面与调节方向呈水平的需要采用上面调节。

2.3 电 容 器

电容器，顾名思义，是一种电的“容器”，用于储存电荷。它是由两片相距很近的金属板(或金属薄膜)和中间夹的一层绝缘物质(又称电介质)所构成的。

2.3.1 电容器的分类

电容器可分为固定电容器、可变电容器两大类，根据其介质的不同又可分为如图 2-3-1 所示的各种电容器。

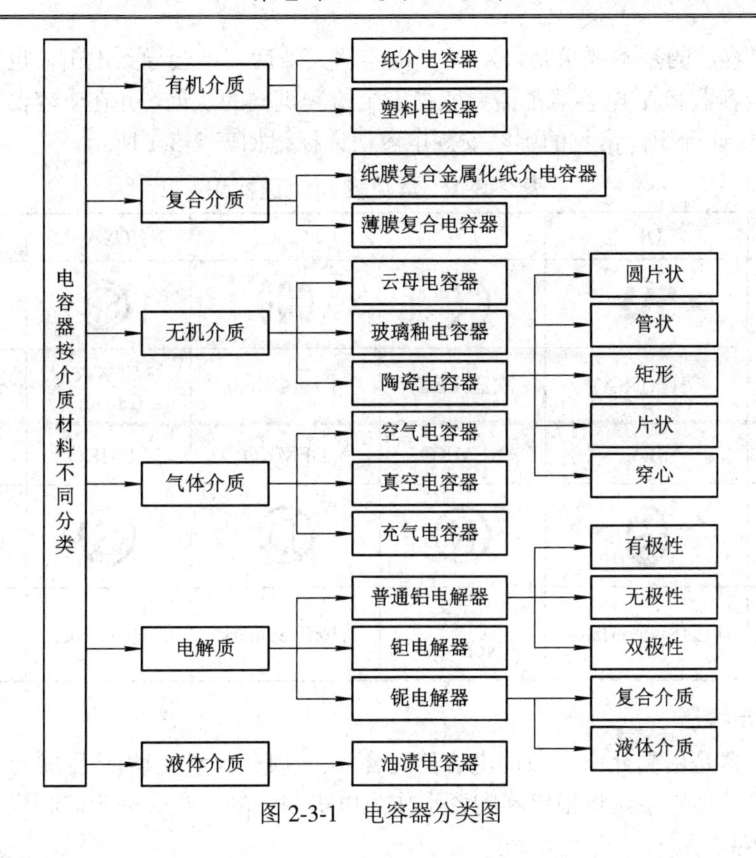

图 2-3-1 电容器分类图

2.3.2 电容器的外形、特点

不同种类的电容器，其外形、结构和性能在很大程度上与其内部采用的电介质有关。下面列出几种常见电容器的外形和特点。

1. 安规电容器

安规电容器分为 X 电容和 Y 电容，它们用于 EMI(Electro Magnetic Interference，电磁干扰)和 RFI(Radio Frequency Interference，射频干扰)抑制中。常见的安规电容器如图 2-3-2 所示。

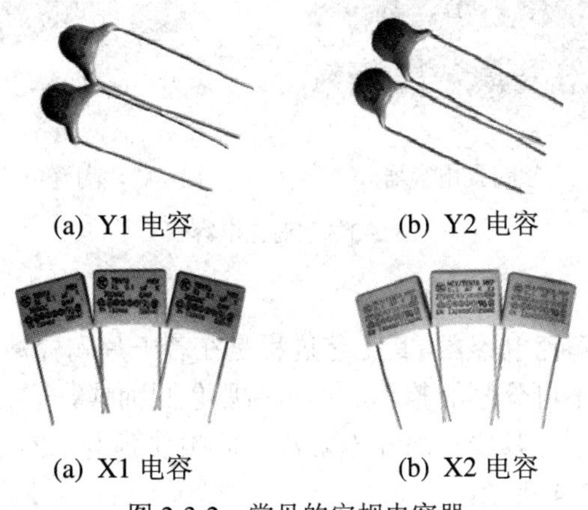

图 2-3-2 常见的安规电容器

对安规电容器的基本要求是，X 或 Y 电容器失效后，不会导致电击，也不危及人身安全，为此 X 电容器和 Y 电容器都需要取得安全检测机构的认证，并在电容器外壳上标出如 UL、CSA 等认证标识。常见的国家安规电容认证标记如表 2-3-1 所示。

表 2-3-1　常见安规认证标识

安规认证	UL	CE	CQC	CSA	VDE
标识					
国家	美国(USA)	欧盟(EEC)	中国(China)	加拿大(Canada)	德国(Germany)
安规认证	SEV	NEMKO	DEMKO	SEMKO	FIMKO
标识					
国家	瑞士(Switzerland)	挪威(Nonway)	丹麦(Denmark)	瑞典(Sweden)	芬兰(Finland)

2. 陶瓷电容器

陶瓷电容器是用高介电常数的电容器陶瓷(钛酸钡、一氧化钛)挤压成圆管、圆片或圆盘作为介质，并用烧渗法将银镀在陶瓷上作为电极制成的。它又分为高频瓷介和低频瓷介两种，如图 2-3-3 所示。

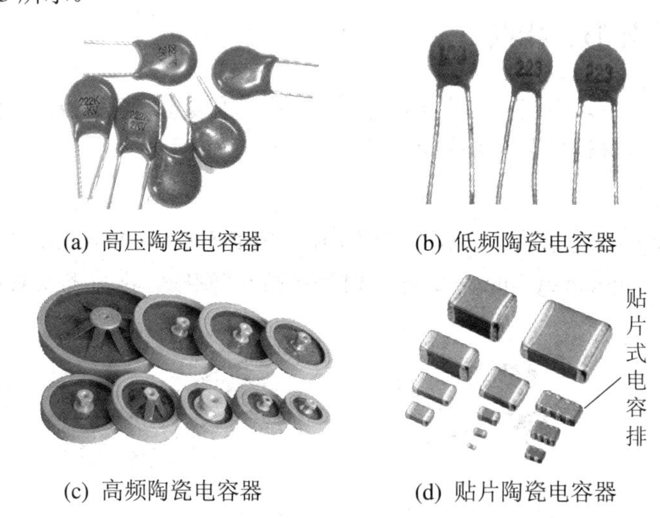

(a) 高压陶瓷电容器　(b) 低频陶瓷电容器

(c) 高频陶瓷电容器　(d) 贴片陶瓷电容器

图 2-3-3　陶瓷电容器

3. 独石电容器

独石电容器即多层陶瓷电容器，其工艺过程是在若干片陶瓷薄膜坯上覆以电极浆材料，叠合后一次烧结成一块不可分割的整体，再用树脂包封而成，它是一种小体积、大容量、可靠性高和耐高温的新型电容器。高介电常数的低频独石电容器也具有稳定的性能，它的体积极小，实物如图 2-3-4 所示。

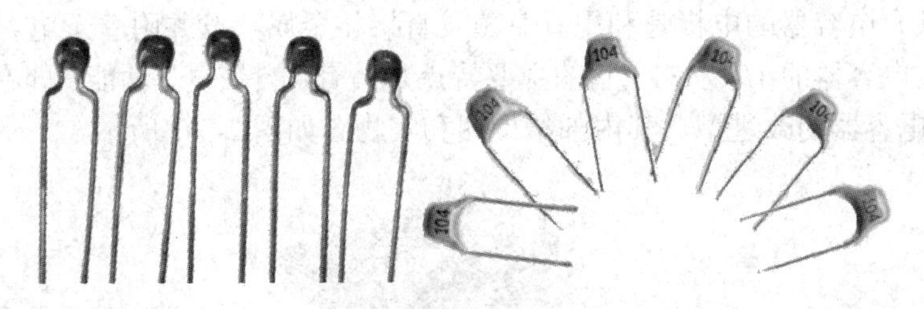

图 2-3-4　独石电容器

4．云母电容器

云母电容器是用云母作为介质并在云母表面喷一层银形成电极，再经压制而构成的电容器。它具有绝缘性能好(1000 MΩ～7500 MΩ)、温度稳定性好、精密度高、可靠性高、高频特性好的特点，广泛应用在高频电器中，并可用作标准电容器，其实物如图 2-3-5 所示。

图 2-3-5　云母电容器

5．玻璃釉电容器

玻璃釉电容器的介质是由一种浓度适于喷涂的特殊混合物喷涂成薄膜而成，介质再以银层电极经烧结而成“独石”结构。玻璃釉电容器的性能可与云母电容器媲美，能耐受各种气候环境，一般可在 200℃或更高温度下工作，额定工作电压可达 500 V，损耗 $\tan\delta$= 0.0005～0.008。实物如图 2-3-6 所示。

图 2-3-6　玻璃釉电容器

6．纸质电容器

纸质电容器在无线电、电子设备中的应用很广，一般是用两条铝箔作为电极，中间以厚度为 0.008 mm～0.012 mm 的电容器纸隔开重叠卷绕而成。纸质电容器的制造工艺简单，价格便宜，但容量误差较大且不易控制(质量较好的容量误差是 ±10%)，损耗较大($\tan\delta\leqslant$ 0.015)，温度、频率特性稳定性较差。

金属化纸介电容器的电极是利用真空蒸发直接将金属蒸发并附着于电容器纸上，体积仅为普通纸质电容器的1/4左右，它的主要特点是具有“自恢复”功能，即在击穿后能“自愈”，是纸质电容器的改进型。其内部结构图和实物图如图2-3-7所示。

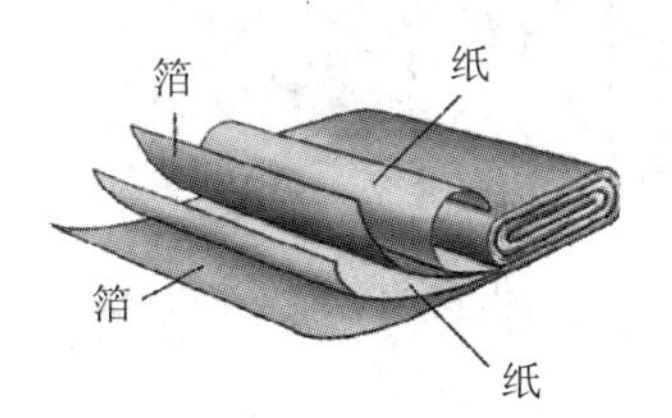

(a) 内部结构图

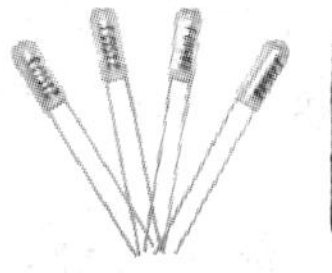

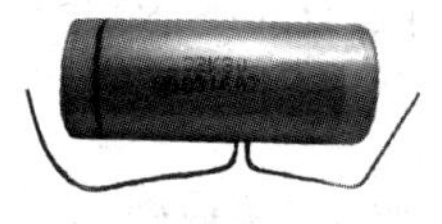

(b) 实物图

图2-3-7　纸质电容器

7. 薄膜电容器

薄膜电容器与纸质电容器的结构相似，但是用聚脂、聚苯乙烯等低损耗塑料材质作介质。薄膜电容器的应用范围广泛，实物如图2-3-8所示。

(a) 聚酯等极性有机薄膜电容器

(b) 聚苯乙烯等非极性有机薄膜电容器

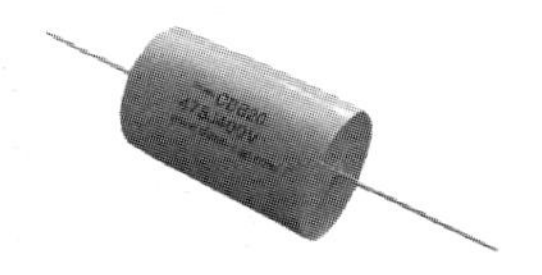

(c) 金属化聚丙烯薄膜电容器(轴向)

(d) 涤纶电容

图2-3-8　薄膜电容器

8. 电解电容器

电解电容器以附着在金属极板上的氧化膜层作介质，阳极金属极片一般为铝、钽、铌、钛等，阴极是填充的电解液(液体、半液体、胶状)，且有修补氧化膜的作用。

1) 铝电解电容器

这种电容器具有重量轻、较经济的特点，故使用广泛。其不足之处是损耗大、频率特性差，而且容量是随着温度的下降而减小的。普通铝电解电容器不适于在高频和低温下应用，不宜使用在25 kHz以上的频率。这种电解电容器可用于低频电路，作为旁路电容、耦合电容和滤波电容，常见铝电解电容器实物如图2-3-9所示。

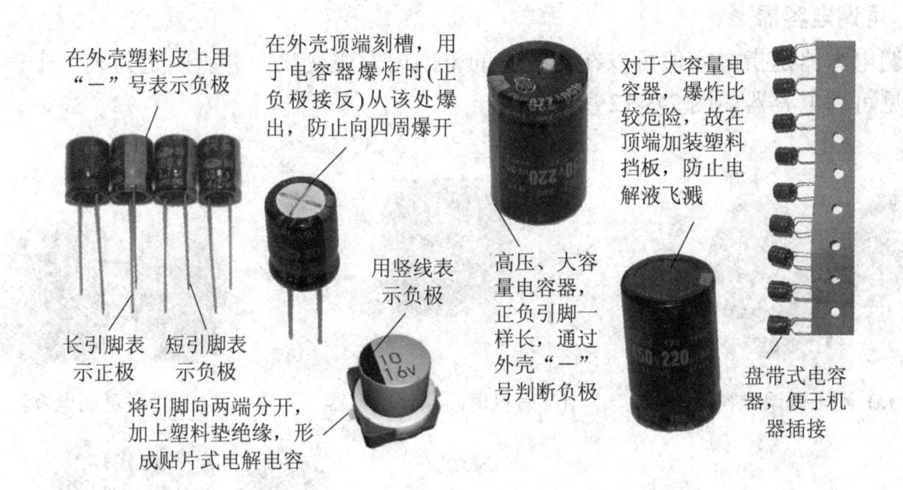

图 2-3-9　铝电解电容器实物图

2) 钽电解电容器

钽电解电容器的温度特性、频率特性和可靠性均优于普通电解电容器，特别是漏电流极小、储存性能良好、寿命长、而且体积小，单位体积下能得到最大的电容电压乘积，适合在超小型、高可靠机件中使用，实物如图 2-3-10 所示。

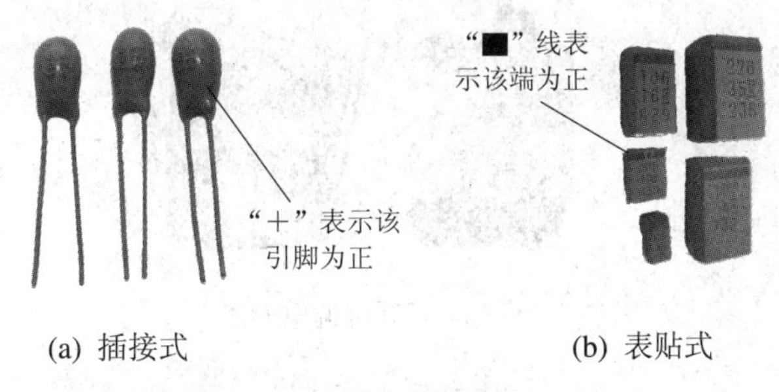

(a) 插接式　　(b) 表贴式

图 2-3-10　钽电解电容器

3) 无极性电解电容器

无极性电解电容器是电解电容器的一种，又称双极性电解电容。无极性电解电容器由于采用了双氧化膜结构，使电解电容器的引脚变成了无极性，同时又保留了电解电容器体积小、电容量大、成本低的优点。其实物如图 2-3-11 所示。

图 2-3-11　无极性电解电容器

9．可调电容器

可调电容器是指电容值可以在比较大的范围内发生变化，并可确定为某一个值的电容器。常见可调电容器如图 2-3-12 所示。

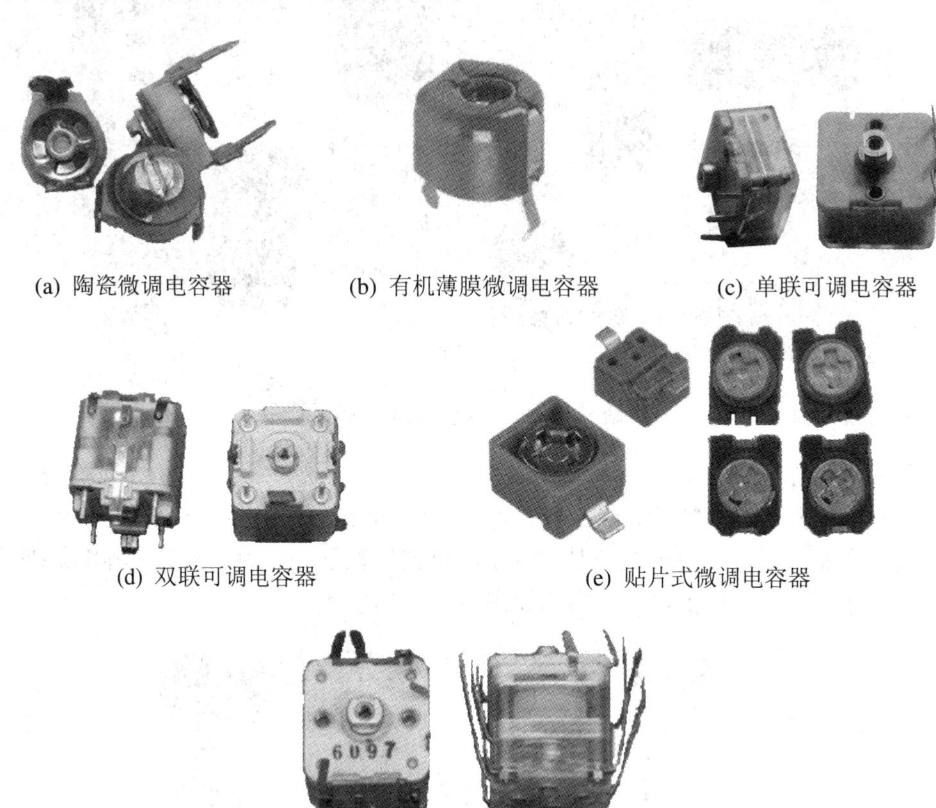

(a) 陶瓷微调电容器　(b) 有机薄膜微调电容器　(c) 单联可调电容器

(d) 双联可调电容器　(e) 贴片式微调电容器

(f) 四联可调电容器

图 2-3-12　可调电容器

微调电容器又称半可调电容器，它的容量调整范围一般为 5 pF～45 pF 之间。这是一种以陶瓷为介质的微调电容器，所谓微调电容器就是可以在很小范围内进行调节的电容器，主要用于一些频率可微调的振荡器电路，如收音机输入调谐电路等。

有机薄膜微调电容器是一种以有机薄膜为介质的微调电容器，它的作用与陶瓷微调电容器一样，通常它与可调电容器装配在一起，用于收音机电路。

单联可调电容器是一种电容可以在较大范围(比微调电容器大)内变化的可调电容。它主要用在直放式收音机输入调谐电路中，作为选台之用。

双联可调电容器与单联可调电容器的不同之处是它有两个相同结构的单联可调电容器，两个联固定在一起，用一个转柄调整，使两个联的容量同步变化。这种双联可调电容器主要用于外差式收音机中，一个联是调谐联，一个联是振荡联。

贴片式微调电容器是为了便于贴片焊接和节省电路板空间而设计的，常用于精密仪器设备中。

四联可调电容器有 4 个相对独立的联。它主要用于调频、调幅式收音机中，其中两个联分别是调频调谐联和振荡联，另两个联是调幅调谐联和振荡联。

2.3.3 电容器的电路图形符号

常见电容器的电路图形符号如表 2-3-2 所示。

表 2-3-2 电容器的电路图形符号

名 称	符 号	说 明
无极性电容器	C (a) C (b)	这是常用的无极性电容器符号，(a)为国标最新规定的符号，(b)为国外电路中常见的符号
有极性电容器	C + (a) C + (b) C + (c)	这是常用的有极性电容器符号，电路符号中的“＋”表示电容器有极性，且该引脚为正极，另一个引脚为负极，一般不标出负号标记。(a)为国标最新规定的符号，(b)为国外电路中常见的符号，(c)为电路中常见的符号
可调电容器	C	这种可调电容器俗称单联可变电容器，有箭头的一端为动片，下端则为定片。电路符号中的箭头形象地表示了该电容器的容量是可变的，便于电路分析
微调电容器	C	微调电容器又称半可调电容器，它与可调电容器电路符号的区别在于一个是箭头，一个不是箭头，便于电路分析
双联可调电容器	C_{1-1} C_{1-2}	双联可调电容器的电路符号，用虚线表示它的两个可调电容器的容量调节是同步进行的。它的两个联分别用 C_{1-1}、C_{1-2} 表示，以便在电路中区分调谐联和振荡联
排容	C	这是排容符号，表示 4 个电容器封装在一个元件内

2.3.4 电容器参数识别

1. 标称容量

电容器同电阻器一样，也有标称电容量参数，即表示某个具体电容器容量大小的参数。标称电容量也分为多个系列，常用的是 E6、E12、E24 系列，其标称值与电阻系列相同。

每个系列里都有对应 10 的 n 次方的容值，如 E12 系列里有 2.2 的值，即电容有 2.2 pF、22 pF、220 pF、2200 pF、0.22 μF、2.2 μF、22 μF、220 μF、2200 μF 的容值。在选择电容器的容值时，可能系列中没有，在容值较大时(大于 1000 pF)应选择系列中相近值的电容器使用；在容值较小时(小于 100 pF)应选择系列中小一档的电容器使用(如需要 65 pF 时，应选择 56 pF，而不是 68 pF)，因为电路中存在分布电容。

2. 允许偏差

在电容器上标注的电容量值，称为标称容量。电容器的标称容量与其实际容量之差，再除以标称值所得的百分比，就是允许误差。允许误差一般分为八个等级，如表 2-3-3 所示。

表 2-3-3　电容器的允许误差等级

级别	01	02	I	II	III	IV	V	VI
允许误差	±1%	±2%	±5%	±10%	±20%	+20%～-10%	+50%～-20%	+50%～-30%

电容器的允许误差在电容器上一般通过字母标识，不同的字母表示不同的允许误差，容值允许误差与字母对照表请参考表 2-3-4。

表 2-3-4　容值允许误差与字母对照表

字母	允许误差	字母	允许误差	字母	允许误差(%)
B	± 0.1 pF	J	± 5%	H	−0 pF～+0.25 pF
C	± 0.25 pF	K	± 10%	I	−0.25 pF～+0 pF
D	± 0.5 pF	M	± 20%	U	−0%～+5%
F	± 1.0%	P	−0%～+100%	V	−5%～+0%
G	± 2.0%	Z	−20%～+80%	—	—

3．额定电压

额定电压是指在规定的温度范围内，可以连续加在电容器上而不损坏电容器的最大直流电压或交流电压的有效值。电容器的耐压常用以下三个量表示。

(1) 额定直流工作电压：指电容器能长期安全使用的最高工作电压。一般电容器外壳上标注的就是这个电压。固定式电容器的耐压系列值有 1.6 V、4 V、6.3 V、10 V、16 V、25 V、35 V*、40 V、50 V、63 V、100 V、125 V*、160 V、250 V、350 V*、400 V、450 V*、500 V、630 V、1000 V 等(带*号者只限于电解电容使用)。一旦外加电压超过它的额定电压，电容器的电介质就会被击穿，导致两个极板间短路。耐压值一般直接标在电容器上，但有些电解电容器在正极根部用色点来表示耐压等级，如 6.3 V 用棕色、10 V 用红色、16 V 用灰色表示。

(2) 试验电压：指短时间(通常为 5 s～60 s)加上而不被击穿的电压。试验电压比额定工作电压高约 1 倍。电解电容器无此试验电压。

(3) 交流工作电压：指长期安全工作所允许加的最大交流电压的有效值，该值对于工作在交流状态(如交流降压、耦合等)的电容器来说有要求。

4．绝缘电阻及漏电流

绝缘电阻能表示出电容器漏电的大小，其值为额定工作电压与漏电流之比。这是由于任何电容器所用的电介质材料都不是绝对绝缘的，电容器在加上电压后，总会有微弱的电流通过绝缘介质，这就是电容器的漏电流。电容器的绝缘电阻愈大愈好，一般小容量固定电容器的绝缘电阻可高达数百兆欧甚至上千兆欧，电解电容器的绝缘电阻一般较小，绝缘电阻过低的电容器一般不能使用。

5．温度系数

当温度升高或降低时，电容器的容量会随温度的变化而变化，用温度系数表示电容量和温度之间的关系。温度系数是指在一定温度范围内，温度每变化 1℃时，电容量改变的数值ΔC与原来电容量数值之比。电容器的温度系数有正温度系数和负温度系数之分。

在以上的电容器参数中，对于电子爱好者来说，在实际选用和使用电容器时，一般情况下只需要注重电容量、耐压值和绝缘电阻等几项指标即可。在高频、高压、高温、高湿条件下或用于精密计量、校准时，应考虑电容器的频率特性、高频损耗及温度补偿等技术要求。

6. 环境温度

大多数的电容器应能在 −25℃～+85℃温度范围内长期、正常的工作。电容器的工作环境温度范围的符号标识如表 2-3-5 所示。

表 2-3-5 电容器工作环境温度范围的符号标识

负温度(℃)	文字符号	正温度(℃)	数字符号
−10	A	+55	0
−25	B	+70	1
−40	C	+85	2
−55	D	+100	3
−65	E	+125	4

一个标识为 B2 的电容器，表示该电容器的环境温度为 −25℃～+85℃。

7. 频率特性

电容器工作在交流状态下时，除了有损耗电阻外，还会产生与之串联的电感。当频率升高时，电感呈现的感抗($X_L = 2\pi fL$)增大，对电容的影响增大。因此，不同品种的电容器有各自的最高工作频率(f_{max})限制。表 2-3-6 列出了不同品种的电容器适用的频率范围。

表 2-3-6 常用中、小型电容器的工作频率范围

电容器类型	纸介电容器		云母电容器		管式瓷介电容器		圆片瓷介电容器	
	中、小型	小型无感型	中型	小型	中型	小型	中型	小型
最高工作频率/MHz	3～8	50～80	75～100	150～200	50～70	150～200	200～300	2000～3000

8. 电容参数读取

1) 直标法读取

在一些电容器上会直接标注出产品的主要参数和技术指标，如标有：10V1000 μF (M)105℃字样的电解电容，其意义为：耐压 10 V，容量 1000 μF，误差 ±20%，环境允许最高温度 105℃。

2) 文字符号法读取

一些体积较小的电容器上会将需要标识的主要参数与技术性能用文字、数字符号有规律的组合标注在产品的表面上。将容量的整数部分写在容量单位标识符号前面，小数部分放在单位符号后面，如：3.3 pF 标为 3 p3 或 3R3，1000 pF 标为 1n，6800 pF 标为 6n8。

3) 数字表示法读取

一些体积较小的电容器上会用三位整数标识出电容的大小，第一位、第二位为有效数字，第三位表示 10^n 的 n，单位为皮法(pF)，但是当第三位数是 9 时表示 n 为 –1。如："243"表示容量为 24 nF，而"339"表示容量为 $33 \cdot 10^{-1} = 3.3$ pF。

4) 色标法读取

电容器容量的色标法在读取方法上与电阻器类似。颜色涂于电容器的一端或从顶端向引线排列。色标一般只有三种颜色，前两道色标表示有效数字，第三色标表示有效数字后面零的个数，单位为 pF。有时第一、二色标为同色，就涂成一道宽的色标，如红红(两个红色色环涂成一道宽的色标)、橙，表示 22 000 pF。

注意：读电容色标的顺序规定为，从电容元件的顶部向引脚方向读，即顶部为第一色标，靠引脚的是最后一道色标。色标颜色的规定与电阻色标法相同。

9．电容器容抗特性

电容在交流电通过时对交流电流存在着阻碍作用，就同电阻阻碍电流一样，所以在大多数的电路分析中，可以将电容在电路中的作用当做一个"特殊"电阻来等效理解，称为容抗。在交流电的频率不同和电容器容量大小不同的情况下，电容器对交流电的阻碍作用——容抗也不同。

电容器的容抗用 X_C 表示，容抗 X_C 的大小由下列公式计算，通过这一计算公式可以更加全面地理解容抗与频率、容量之间的关系：

$$X_C = \frac{1}{2\pi fC}$$

式中，f 为交流信号的频率，单位 Hz(赫兹)；C 为电容器的容量，单位 F(法拉)。

根据上述原理可以将电容等效成一个"理想电容"和一个"特殊电阻"(阻值受频率高低、电容量大小影响)相串联的形式，如图 2-3-13 所示。这时可以用分析电阻电路的一套方法来理解电容电路的工作原理，这是电路分析中常用的等效理解方法。等效理解的目的是为了方便电路分析和对工作原理的理解。

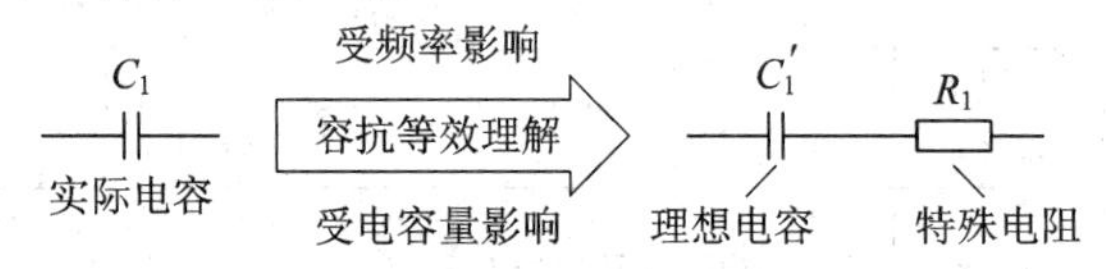

图 2-3-13　电容器容抗等效电路

表 2-3-7 给出了容抗、频率、容量三者之间的关系。

表 2-3-7　容抗、频率、容量三者之间的关系

频率与容量		容抗大小说明
频率 f	频率高(容量一定时)	容抗小。频率越高，容抗越小，幅度衰减越小
	频率低(容量一定时)	容抗大。频率越低，容抗越大，幅度衰减越大
容量 C	容量大(频率一定时)	容抗小。容量越大，容抗越小，幅度衰减越小
	容量小(频率一定时)	容抗大。容量越小，容抗越大，幅度衰减越大

2.3.5　电容器的使用

图 2-3-14 为电源整流滤波电路，该电路的能量由市电(220VAC/50Hz)经火线和零线进

入扼流滤波电路后整流滤波而得。

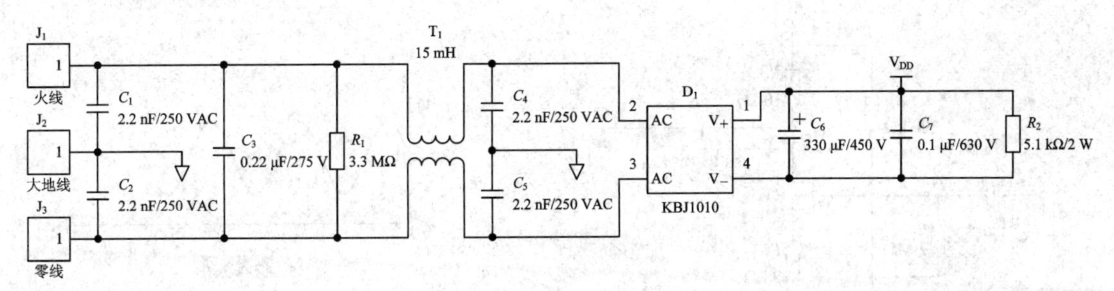

图 2-3-14　电源整流滤波电路

1．电容器参数在电路原理图中的标注方法

电容器在电路原理图中一般需要标注五个参数：电容序号(如 C_1、C_2、C_3 等，且同一电路原理图中不能有相同的电容序号)、电容容值(如 0.1 μF、2.2 nF、330 μF 等)，对于大容量有极性的电容还需要标出正负极(如图中 C_6)、电容封装(如 0201、RAD-0.2、CAPPA31.6-26.5x12.5 等，封装标注在参数选项内部，不直接显示在原理图上，具体内容参考电路设计软件书籍)、电容耐压(如 250 VAC、450 V、630 V 等)。

2．安规电容的使用

图 2-3-14 中的 C_1、C_2、C_3、C_4、C_5 为安规电容，加入该电容的目的是为了滤除电网的差模和共模干扰。

3．滤波电容的使用

图 2-3-14 中的 C_6、C_7 为滤波电容，市电(220V AC/50 Hz)的波形如图 2-3-15(a)所示，经过 D_1 整流后的波形如图 2-3-15(b)所示，经过大容量 C_6 滤波后的波形如图 2-3-15(c)所示，经过 C_7 滤除高频后的波形如图 2-3-15(d)所示。

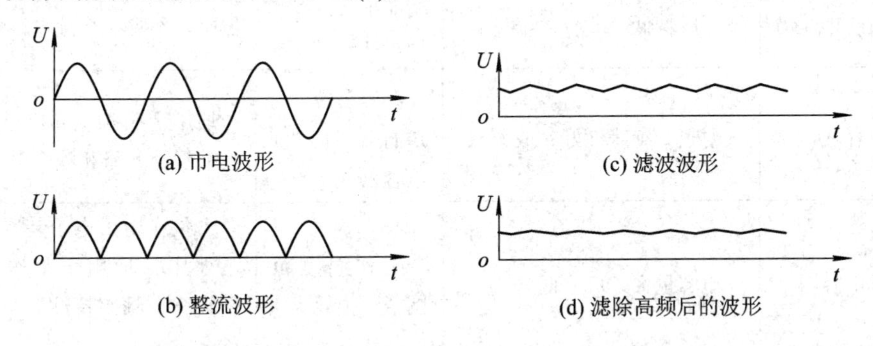

(a) 市电波形　(b) 整流波形　(c) 滤波波形　(d) 滤除高频后的波形

图 2-3-15　整流、滤波波形

4．耦合电容的使用

图 2-3-16 为场效应管放大电路，在该电路中 C_1、C_2 实现耦合(隔直通交)作用，如果 C_1 的输入波形 u_i 如图 2-3-17(a)所示，则经过 C_1 隔直电容后输出的波形 u_A 如图 2-3-17(b)所示。

电容的隔直通交特性就是电容的隔直特性与通交特性二者的叠加。电容在直流电路中，由于直流电压的方向不变，对电容的充电方向始终不变，待电容器充满电荷之后，电路中便无电流的流动，所以认为电容具有隔直作用。将电容的隔直和通交作用联系起来，即电容器具有隔直通交作用。

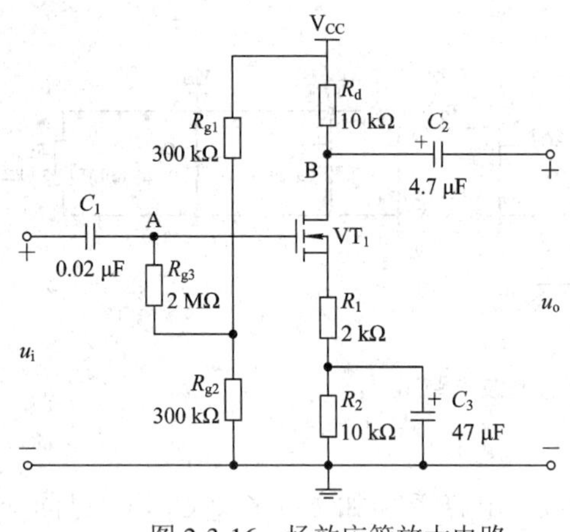

图 2-3-16　场效应管放大电路

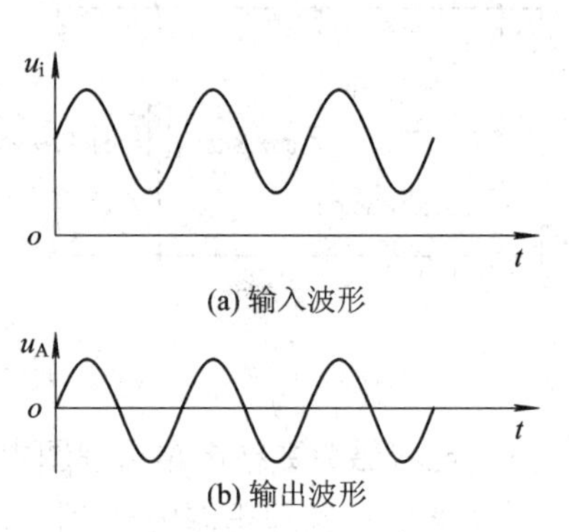

图 2-3-17　隔直电容的输入、输出波形

2.3.6　电容器的选型

电容器的性能、结构和用途在很大程度上取决于电容器的介质，对设计者来说，如何选择电容器的种类就是一个实际问题。在设计时不仅要考虑电路的要求，也要考虑电容器的价格。几种常用电容器的性能如表 2-3-8 所示(供选用时参考)。

表 2-3-8　电容器的性能

种　类	性能特点		用　途
	优　点	缺　点	
纸介电容器(含金属化纸介电容器)	电容量大、工作电压范围宽、成本低	损耗大、容量精度不易控制、稳定性差	广泛应用于无线电、家用电器中，不宜在高频电路中使用
瓷介电容器	耐热、绝缘性好、成本低	易碎易裂、稳定性不如云母电容器	适用于高频、高压电路，温度补偿、旁路和耦合电路等
铝电解电容器	电容量大、成本低	工作温度范围窄、损耗大	大量应用于电子装置、家用电器中，适用于工作温度范围较窄、频率特性要求不高的场合
钽电解电容器	体积小、上下限温度范围宽、频率特性好、损耗小	价格高	应用于要求较高的场合
聚苯乙烯薄膜电容器	绝缘电阻高、损耗小、容量精度高、稳定性高	耐热及耐潮湿性差	应用广泛，如谐振、滤波和耦合回路等
云母电容器	稳定性高、可靠性高、高频特性好	相对体积较大	应用于无线电设备

1. 标称容值的选择

标称容值是选择电容器的首要一环，不同电路其要求是不同的。对于时间常数电路、振荡电路、延时电路中的电容器的容值，必须与电路的要求值一样，如果与要求值相差较大，则会影响电路的正常工作；对于网络电路、信息电路中的电容器的容值要求，精密度必须更严格，否则就会出现信息的错误传递；对于耦合电路、旁路、退耦电路中的电容器，容值没有严格的要求，选用时，只要电容值与电路的要求相近似即可，一般选用电容值稍大些的电容器就可以了。在选择电解电容时，选择的容值应比计算的结果稍大，因为电解液会随着时间而蒸发，容值会减小。

在电路设计过程中，很多容值都是计算得出，而电容器的标称值与电阻标称值一样，也不是每个容值都有，如在 E24 系列中存在 2200 pF、2700 pF，而不存在 2400 pF，这时，如果电路中计算出的容值为 2400 pF，那么如何确定该电容的容值呢？

电路中所需电容器的容值选取采用就近原则。当电路中的电容器不能与国家规定的系列标称容值相符时，便要选用最靠近的一个标称值，其原则是所需电容器的容值与标称值的差值越小越好，且选择的容值可略小于计算值，因为电路中会存在寄生电容而使容量变大。如果标称值与所需容值相差较大时，便要通过电容器的串、并联来解决。电容器串并联后容值的变化如表 2-3-9 所示。

表 2-3-9 电容器串并联对容值的影响

说明	电容连接形式	电 容 值	耐 压 值
串联	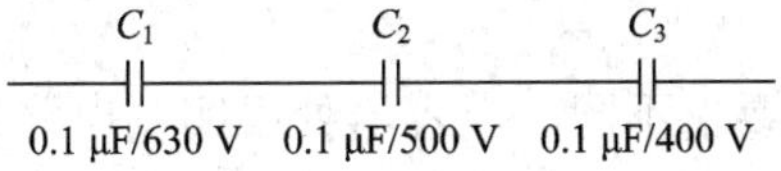 C_1 0.1 μF/630 V — C_2 0.1 μF/500 V — C_3 0.1 μF/400 V	$\frac{1}{C}=\frac{1}{C_1}+\frac{1}{C_2}+\frac{1}{C_3}$ $C=0.033\ \mu F$	串联电容的耐压值为所有电容耐压值之和，即耐压值为 1530 V
并联	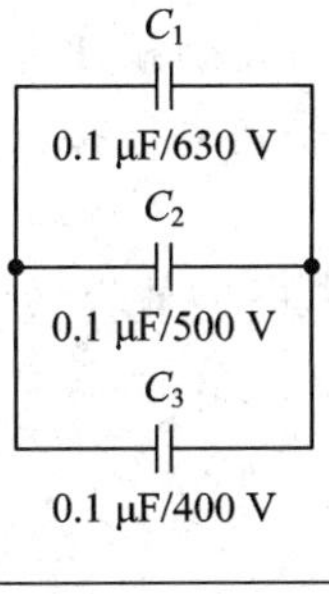 C_1 0.1 μF/630 V C_2 0.1 μF/500 V C_3 0.1 μF/400 V	$C=C_1+C_2+C_3$ $C=0.3\ \mu F$	并联电容的耐压值为所有电容耐压值中最小的一个，即耐压值为 400 V
串并联	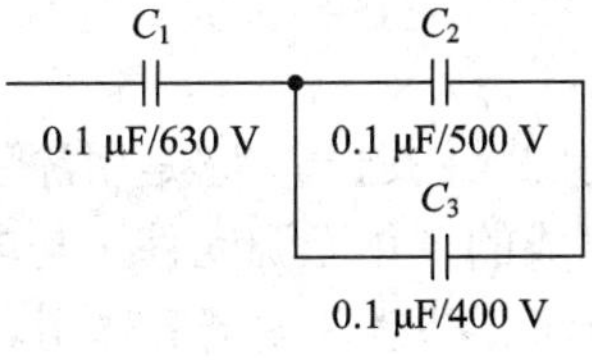 C_1 0.1 μF/630 V — (C_2 0.1 μF/500 V ∥ C_3 0.1 μF/400 V)	$C=(C_2+C_3)+\frac{C_1\cdot(C_2+C_3)}{C_1+C_2+C_3}$ $C=0.066\ \mu F$	耐压值为 630 + 400 = 1030 V

2. 额定电压的选择

一般额定电压的选用原则是使电容器的额定工作电压高于实际工作电压，并留有一定的余量。对于一般电路而言，只要电容器的额定工作电压高于实际工作电压的 10%～20%

即可。对于电压波动幅度较大的特殊电路，电容器的额定电压高于实际工作电压的幅度要更大一些，一般取 30%左右。对于一些低压直流电路，电容器的额定值略高于电源电压值即可。用于脉动直流电路的电容器的额定工作电压，要大于脉动电压的峰值。对于工作在交流电路的电容器的额定工作电压，要大于交流电压的最大值。

3．型号、类型的选择

电容器的型号、类型要符合电路要求。不同型号、不同类型的电容器，由于它们的特性不同，在选用时必须满足电路的特性要求。对于电源滤波电路、退耦电路、低放耦合电路可以选用电解电容器。对于高频放大电路，应选用性能优良的、能工作在高频电路的电容器(如高频瓷介、云母电容器等)，如果电容器的频率特性不能满足电路要求，不仅不能发挥其应有的作用，还会使电路产生高频寄生振荡，使电路无法正常工作。对于中频放大电路，选用一般的金属化纸介电容器、有机薄膜电容器即可满足要求。对于高压电路，可选用高压瓷介电容器。对于振荡电路、中频电路、移相网络、滤波器等电路，要选用温度系数小的电容器，否则会因为温度的变化使电路产生漂移，导致工作不稳定。

4．绝缘电阻的选择

电容器的绝缘电阻越大，其漏电流就越小。如果电路中选用了绝缘电阻小的电容器，漏电流就会增大，将会使电路的性能降低，造成电路的工作失常。进一步而言，漏电流的功率损耗会使电容器发热，温度升高，又会使电容器漏电流增加，最后导致电容器损坏，电路不能正常工作。

5．其他的选择

(1) 选择常见电容器。由于各种电路的设计要求不同，电容器处于印制电路板的位置和其所占用空间的不同，要尽量选用市场流通量大的电容器。如果选用生产批量较少的电容器，一旦电容器损坏，将很难再配到原型号的，这将会给电子产品的维修带来困难。

(2) 选择合适的封装。在设计产品时需要根据电路板的大小和使用场合考虑电容的装配方法，选择表面贴装还是电路板插入安装、手动插接还是自动插接，应根据不同的产品设计要求选择合适的封装。

(3) 选择合适的调节方式。在使用可调电容时，需要考虑调节容量、联数(单联、双联还是四联)、调节口方向(正面调节或侧面调节)等方面。

2.4 电 感 器

电感线圈也称电感器或线圈，是电子电路中常用的元件之一。它是用漆包线、纱包线或裸导线在绝缘管上或磁芯上一圈一圈地绕起来所制成的一种无源元件。与电容一样，电感也是一种储能元件，在电路中具有耦合、滤波、阻流、补偿、调谐等作用。

2.4.1 电感器的分类

电感器的种类很多，结构和外形各异。其分类及其说明如图 2-4-1 所示。

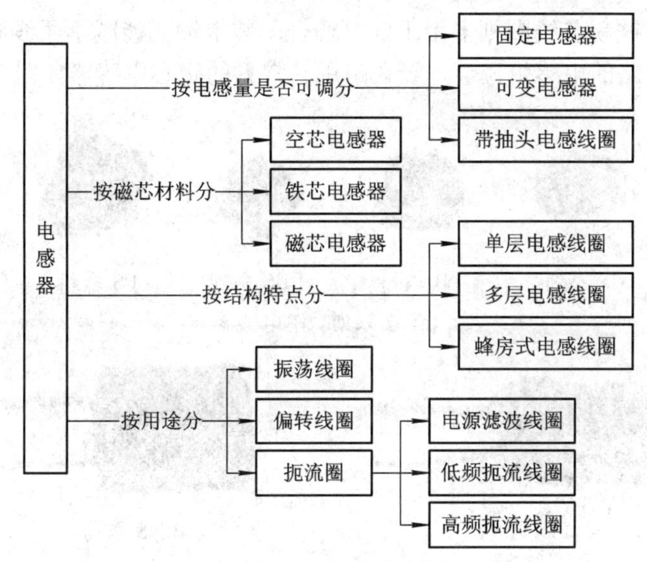

图 2-4-1　电感器分类

2.4.2　电感器的外形、特点

电感器一般有两个引脚，这是没有抽头的电感器。这两个引脚是不分正、负极性的，可以互换。如果电感器有抽头，则引脚数目就会大于 2。三个引脚就有头、尾和抽头的分别，不能相互搞错。可调式电感器上有带螺纹的磁芯，转动磁芯可以改变线圈的电感量。

1．空芯电感器

用较粗的硬线(镀银线或漆包线)在管筒或圆棒上绕一定圈数后，抽出管筒或圆棒，便成为空芯电感器(又称脱胎空芯线圈)，如图 2-4-2 所示。它具有分布电容小、损耗低、品质因数高等优点。在电路中调试时，通过改变各匝的间距就可以改变其电感量，从而改变其调谐频率。脱胎空芯线圈常用于高频、超高频场合，如电视机中的伴音调谐回路以及高频头中的调谐电感等，有时也用于大功率开关电源、射频天线中。

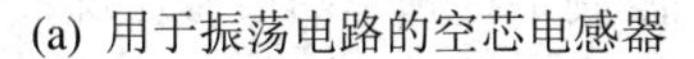
(a) 用于振荡电路的空芯电感器

(b) 用于大功率电源电路的空芯电感器

图 2-4-2　空芯电感器

2．带磁芯电感器

在空芯电感器中插上配套的磁芯或用导线直接在圆磁芯、磁环上绕制成线圈，均可制成磁芯电感器。装上铁氧体磁芯或铁粉芯，可增加原线圈的电感量。铁氧体磁芯线圈一般用于高频场合，而铁粉芯线圈则多用于低频场合。装上铜芯能减小原线圈的电感量，常用于超高频和高频电路的电感量调节，经久耐用。常见的磁芯电感器如图 2-4-3 所示。

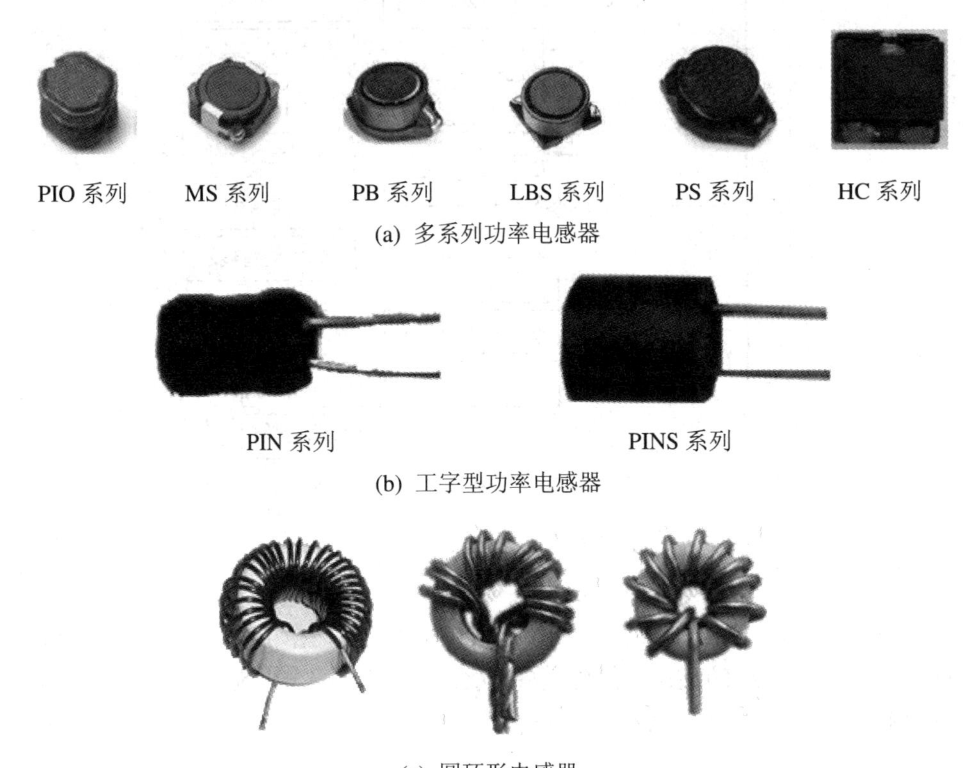

(a) 多系列功率电感器

(b) 工字型功率电感器

(c) 圆环形电感器

图 2-4-3　常见的电感器实物图

图(a)中的不同系列的功率电感器，只是外形不同，其他特性几乎相同。这些电感器都是贴片封装，适合于回流焊接，在批量生产电子产品时，有利于提高生产效率和节省电路板面积。部分系列采用屏蔽结构(外部被磁体包围)，可提高电路抗干扰能力。因为这些电感采用较粗的铜线，可适用于大电流场合，常用于办公自动化设备、笔记本电脑、LCD 电视、DC/DC 转换器的电源电路部分。

图(b)中的工字型功率电感器，因其磁芯骨架像“工”字而得名，也是常用电感元件，具有储存高、损耗小、价格低等特点，常用于台式电脑、电视机的电源电路中。

图(c)中的这种大直径的圆环形电感器，一般应用于电流较大的场合，用于和电容接成“π”形滤波器。

3. 扼流圈

扼流圈(又称阻流圈)，顾名思义是指在电路中用来限制某种频率的信号通过某一部分电路，即起扼流作用。扼流圈分为高频扼流圈和低频扼流圈两种。

高频扼流圈(GZL)是用铜线缠绕在固定铁氧体磁芯上制成的元器件。图 2-4-4(a)为开关电源中常用的扼流圈，其两组线圈的缠绕方向相同，作用是阻止市电中的高频干扰进入电子系统，而让市电这样的低频信号和直流信号通过。这种扼流圈的电感量较小(通常不大于 10 mH)，其分布电容也较小。

低频扼流圈一般采用硅钢片铁芯或铁粉芯，有较大的电感量(可达几个亨)。它通常与较大容量的电容器组成“π”型滤波网络，用来阻止残余的交流成分通过，而让直流或低频成分通过，如电源整流滤波器、低频截止滤波器等，如图2-4-4(b)所示。

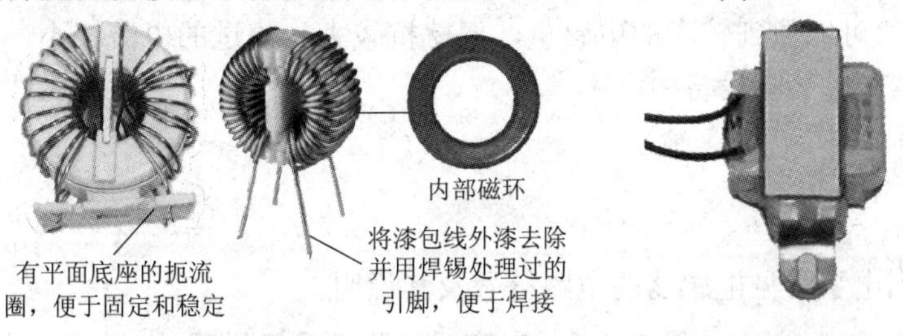

(a) 开关电源中常用的扼流圈　(b) 低频扼流圈

图2-4-4　扼流圈实物图

4．可调电感器

对于可调磁芯的线圈，旋动磁芯的螺纹，可调节磁芯与线圈的相对位置，从而改变线圈的电感量。超外差式收音机中不可缺少的振荡线圈就是可调式电感器，其外形如图2-4-5所示，振荡线圈的整个结构装在金属屏蔽罩内，下面有引出脚，上面有调节孔，磁帽和磁芯都是由铁氧体制成的。线圈绕在磁芯上，再把磁帽罩在磁芯上，磁帽上有螺纹，可在尼龙支架上旋上旋下，从而调节线圈的电感量。

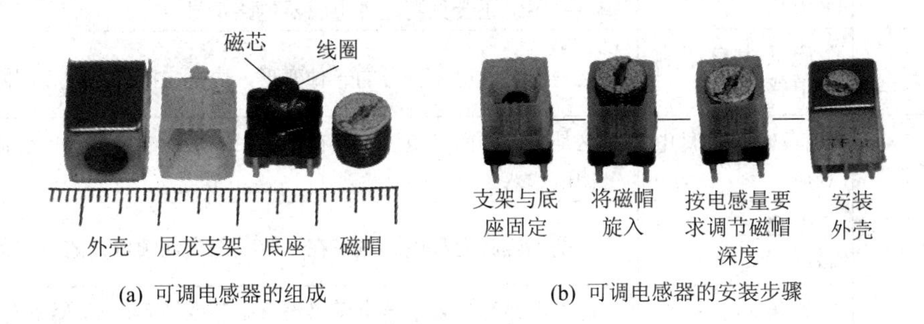

(a) 可调电感器的组成　(b) 可调电感器的安装步骤

图2-4-5　可调电感器

5．贴片电感器

随着电子产品的大批量自动化生产，表贴式电感器已被广泛使用，常见的贴片电感器如图2-4-6所示。

(a) 绕线型片式电感器　(b) 叠层电感器

图2-4-6　常见贴片电感器

绕线型片式电感器是对传统电感器进行了技术改进，通过缩小体积，并把引线改为适合表面贴装的端电极结构，因此是采用高精度的线圈骨架及高超的绕线技术相结合的完美结合物。该类电感器可以采用较大的磁芯，并采用较粗的漆包线绕制，因此可以用于大电流场合，如开关电源中。

叠层电感器采用磁屏蔽技术，器件间无相互干扰，可实现高密度安装；采用多层结构，可靠性高。虽然可以做到较大的电感量，但感抗较大，流过的电流较小，因此常用于移动电话及无线 LAN 等高频设备中。

2.4.3　电路图形符号

表 2-4-1 列出了常见电感器的电路符号及其说明。

表 2-4-1　电感器电路符号及说明

电路符号	符号名称	说　　明
L	无磁芯电感器	这是不含磁芯或铁芯的电感器的电路符号，也是最新规定的电感器电路符号
L	有磁芯或铁芯的电感器	这个电路符号过去只表示低频铁芯的电感器，电路符号中的实线表示铁芯，现在统用这个符号表示有磁芯或铁芯的电感器
L	有高频磁芯的电感器	这是过去表示有高频磁芯的电感器电路符号，虚线表示高频磁芯，现在用实线表示有磁芯或铁芯而不分高频和低频了，现有的一些电路图中还会见到这种电感器电路符号
L	磁芯中有间隙的电感器	这是电感器电路符号的一种变形，表示它的磁芯中有间隙
L	有磁芯微调电感器	这是有磁芯而且电感量可在一定范围内连续可调的电感器，也称微调电感器
L	无磁芯微调电感器	这是无磁芯而且电感量可在一定范围内连续可调的电感器
L	无磁芯有抽头的电感器	这个电路符号表示该电感器没有磁芯或铁芯，电感器中有一个抽头，这种电感器有三只引脚
L	有磁芯有抽头的电感器	这个电路符号表示该电感器有磁芯或铁芯，且电感器中有一个抽头

2.4.4　电感器参数识别

1. 标称电感量

标称电感量是反映电感线圈自感应能力的物理量。电感量的大小与线圈的匝数、直径、绕制方式、内部是否有磁芯及磁芯材料等因素有关。匝数越多，电感量就越大。线圈内装有磁芯或铁芯，可以增大电感量。一般磁芯用于高频场合，铁芯用于低频场合。线圈中装有铜芯，则会使电感量减小。电感的单位为亨(H)，实际中电感常用 mH、μH 作单位。几种单位之间的关系为：$1\ \text{H} = 1\times10^3\ \text{mH} = 1\times10^6\ \mu\text{H}$。

电感线圈不但存在电感量，还存在直流电阻，它是电感线圈在直流时的损耗电阻 R，可以用万用表的欧姆挡直接测量出来。一些小体积电感器的电感量虽然不小(如 1 mH)，但直流电阻也不小(如 50 Ω)，无法在较大电流的场合中使用。在大电流使用的场合中，直流电阻必须很小，如开关电源的滤波电路。

2. 品质因数

电感线圈中，储存能量与消耗能量的比值称为品质因数，它反映了电感线圈质量的高低，通常称为 Q 值，一般用线圈的感抗(ωL)与线圈的损耗电阻(R)的比值来表示。

$$Q = \frac{\omega L}{R}$$

若线圈的损耗较小，Q 值就较高；反之，若线圈的损耗较大，则 Q 值就较低。线圈的 Q 值与构成线圈的导线的粗细，绕制方式以及所用导线是多股线、单股线还是裸导线等因素有关。

通常，线圈的 Q 值越大越好。实际上，Q 值一般在几十至几百之间。在实际应用中，用于振荡电路或选频电路的线圈，要求 Q 值高，这样的线圈损耗小，可提高振荡幅度和选频能力；用于耦合的线圈，其 Q 值可低一些。

3. 分布电容

电感线圈的分布电容是指在线圈的匝数之间形成的电容效应。这些电容是一个成型电感线圈所固有的，故也称为固有电容。固有电容的存在往往会降低电感器的稳定性，也会降低线圈的品质因数。一般要求电感线圈的分布电容尽可能的小。低频时，分布电容对电感器的工作没有影响；高频时，分布电容会改变电感器的性能。

4. 允许偏差

允许偏差(误差)是指线圈的标称值与实际电感量之间的误差值，也称电感量的精度，对它的要求视用途而定。一般对用于振荡或滤波等电路中的电感线圈要求较高，允许偏差为 ±0.2%～±0.5%；而用于耦合、高频阻流的电感线圈则要求不高，允许偏差为 ±10%～±15%。

5. 额定电流

额定电流是指电感线圈在正常工作时所允许通过的最大电流。额定电流的大小与绕制线圈的线径粗细有关。若工作电流超过该额定电流值时，线圈会因为过流而发热，其参数就会改变，严重时更会烧断。国产色码电感器通常采用在电感器表面上印刷字母的方法来表示其最大直流工作电流，字母 A、B、C、D、E 分别表示最大直流工作电流为 50 mA、150 mA、300 mA、700 mA、1600 mA。

6. 稳定性

稳定性是指在指定工作环境(温度、湿度等)及额定电流下，线圈的电感量、品质因数以及固定电容等参数的稳定程度，其参量变化应在给定的范围内，以保证电子电路或产品的可靠性。

7. 电感器感抗特性

电感器对交流电流阻碍作用的大小称感抗 X_L，单位是欧姆(Ω)。它与电感量 L 和交流电频率 f 的关系为 $X_L = 2\pi fL$。

电容器具有隔直流通交流的特性，电感器的特性基本与电容器相反，电感器能够让直流电流通过，但对交流电流存在阻碍作用，记住电容器的特性之后，再记忆电感器的这一特性就相当容易了。同样，可以将电感等效成一个“理想电感”和“特殊电阻”(阻值受频率高低、电感量大小影响)相串联的形式，如图 2-4-7 所示。这样的等效理解如同前面介绍的电容电路中的等效理解，有利于对电感电路进行分析。

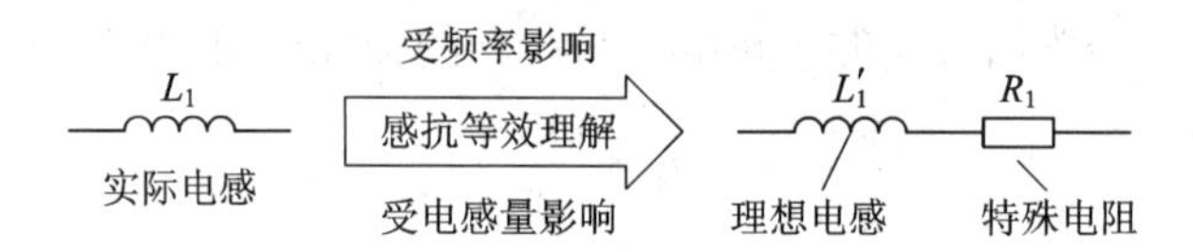

图 2-4-7　电感器感抗等效电路

从上述感抗的计算公式中可以看出：

(1) 电感器的感抗与频率成正比，换言之，在电感量确定的前提下，流过该电感器的交流电流的频率越高，电感器对这个交流电流的感抗越大；反之，越小，这一点同电容器容抗与频率之间的关系相反。

(2) 电感器的感抗与电感量之间也成正比关系，在流过电感器的交流电流的频率一定的情况下，电感量越大的电感器对这个交流电流的感抗越大；反之，越小，这一点同电容器容抗与电容量之间的关系也是相反的。表 2-4-2 给出了感抗、频率、电感量三者之间的关系。

表 2-4-2　感抗、频率、电感量三者之间的关系

频率与电感量		感抗大小说明
频率 f	频率高(电感量一定时)	感抗大。频率越高，感抗越大，幅度衰减越大
	频率低(电感量一定时)	感抗小。频率越低，感抗越小，幅度衰减越小
电感量 L	电感量大(频率一定时)	感抗大。电感量越大，感抗越大，幅度衰减越大
	电感量小(频率一定时)	感抗小。电感量越小，感抗越小，幅度衰减越小

8. 电感参数读取

1) 直标法读取

一些电感器上会将标称电感量用数字直接标注在电感器的外壳上，同时用字母表示额定工作电流，再用Ⅰ、Ⅱ、Ⅲ 表示允许偏差等级。固定电感器除了直接标出电感量之外，还标出允许偏差和额定电流参数。表 2-4-3 给出了电感器误差等级及允许通过的最大电流的字母标识。

表 2-4-3　电感器误差等级及允许通过的最大电流的字母标识

误 差 等 级			允许通过的最大电流/mA				
Ⅰ	Ⅱ	Ⅲ	A	B	C	D	E
±5%	±10%	±20%	50	150	300	700	1600

如标有：AI220μH 字样的电感器，其意义为：电感量 220 μH，误差 ±5%，允许通过的最大电流 50 mA。

2) 色标法读取

有些固定电感器，采用色环表示标称电感量和允许偏差，这种固定电感器称为色环电感器。如图 2-4-8 所示是采用色环标注法的电感器示意图和实物图。

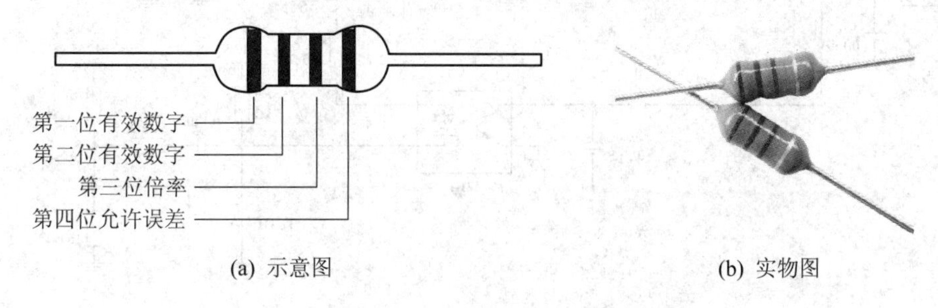

图 2-4-8 采用色环标注法的电感器示意图和实物图

色环电感器的读码方式与色环电阻器一样，用前两个色环表示有效数字，第三个色环代表倍乘，最后一个色环表示为允许误差。色环电感器的色码含义与色环电阻器的色码含义一样。

色标电感器除了色环标注法外，还存在色点标注法，色点标注的读法如图 2-4-9 所示。

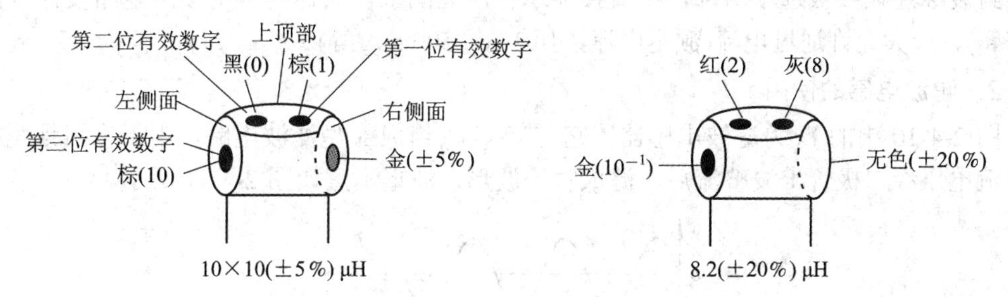

图 2-4-9 色点标注的读法

3) 数字表示法读取

在一些小体积的电感器上有时同样会用三位整数标识出电感量的大小，第一位、第二位为有效数字，第三位表示 10^n 的 n，单位为微亨(μH)。如：“331”表示电感量为 330 μH，而“474”表示电感量为 $47 \cdot 10^4 = 470$ mH。

4) 文字符号法读取

在一些小体积的电感器上除了用数字表示电感量外，有时也会将需要标识的主要参数与技术性能用文字、数字符号有规律地组合并标注在产品的表面上。将电感量的整数部分写在电感量单位标识符号前面，小数部分放在单位符号后面，如：3.3 nH 标为 3N3，3.3 μH 标为 3R3，100 nH(0.1 μH)标为 *R*10。

2.4.5 电感器的使用

图 2-4-10 为一使用 TNY278 设计的开关电源电路。高压直流 V_{DD}(市电经整流滤波后的电压，约 340 V 左右)经变压器 T_1 和开关电源专用芯片 TNY278 控制后，变换成所需要的低压，再经 VD_7 整流，C_2、L_1、C_3 滤波后得到所需要的 +12 V 低压直流电源。

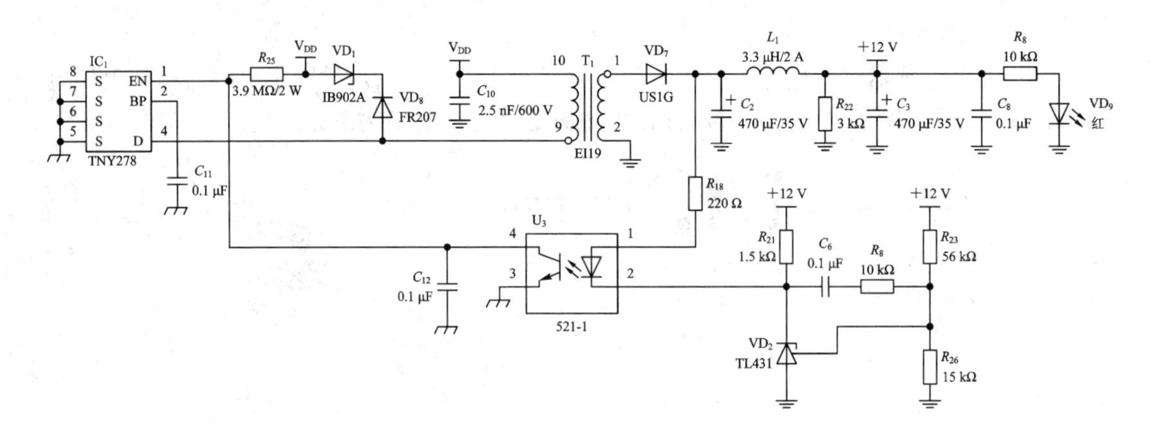

图 2-4-10　开关电源原理图

1．电感器参数在电路原理图中的标注方法

在电路原理图中一般需标注四个参数：电感序号(如 L_1、L_2 等，同一电路原理图中不能有相同的电感序号)、电感器电感量(如 3.3 μH、10 mH 等)、电感器封装(如 1210、AXIAL-0.6 等，封装标注在参数选项内部，不直接显示在原理图上，具体内容请参考电路设计软件相关书籍)、最大允许通过电流(额定电流，如 1 A、500 mA 等)。

2．滤波电感的使用

图 2-4-10 中的 L_1 为滤波电感器，它与 C_2、C_3 组成 π 型滤波电路，用于将高频变压器的交流电压经二极管半波整流后，滤成直流波形，波形示意如图 2-4-11 所示。

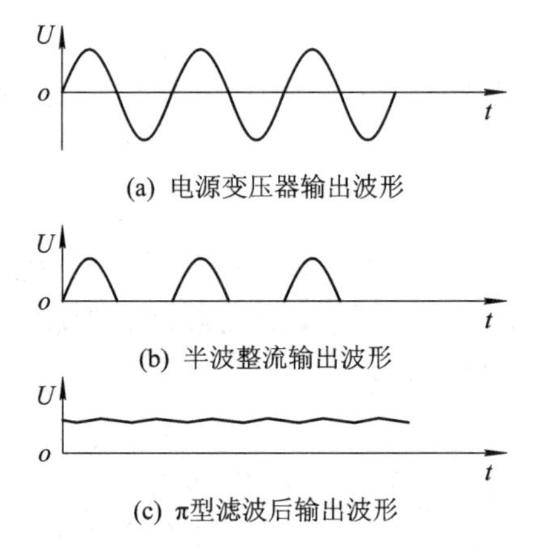

(a) 电源变压器输出波形

(b) 半波整流输出波形

(c) π型滤波后输出波形

图 2-4-11　整流、滤波波形

3．扼流电感的使用

由于电网上的市电存在大量的高频干扰，这些干扰如果不处理会通过变压器耦合入低压电源而影响系统的可靠性。为了提高系统的可靠性，通常在电网市电进入系统前先进行高频扼流处理，滤除高频干扰信号。图 2-4-12 就是处理电网市电常用的高频扼流电路，在该电路中，C_1、C_2、C_3 电容的用途在电容器一节已讲解，C_4、C_5、C_6 电容的用途与 C_1、C_2、C_3 电容的用途一样。T_1 为高频扼流线圈，用于扼阻电网上的高频干扰信号，得到纯净的市电。

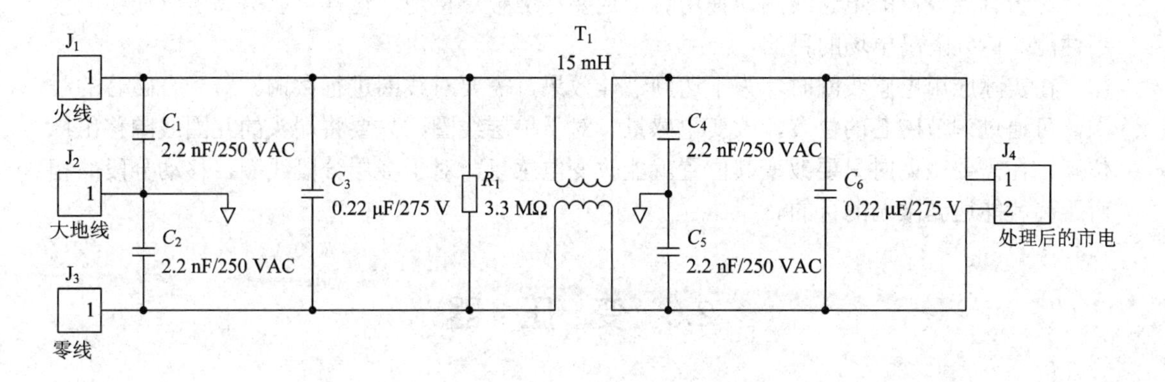

图 2-4-12　处理电网市电的高频扼流电路

2.4.6　电感器的选型

怎样选择或设计合适的电感器是电子设计工程师所必须掌握的技能，对于电感器的选择或设计，通常需要考虑以下几点。

1．工作场合的选择

对于不同的工作场合，应考虑其安装位置、电感线圈的外形尺寸、电路板的空间、安装方式等方面。

不同的电路，应选用不同性能的电感线圈，如振荡电路、均衡电路、去耦电路等电路，它们的性能是不一样的，对电感线圈的要求也是不一样的。

2．工作频率的选择

电感线圈的工作频率要适合电路的要求。用在低频电路的电感线圈，应选用铁氧体或硅钢片作为磁芯材料，其线圈应能够承受较大的电流(电感值达几亨或几十亨)。用在音频电路的电感线圈应选用硅钢片或坡莫合金为磁芯材料。用在较高频率(几十兆赫以上)电路的电感线圈应选用高频铁氧体作为磁芯，也可采用空芯线圈，如果频率超过 100 MHz，选用空芯线圈为佳。

3．电感量的选择

电感线圈的电感量、额定电流必须满足电路的要求。

使用高频扼流圈时除了应该满足额定电流、电感量之外，还应考虑分布电容，比如选分布电容小的蜂房式电感线圈或多层分段绕制的电感线圈。对于用在电源电路的低频扼流圈，尽量选用大电感量的，一般适宜选用电感量是回路电感量 10 倍以上的线圈。

在安装电感线圈时，不应随便改变线圈的大小、形状，尤其是用在高频电路的空芯电感线圈，不要轻易改动它原有的位置和线圈的间距。一旦有所改变，其电感量就很可能发生变化。

4．其他的选择

色码电感或小型固定电感线圈，当其电感量和标称电流都相同的情况下，可以代换使用。

对于有屏蔽罩的电感线圈，使用时一定要将屏蔽罩接地，这样可以提高电感线圈的使用性能，达到隔离电场的目的。

在实际应用电感线圈时，为了达到最佳效果，需要对线圈进行微调。对于有磁芯的线圈，可通过调节磁芯的位置，改变电感量。对于单层线圈，只要将端头的几圈线圈移出原位置，在需要微调时只要改变其位置就能改变电感量。对于多层分段线圈，移动分段的相对距离就能达到微调的目的。

2.5 变 压 器

变压器是一种利用电磁感应原理来传输能量的元件，它的主要作用是传输交流信号、变换电压、变换交流阻抗、进行直流隔离、传输电能等。

2.5.1 变压器的分类

变压器的种类很多，其分类如表 2-5-1 所示。

表 2-5-1 变压器的分类

分类		说明
工作频率	高频变压器	用于开关电源或信号隔离
	中频变压器	用于选频、耦合等
	低频(音频)变压器	用于变换电压、阻抗匹配等
	脉冲变压器	用于变换脉冲电压、阻抗匹配、产生脉冲等
导磁性质	空芯变压器	无磁芯，耦合效率低
	磁芯变压器	采用顺磁物质作为磁芯，常见的为铁氧体材料
	铁芯变压器	在低频线性电源变压器中常见
用途	电源变压器	用于变换正弦波电压或电流
	输入变压器	用于信号采集
	输出变压器	用于升压隔离输出
	耦合变压器	用于信号采集、电源隔离

2.5.2 变压器的外形、特点

变压器是电磁能量转换器，是根据电磁感应原理制成的。变压器的用途广泛、种类繁多。常见的变压器是电源变压器和通信隔离变压器。下面所介绍的变压器只限于电子设备中常用的小型变压器。

1. 低频变压器

低频变压器又分为音频变压器和电源变压器两种。音频变压器的主要作用就是实现阻抗匹配、信号耦合、信号倒相等，实现阻抗匹配的原因是由于只有在电路阻抗匹配的情况下，音频信号的传输损耗及其失真才能达到最小。电源变压器可以将 220 V 交流电压升高或降低，变成所需要的各种幅度的交流电压。其实物如图 2-5-1 所示。

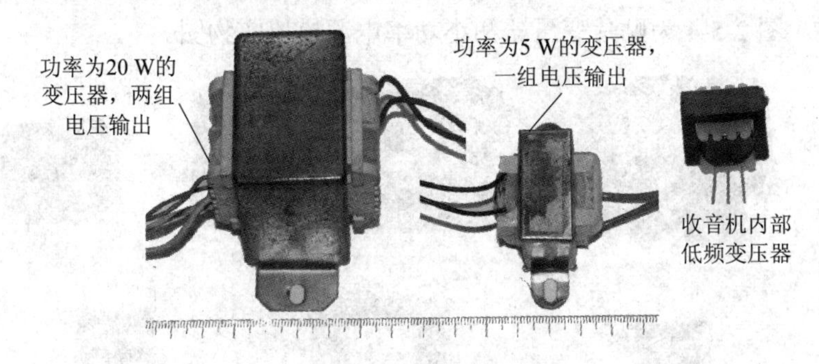

图 2-5-1　低频变压器

2. 中频变压器

中频变压器是超外差式收音机和电视机中的重要元件，又叫中周。中周的磁芯和磁帽是用具有高频或低频特性的磁性材料制成的，低频磁芯用于收音机，高频磁芯用于电视机和调频收音机。实物如图 2-5-2 所示，其外形与可调电感相似，只是可调电感只有一组绕组，而变压器至少有两组绕组。

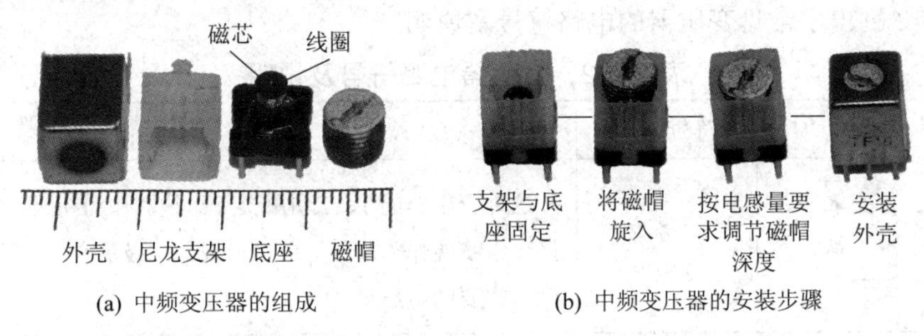

(a) 中频变压器的组成　　(b) 中频变压器的安装步骤

图 2-5-2　中频变压器

3. 开关电源变压器

开关电源变压器是变压器中用量最大的一类。按功率、体积、输出组数的不同可选择使用不同的骨架，常见的有 EER、EI、EE 等。一般而言，开关电源变压器的功率越大，体积越大；组数越多，引脚越多。图 2-5-3 为笔者设计的电源变压器。

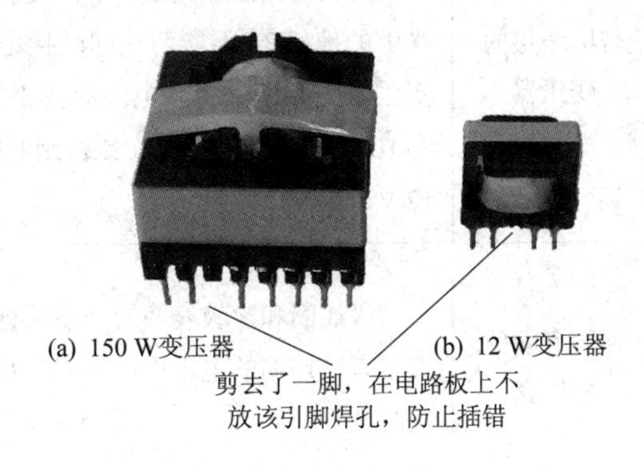

图 2-5-3　开关电源变压器实物图

4．贴片变压器

贴片变压器一般体积较小，常用于小功率电源场合和对系统空间有要求的场合，如小功率电源模块。图 2-5-4 为贴片变压器和小功率电源模块实物图。

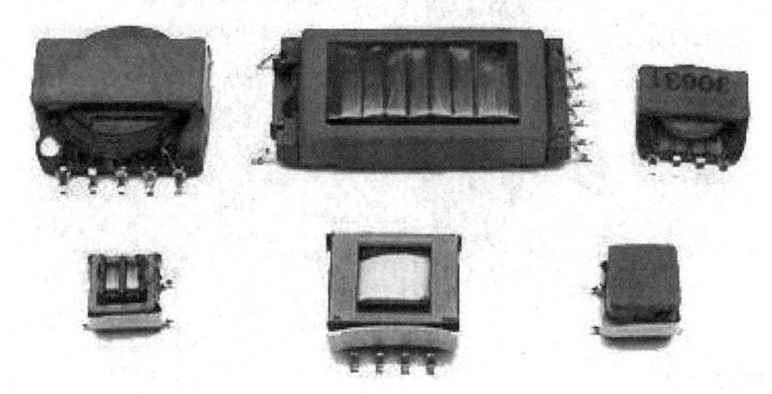

图 2-5-4　贴片变压器和小功率电源模块

2.5.3　电路图形符号

表 2-5-2 列出了常见变压器的电路符号及说明。

表 2-5-2　变压器电路符号及说明

电路符号	符号名称	说　明
1 4 初级 次级 2 3	无磁芯变压器	这种变压器的 1、2 引脚接一组线圈作为初级，3、4 引脚接一组线圈作为次级，通过初级与次级耦合、匝数变比，得到所需要的电压
1 4 初级 次级 2 3	低(音)频变压器	这种变压器初、次级之间有一条实线，表示它有磁芯，通过磁芯耦合，提高了耦合强度
1 4 初级 次级 2 3 屏蔽层	带屏蔽层的变压器	这种电路符号中除了有一条实线外还有一条虚线，表示变压器初级线圈和次级线圈之间设有屏蔽层。屏蔽层一端接线路中的地线(绝不能两端同时接地)，起抗干扰作用。这种变压器主要用做线性电源的变压器，初级接市电(220 V、50 Hz)，次级通过匝数变比得到所需要的低压，常见为 5 V、12 V、24 V 等
1 4 初级 次级 2 3	标同名端的变压器	初级线圈和次级线圈的一端画有黑点，是同名端的标记，表示有黑点端的电压极性相同，两个端点的电压同时增大、同时减小

续表

电路符号	符号名称	说　明
6 次级1 5 1 初级 2 4 次级2 3	多次级输出变压器	这种变压器不再是只有一组次级，而是有两组次级线圈，3、4 为一组，5、6 为另一组
5 1 初级 4 次级 2 3	带中间抽头的变压器	变压器的次级线圈有抽头，即 4 脚是次级线圈 3、5 之间的抽头，4 脚的抽头有两种类型：一是当 3、4 之间的匝数等于 4、5 之间的匝数时，4 脚称为中心抽头；二是当 3、4 之间与 4、5 之间的匝数不等时，4 脚是非中心抽头
1 3 2 2	自耦变压器	这种变压器只有一个线圈，3 是它的抽头。这是一个自耦变压器，若 1、2 之间为初级线圈，2、3 之间为次级线圈，则它是降压变压器；若 2、3 之间为初级线圈，1、2 之间为次级线圈，则它是升压变压器
	单调谐振中频变压器	这种变压器的初级并联了一个电容，次级耦合线圈的圈数很少
	双调谐振中频变压器	这种变压器的初级和次级都并联了一个电容，具有较好的选择性，且通频带较宽

2.5.4　变压器参数识别

1．变压比

变压比(n)是指变压器的初级电压 U_1 与次级电压 U_2 的比值或初级线圈匝数 N_1 与次级线圈匝数 N_2 的比值，即表示为

$$n = \frac{U_1}{U_2} = \frac{N_1}{N_2}$$

变压比 $n < 1$ 时是升压变压器，初级线圈的匝数少于次级线圈的匝数。在一些点火器中采用这种变压器。

变压比 $n > 1$ 时是降压变压器，初级线圈的匝数多于次级线圈的匝数。普通的电源变压器就是这种变压器。

变压比 $n = 1$ 时是 1∶1 变压器，初级线圈的匝数等于次级线圈的匝数。隔离变压器就是这种变压器。

2．额定功率

额定功率是指在规定频率和电压下，变压器能长时间工作而不超过规定温升的最大输

出功率，单位为 V·A(伏安)。单位一般不用 W(瓦特)表示，这是因为在额定功率中会有部分无功功率。

对于某些变压器而言，额定功率是一个重要的参数，如电源变压器。因为对电源变压器有功率输出的要求，而对另一些变压器(如中频变压器等)而言，这一项参数并不重要。

3．效率

变压器在工作时对电能有损耗，用效率来表示变压器对电能的损耗程度。其定义如下：

$$\text{效率}=\frac{\text{输出功率}}{\text{输入功率}}\times 100\%$$

变压器不可避免地存在各种形式的损耗。显然，损耗越小，变压器的效率越高，变压器的质量越好。一般来说，变压器的容量越大，其效率越高；容量越小，效率越低。例如：当变压器的额定功率为 100 W 以上时，其效率可达 90%以上；当变压器的额定功率为 10 W 以下时，其效率却只有 60%～70%。

4．绝缘电阻

绝缘电阻是指变压器各绕组之间和各绕组与铁芯(或机壳)之间的电阻。绝缘电阻的大小不仅关系到变压器的性能和质量，在电源变压器中还关系到人身安全，所以这是一项安全性能参数。

理想的变压器在初级和次级线圈之间(自耦变压器除外)、各线圈与铁芯之间应该完全绝缘，然而实际上并不能做到这一点，绝缘电阻由试验结果获得，其值表示为：

$$\text{绝缘电阻}=\frac{\text{施加的电压(V)}}{\text{产生的漏电流}(\mu\text{A})}\ (\text{M}\Omega)$$

绝缘电阻用 1 kV 摇表测量时，应在 10 MΩ 以上。若绝缘电阻过低，会使仪器和设备机壳带电，造成工作不稳定，甚至对设备和人身带来危险。

5．空载电流

在变压器初级线圈加上额定工作电压、次级不接任何负载时，初级线圈中通过的电流称为空载电流。一般空载电流不超过额定电流的 10%，设计、制作良好的变压器的空载电流可小于额定电流的 5%。空载电流大的变压器损耗大、效率低。

6．温升

温升是指变压器通电后，其温度上升到稳定值时，比环境温度高出的数值。此值越小变压器的工作越安全。这一参数反映了变压器的发烫程度。一般针对有功率输出要求的变压器，如电源变压器，要求其温升越小越好。有时这项指标不用温升来表示，而是用最高工作温度来表示，其意义一样。

7．频率响应

频率响应主要是针对低频变压器(如音频变压器)而言的，它是衡量变压器传输不同频率信号能力的重要参数。

在低频和高频段，由于各种因素(初级线圈的电感、漏感等)会造成变压器传输信号的能力下降(信号能量损耗)，使频率响应变劣。

2.5.5　变压器的使用

变压器的应用比较广泛，在此只介绍几种常见的变压器应用电路。

图 2-5-5 为一个小功率开关电源电路，使用专用的开关电源芯片 TNY278，在该电路中未画出市电(220 V/50 Hz)的整流滤波电路，图中的 V_{DD} 电压即为市电经整流滤波后的 300 V 直流电压。该电源使用 EI19 骨架，配合 TNY278 可输出 12 W 左右的功率。

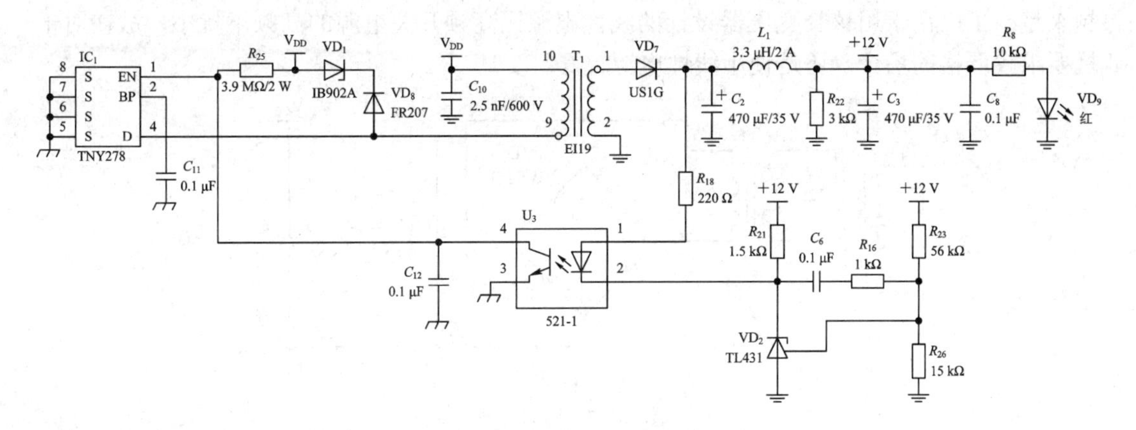

图 2-5-5　小功率开关电源

1．变压器参数在电路原理图中的标注方法

在电路原理图中一般需标注三个参数：变压器序号(如 T_1，同一电路原理图中不能有相同的序号)、变压器骨架(如 EI19)、变压器封装(如 EI19，封装标注在参数选项内部，不直接显示在原理图上，具体内容可参考电路设计软件书籍)。变压器的匝数很少标注在电路原理图上，一般只需要提交给变压器生产厂商即可，图 2-5-6 为笔者设计的电源变压器参数，将该参数提交给变压器生产厂商即可生产出所需要的变压器。

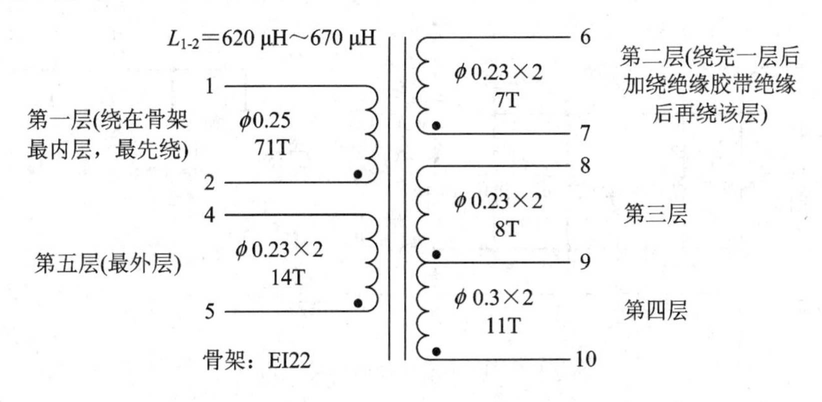

图 2-5-6　变压器参数图

2．开关电源变压器的使用

图 2-5-5 中的 T_1 即为开关电源变压器，该变压器将直流电压 V_{DD} 变换为 12 V 输出，变压器只能变换交流电压，因此，直流电压 V_{DD} 需要先经过 TNY278 控制，在变压器的初级变换为高频交流电压后，才能通过变压器变比耦合输出低压交流电，之后经过 VD_7、C_2、

L_1、C_3的整流滤波再输出直流 12 V 电压。

3. 低频变压器的使用

图 2-5-7 为一线性电源电路，该电路中 T_1 变压器画得较简单，因为次级只有一路输出，故未画出同名端。低频变压器直接将交流 50 Hz 的电压变比耦合输出，效率较低，在输出同样功率的前提下，将比高频电源变压器需要更大的体积，故该类变压器常用于小功率场合，但随着开关电源控制器件(如 TNY278)的价格降低，该类变压器在小功率场合使用得也越来越少了。由于用该类变压器设计的线性电源比高频开关电源的高频干扰小，故在对干扰要求较严格的场合，还是使用线性电源较好。

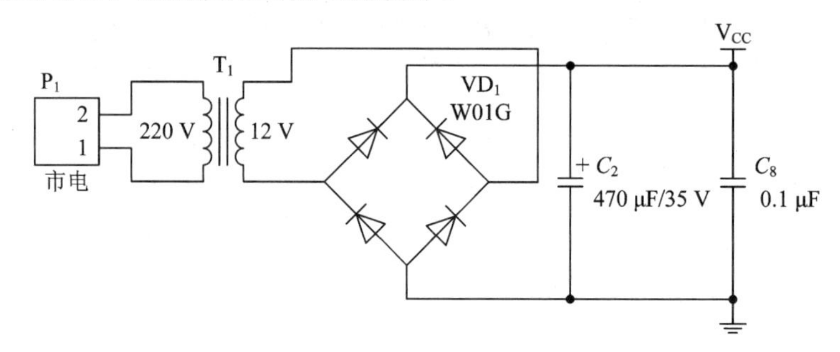

图 2-5-7　线性电源

4. 脉冲变压器的使用

图 2-5-8 为笔者在一个电子产品中设计的脉冲控制电路，该电路使用的变压器 T_1 即为一个脉冲变压器，脉冲变压器在设计时需要考虑脉冲信号的频率、宽度，以保证变压器对脉冲信号能够正常的耦合传输，另外，与电源变压器一样，还需要考虑功率和变比这两个参数。

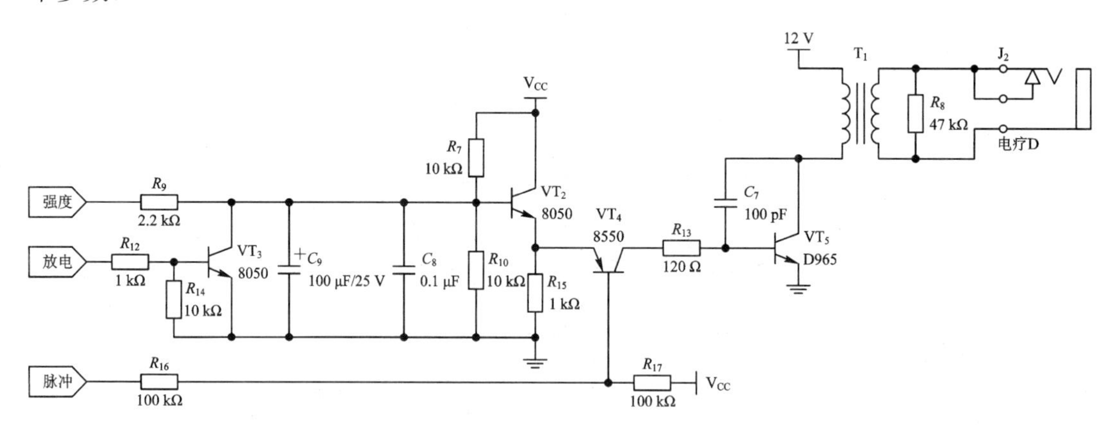

图 2-5-8　脉冲治疗仪脉冲控制电路

5. 隔离变压器的使用

变压器都能起到隔离作用，在此处指的是 220 V 转 220 V 的 1∶1 隔离变压器。这种变压器虽然没有改变电压，但它起到隔离作用，保证了人身安全。隔离变压器如图 2-5-9 所示，在图(a)中，当人体接触到 A 点时，市电会通过人体形成回路，对人体造成危害；在图(b)中，即便人体接触到了 A 点，但由于市电已经通过隔离变压器隔离，无法与人体形成回路，也不会对人体产生危害作用。该种变压器常见于维修人员维修家电时使用，有利于保证人身安全，否则维修人员应脚踩绝缘垫板，且要保证绝缘垫板不损坏、能可靠绝缘，因此比较麻烦。隔离变压器亦是电子系统设计人员设计高压、大功率设备的首选安全措施。

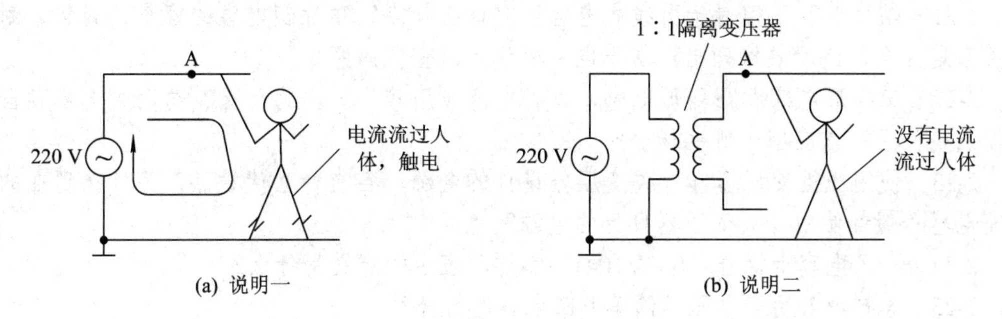

图 2-5-9　隔离变压器作用说明

习　题

2-1　在电子系统设计过程中，常用的电阻有哪几种？简要说明使用的方法。

2-2　在电子系统设计过程中，常用的电容有哪几种？简要说明使用的方法。

2-3　在电子系统设计过程中，常用的电感有哪几种？简要说明使用的方法。

2-4　为什么手机中使用的电阻，几乎都是 01005 封装的贴片电阻？

2-5　碳膜电阻和金属膜电阻有哪些差异？各自的使用场合是？

2-6　为什么电容器可调节的范围较小，且可调电容的容量亦较小？

2-7　下列为某些贴片电阻上的标称，他们的阻值分别是？

1. 103　2. 1002　3. 1R5　4. R22

5. 204　6. 1503　7. 74A　8. 48B

2-8　内部有4个电阻的双列直插排阻的国标电路符号是什么？为什么使用排阻？它的优点是什么？它与单列直插排阻的使用场合有何差异？

2-9　在一个水泥电阻上，标着“JDC-SQM”和“5W10ΩJ”字样，它们分别表示什么意义？

2-10　负温度系数热敏电阻的特点是什么？常见的使用场合有哪些？

2-11　为什么在电位器的调节旋钮上留有一个旋钮平面，它的用处是什么？

2-12　如果电位器需要固定到电子产品的面板上，一般采用什么样的电位器？

2-13　滑动电位器和旋转电位器各有什么特点？各自使用场合是什么？

2-14　在一个使用 1 kΩ 电位器的场合，可不可以使用 100 kΩ 代替？为什么？

2-15　安规电容有什么作用？它的使用场合是什么？

2-16　高压陶瓷电容器的用途是什么？

2-17　相同耐压和容量的低频陶瓷电容器和独石电容器，哪种价格较贵，为什么？

2-18　为什么在集成元器件电源引脚处一般加一个 0.01μF 的电容，该电容的用处是什么？在电路板布局设计时，该电容应怎样放置？

2-19　铝电解电容器在使用时，怎么区分极性？大容量的铝电解电容器，其顶端为什么刻有 Y 型的槽？

2-20　纸质电容器常用于什么场合？它的优缺点是什么？为什么电路板上很少使用？

2-21　贴片电容器相对于引线式电容器有什么优点？贴片钽电容的容量、封装、耐压的关系是什么？请用表格列出，便于电路板设计时查找对照。

2-22　工字形电感和圆环形电感，哪种电感应用较广泛，为什么？这两种电感各自的优缺点是什么？常应用于哪些场合？

2-23　使用线性变压器和开关变压器设计的电源，各有什么优缺点？为什么现在的手机充电器一般都使用开关变压器设计的电源？

2-24　一只电容上标着“630V104J”字样，表示的意义是什么？

2-25　怎样用万用表电阻档简单判断电容的好坏？

2-26　在 +5 V 电源电路中，能否使用一只“6.3V107”字样的电容进行滤波？如果这样使用，那电路板在工作过程中，可能出现什么情况？

2-27　扼流圈的用处是什么？如果在电路中不使用扼流圈会造成什么影响？为什么在大部分手机充电器电路中不使用？

2-28　为什么在需要调整元器件参数的电路中能调电阻不调电容，能调电容不调电感？

2-29　有一未知引脚关系的线性变压器，只知道是将 220V 市电变换为 5V 电压的，怎样判定引脚？

2-30　在通电使用一线性变压器的过程中，发现线性变压器温度较高，但电路能正常工作，请问是什么原因导致线性变压器温度较高？若要使温度正常，需修改电路还是更换线性变压器，应怎么处理？

2-31　在绕制变压器时，设计软件提示需要 Φ0.3 线径的漆包线，而实验室只有 Φ0.1 线径的漆包线，能否使用 3 根并绕来替代？为什么？

2-32　法拉级的电容常用于什么场合？在滤波电路中，是不是电容越大，滤波效果就越好？

2-33　电感、磁珠和 0 欧姆电阻有什么区别？

第3章　电声器件

电声器件是将声音信号转换成电信号，或将电信号转换成声音信号的器件。它包括两大类：一类用于将音频电信号转换成相应的声音信号，如常见的压电蜂鸣器、电磁讯响器以及各种扬声器、耳机、耳塞机等；另一类用于将声音信号转换成相应的电信号，如各种传声器、话筒、送话器等。这些电声器件广泛应用于收音机、录音机、扩音机、电视机、计算机、通信机和电话机中。

3.1　扬声器

3.1.1　扬声器的分类

常见的扬声器有供多人听的喇叭和供单人听的耳机两种形式，对于喇叭和耳机可按多种方式进行分类，分别如图 3-1-1、3-1-2 所示。

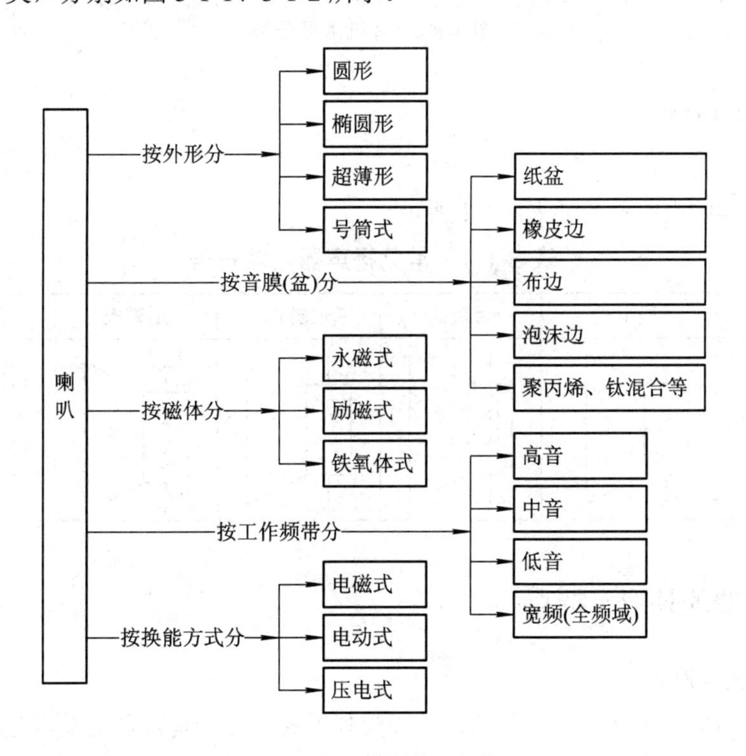

图 3-1-1　喇叭常见分类

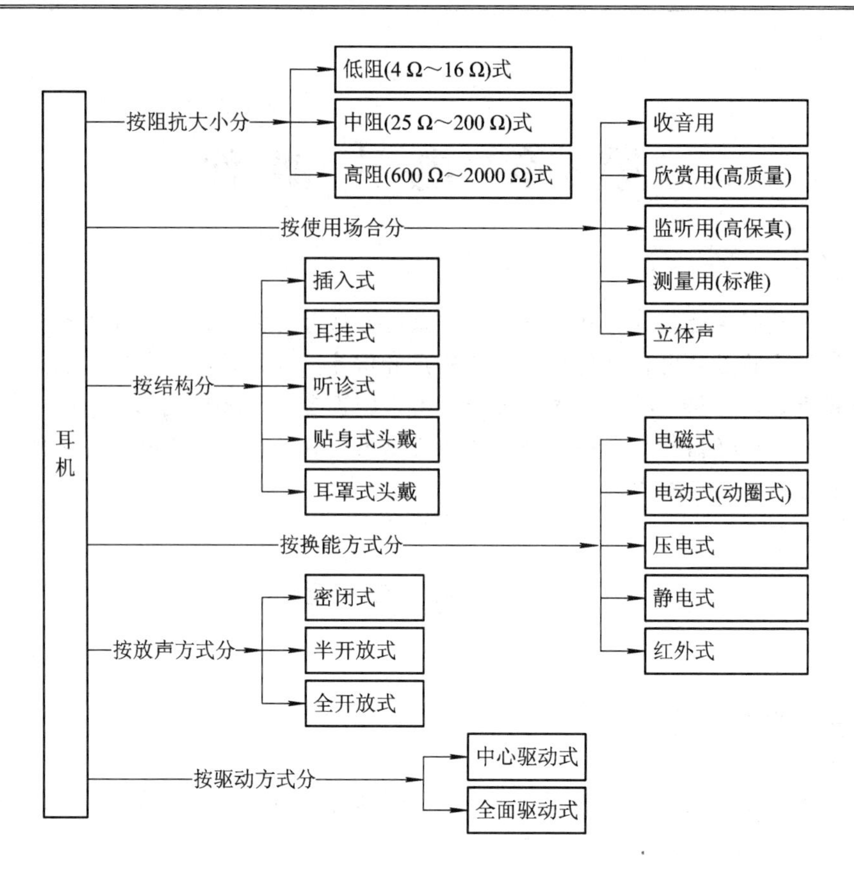

图 3-1-2　耳机常见分类

3.1.2　电路图形符号

常见扬声器的电路符号如表 3-1-1 所示。

表 3-1-1　常见扬声器电路符号

名称	一般形式	舌簧式	永磁式	励磁式	压电式
电路符号					

3.1.3　扬声器的外形、特点

1. 外磁式扬声器

外磁式扬声器的磁体安装在外部，故称为外磁式。此种扬声器的缺点是漏磁大、体积大，但价格便宜，常用于普通收音机。其外形如图 3-1-3 所示。

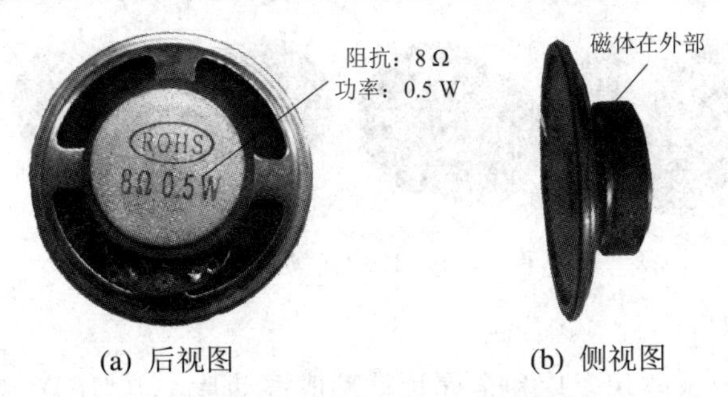

(a) 后视图　　(b) 侧视图

图 3-1-3　外磁式扬声器实物图

2．内磁式扬声器

内磁式扬声器的磁体安装在内部，故称为内磁式。它的优点是漏磁小、体积小，但价格较贵。其外形如图 3-1-4 所示。

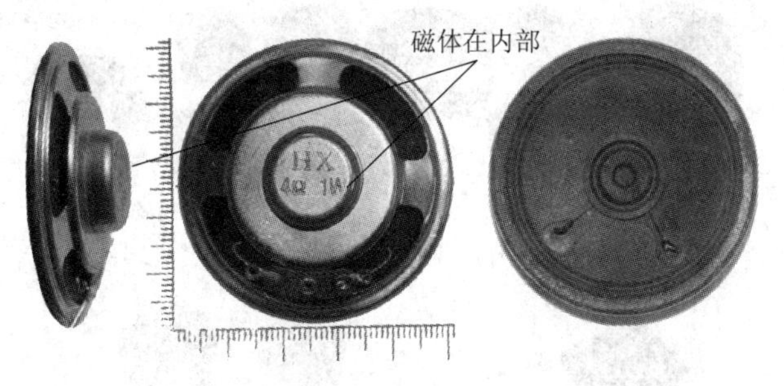

图 3-1-4　内磁式扬声器

3．号筒式扬声器

人们常利用号筒来改善声波的辐射，这是众所周知的。利用这一原理设计的号筒式扬声器的结构和外形如图 3-1-5 所示。由图可见，它的发声驱动单元(俗称高音头)的工作原理和电动式纸盆扬声器的发音原理相似，但其声波辐射不是通过纸盆直接辐射，而是通过一个号筒发送出去的。

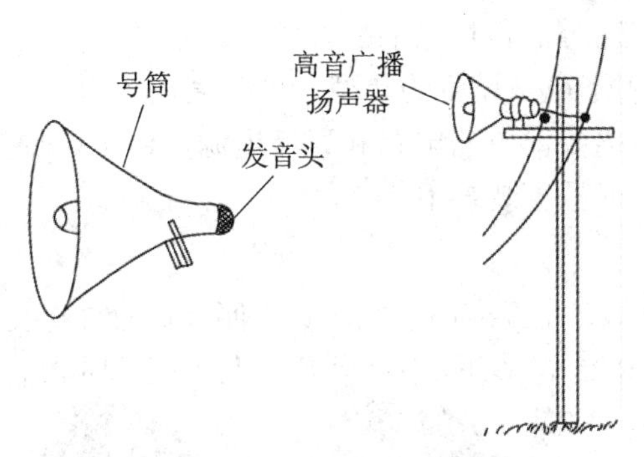

图 3-1-5　号筒式扬声器

4．球顶式扬声器

球顶式扬声器的外形如图 3-1-6 所示，其内部组成与号筒式扬声器的相似，但是没有号筒。由于其振动膜近似半球形，其振膜罩犹如球顶面，故得名球顶式扬声器。这种扬声器发声时是通过振动膜直接向空中辐射的，属于直接辐射式扬声器。

图 3-1-6　球顶式扬声器

5. 压电声音元件

压电声音元件是由压电陶瓷片和金属片粘贴成振动片，再与助声腔组合成的一种发声器件。其常见外形如图 3-1-7 所示。

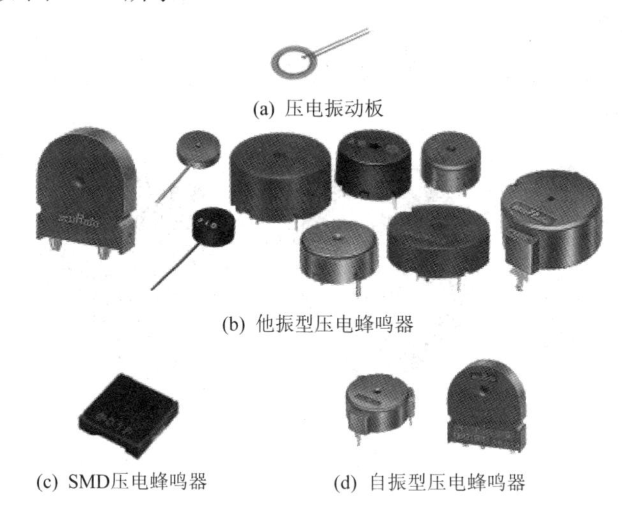

(a) 压电振动板

(b) 他振型压电蜂鸣器

(c) SMD压电蜂鸣器　　(d) 自振型压电蜂鸣器

图 3-1-7　常见压电声音元件实物图

压电振动板具有声音极为清晰、超薄且重量轻、无触点、低功耗等特点，常用于时钟、寻呼机、计算器、洗衣机，以及各种报警器等产品中。

他振型压电蜂鸣器就是通过微控制器控制发声的元件，它常配合微控制器应用于微波炉、空调、汽车、玩具、定时器和其他报警设备中。

SMD 压电蜂鸣器适用于电子设备的薄型、高密度设计。

自振型压电蜂鸣器只需要简单的电路和直流电源。由于这种类型采用了谐振系统，因此也可以用在需要大音量的报警装置中。

6. 耳机

耳机又称耳塞、耳塞机，主要应用于袖珍式、便携式的收听装置中，代替扬声器作发声使用，一般额定功率都在 0.25 W 以下，其工作原理与动圈喇叭相似。其外形如图 3-1-8 所示。

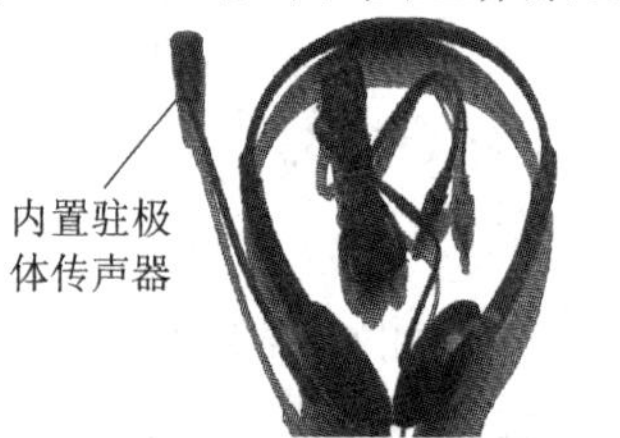

(a) 头戴式耳机

(b) 立体声耳机

图 3-1-8　常见耳机

耳机与喇叭基本一致，使用时应根据需要选取额定功率、标称阻值和频率范围。需要特别指出的是，耳机的阻抗有低阻(8 Ω、10 Ω、16 Ω 和 32 Ω 等)、高阻(600 Ω、800 Ω 和 15 kΩ)。不能随便使用随机配套的耳机，应该在说明手册的帮助下了解完参数后再使用。

3.1.4 扬声器参数识别

1. 额定功率

额定功率又称标称功率或不失真功率，通常标注在扬声器的铭牌上，指在非线性失真不超过标准规范时的最大输入电功率。换言之，在这种功率下扬声器长期工作不会过载，也不应损坏。

有些进口的扬声器，其铭牌上标注的是最大承受功率，它是指扬声器能承受的瞬时最大功率。通常，最大承受功率为额定功率的 3 倍～4 倍。

一般来说，纸盆扬声器的口径尺寸越大，它所能承受的瞬时功率也越大。标称功率的单位为瓦(W)或伏安(V·A)。常用扬声器的功率有 0.1 W、0.25 W、0.5 W、1 W、3 W、5 W、10 W、50 W、100 W 及 200 W。

2. 标称阻抗

标称阻抗又称额定阻抗，是扬声器的(交流)阻抗值。常用扬声器的标称阻抗有 4 Ω、8 Ω 和 16 Ω。额定功率和标称阻抗一般均直接标注在扬声器上，如图 3-1-3 所示。选用扬声器时，其标称阻抗一般应与音频功放器的输出阻抗相等。当在广场扩音时，由于距离远，为了避免线路损耗，在号筒式扬声器与线路连接时需要采用线路变压器进行阻抗变换。

3. 频率范围

频率范围是指扬声器有效工作时的频率范围。该参数取决于扬声器的结构、尺寸、形状、材质及工艺等诸多因素。因此，单一的扬声器就难以同时满足对低音、高音的还原。随着对放音质量要求的提高，为了达到高保真放音效果，往往通过在电路中增加分频环节的方法来解决，高保真放音电路如图 3-1-9 所示。

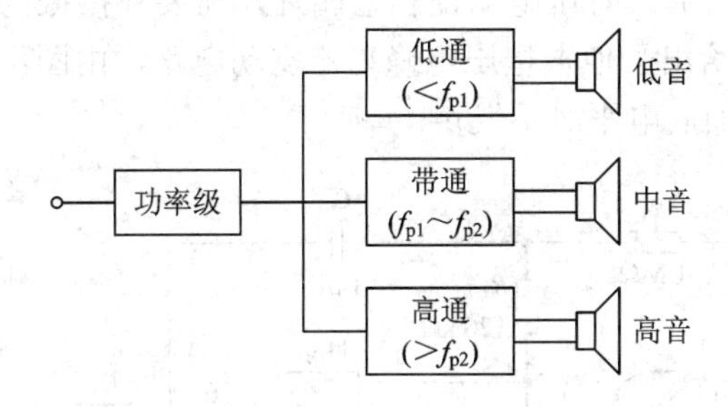

图 3-1-9 高保真放音电路

4. 灵敏度

扬声器的灵敏度是指在规定的频率范围内输入给扬声器的视在功率为 0.1 V·A 的信号时，在其参考轴上距参考点 1 m 处所能产生的声压。灵敏度反映了扬声器电声转换效率的高低。

5. 谐振频率

它是指扬声器有效频率范围的下限值。通常，谐振频率越低，扬声器的低音重放性能就越好。优质的重低音扬声器的谐振频率多为 20 Hz～30 Hz，多用于发烧级音响和高档音响。

6. 指向性

扬声器的指向性是指扬声器放音时在空间不同的方向上辐射的声压分布特性。指向性与频率有关，频率越高，其扬声器的指向性就越强。同时，指向性还与扬声器纸盆的大小有关，在相同的频率下，扬声器的纸盆越大，指向性就越强。

除了上述几个技术参数外，扬声器还有失真、效率、最大噪声功率、纯音、瞬时特性等指标，限于篇幅，这里就不一一介绍了。

3.1.5 扬声器的使用

1. 扬声器参数在电路原理图中的标注方法

在电路原理图中一般需要标注扬声器的四个参数：扬声器序号(如 YD_1)、阻抗(如 8 Ω)、功率(如 0.5 W)、封装(扬声器封装的标注方法同变压器)，如图 3-1-10 所示。

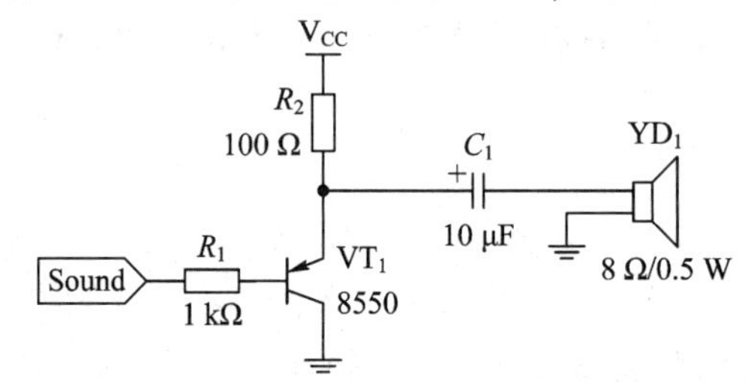

图 3-1-10　音频发声电路

2. 扬声器的使用

图 3-1-10 为常见的扬声器驱动电路，音频信号从 VT_1 的基极输入，控制 VT_1 的导通和截止，通过 C_1 隔直后，驱动扬声器 YD_1。

3. 他振型压电蜂鸣器的使用

他振型压电蜂鸣器内部只有压电陶瓷和金属片，需要外接振荡电路控制蜂鸣器的振荡来发出声音。图 3-1-11 给出了他振型压电蜂鸣器驱动电路，由图可见，只需要在控制信号端加高电平即可发声，加低电平时不发声。

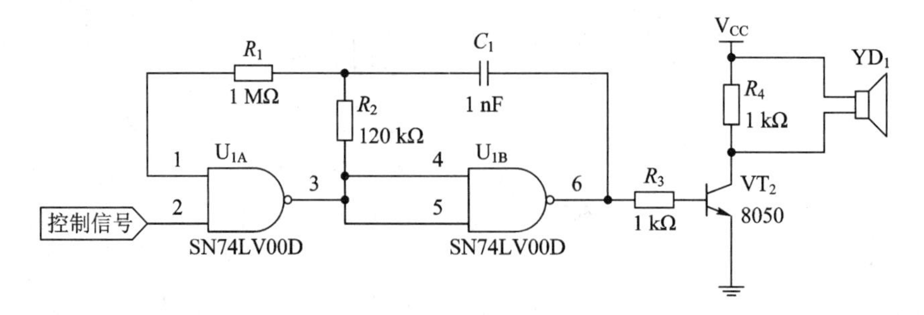

图 3-1-11　他振型压电蜂鸣器驱动电路

4. 自振型压电蜂鸣器的使用

在他振型压电蜂鸣器内部加入振荡电路即可构成自振型压电蜂鸣器，故自振型压电蜂鸣器的控制很简单，只需有电流流过即可发声。图 3-1-12 给出了自振型压电蜂鸣器驱动电路，电路在控制信号为高电平时发声，为低电平时不发声。

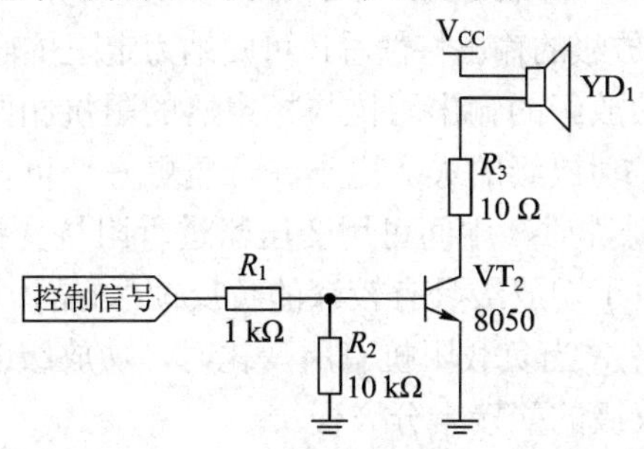

图 3-1-12 自振型压电蜂鸣器驱动电路

3.1.6 扬声器的选型

选用扬声器时，应该根据使用的场合、目的、设置方式、收听距离、音响范围、音频功放电路的输出形式、配接方式、外观要求及选购者的经济能力等因素全面考虑。

1. 扬声器类型的选择

对于一般的音响设备，如通信机、普通收音机、录放机等，可选用廉价的电动式纸盆扬声器。大量统计表明，人说话声音的频率通常为 80 Hz～8000 Hz，但在 300 Hz～3400 Hz 的频率范围内，声音的清晰度可达 90%，可懂度高达 100%。选用频率范围为 300 Hz～4000 Hz 的电动式纸盆扬声器，一般都能满足通信机、便携式收音机、录音机和台式收录机等的收听要求。对于较高档的台式机及音箱，为了使声音更浑厚、音域更宽广，则需要配置频率范围为 150 Hz～6000 Hz 或频率范围更宽的优质电动式纸盆扬声器。

电动式扬声器市场还出现了专用的低音、中音、高音扬声器。低音扬声器市场还出现了使用不同材料的音膜和折环(如布边、尼龙边、橡皮边等)，使低音更加丰富。

高音扬声器有号筒式扬声器、球顶式扬声器等。后者采用音膜直接发音，高音更加清晰洪亮、重放频带宽、音质好、指向性好，常在多频道扬声器系统中作为中频及高频扬声器使用。

将高、低音扬声器做在一起的双纸盆扬声器，由于大、小纸盆形成一个整体一起发声，因而这种扬声器具有音域宽、频率响应特性好、音质好等特点。

2. 技术指标的确定

扬声器的口径(即标称尺寸)与扬声器可承受的功率和低频特性有关。表 3-1-2 对不同口径扬声器的性能进行了比较，供选择扬声器时参考。

表 3-1-2 不同口径扬声器的性能比较

性 能	口径大的扬声器	口径小的扬声器
低频响应	较好	较差
高频响应	一般	较好
转换效率	高	低
可承受功率	大	小

3. 扬声器阻抗与功放级的配接

购买或选用扬声器时，应考虑推动扬声器的功放级的电路形式，使功放级的输出特性与扬声器的阻抗配接合理。从功放级的输出特性看，可归纳为定阻抗输出和定电压输出两种形式。

定阻抗输出形式要求功放级的输出阻抗与扬声器的阻抗相匹配，以便使扬声器获得的功率最大、传输效率更高、功放级的失真更小、音质更好，可以选用阻抗为 4 Ω、8 Ω 或 16 Ω 的扬声器。阻抗相差悬殊时，中间可用变压器进行阻抗变换。

在定压输出形式中，由于功放级具有较深的负反馈(如晶体管 OTL 电路，即指无输出变压器的推挽功率放大电路)，当负载阻抗有所变化时，功放级的输出电压及失真等变化很小，这就使得扬声器与功放级的配接十分方便。

但不管功放级是采用定阻抗输出形式还是采用定压输出形式，作为负载的扬声器，其阻抗不应小于功放级的额定负载阻抗(更要避免扬声器短路)。因此，选购扬声器时应充分考虑所采用的功放级的输出电路的形式。

3.2 传　声　器

传声器又叫话筒或微音器，早期曾称为麦克风。它的功能是把声音变成电信号，是一种声电转换器件。

3.2.1 传声器的分类

传声器的种类很多，按其工作原理可分为动圈式、驻极体式、铝带式、电容式以及晶体式等多种，它们的结构和外形各异。其常见分类如图 3-2-1 所示。

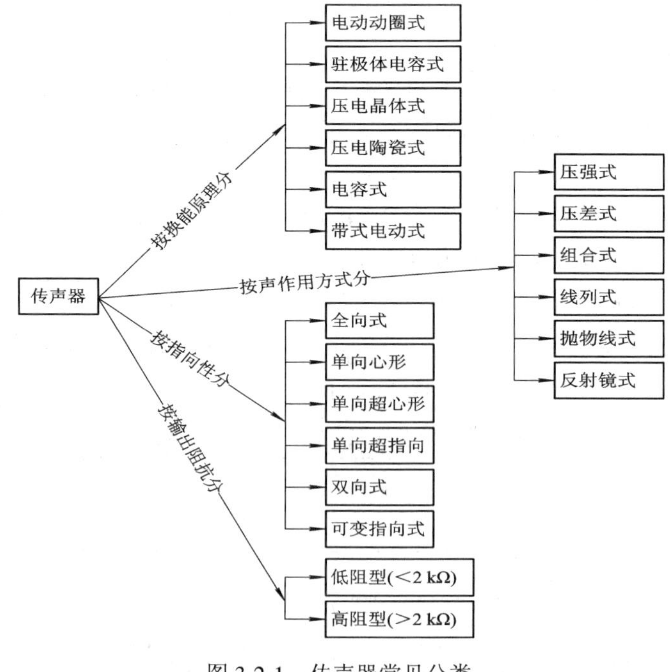

图 3-2-1　传声器常见分类

3.2.2　电路图形符号

传声器的常见电路符号及说明如表 3-2-1 所示。

表 3-2-1　传声器的电路符号及说明

名　称	符号	说　　明
电容式传声器		电容式传声器电路符号的圆圈内画两根平行线，类似于电容的符号，表示该传声器是电容式的；圈外画一竖线与圆圈一起表示传声器。电容式传声器与高输入阻抗放大器的连接电路如下所示： 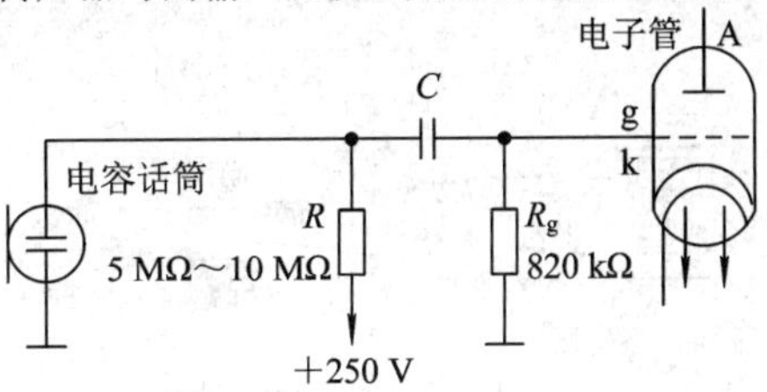
三引脚驻极体传声器	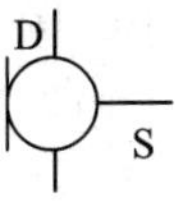 D S	三引脚驻极体传声器电路符号有三个引脚，圈外画一竖线与圆圈一起表示传声器。其内部结构、引脚关系、驱动电路连接如下所示： 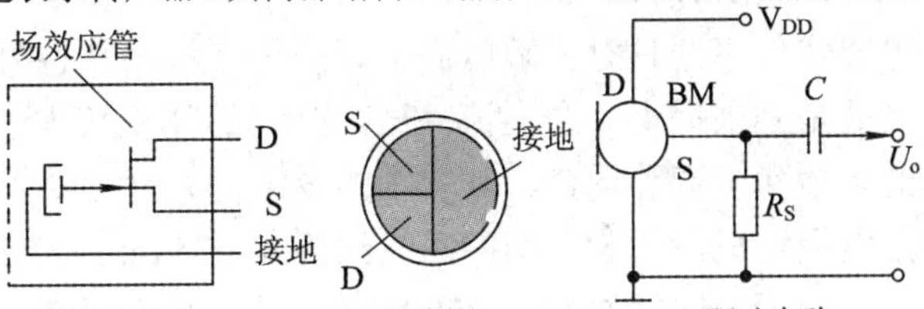 内部结构　引脚图　驱动电路
两引脚驻极体传声器	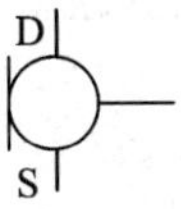 D S	两引脚驻极体传声器电路符号与三引脚驻极体传声器电路符号相似，只是少了一个引脚，其内部结构、引脚关系、驱动电路连接如下所示： 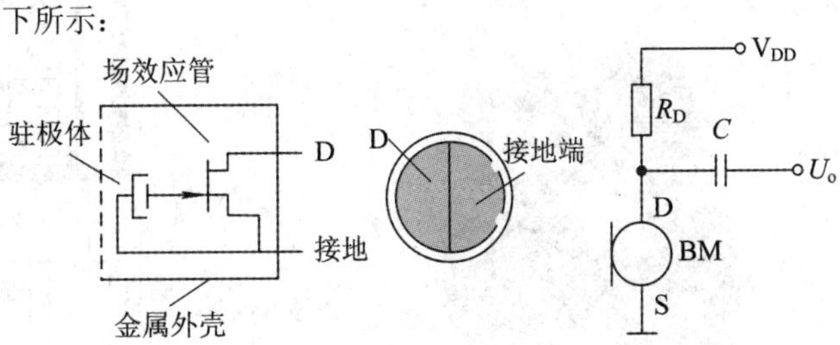 内部结构　引脚图　驱动电路

3.2.3　传声器的外形、特点

1．动圈式传声器

动圈式传声器也称电动式传声器，它以结构合理、坚固耐用、工作稳定、性能好、经济实用等优点而得到广泛的应用。动圈式传声器的内部结构和实物如图 3-2-2 所示。它是由永久磁铁、音膜、音圈、输出变压器等组成，且音圈位于磁隙中。当音膜受声波的作用而振动时，便带动音圈也作同样的振动，这样音圈就作切割磁力线的运动，音圈两端便有感应电压产生。感应电压经输出变压器后，既提高了灵敏度，又满足了与扩音机的阻抗匹配。一般传声器的输出变压器的次级有高阻输出和低阻输出两种接法，可以根据扩音机的情况而定。

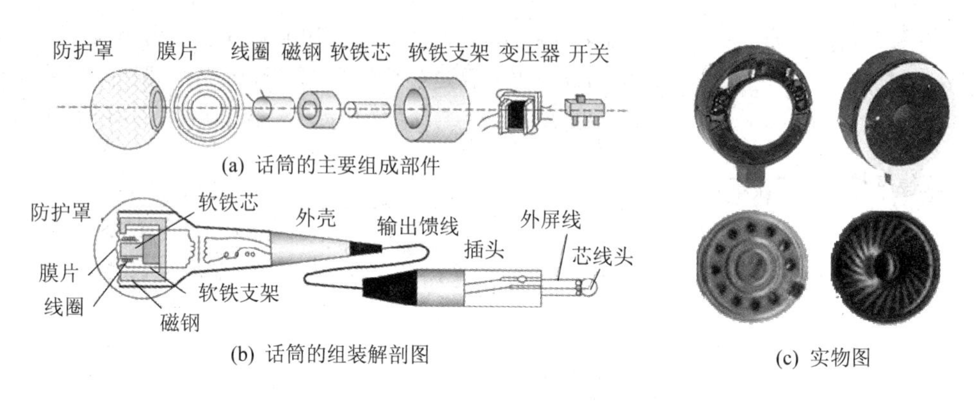

图 3-2-2　动圈式传声器的内部结构和实物图

2. 电容式传声器

电容式传声器具有灵敏度高、音质好、频率特性好、失真小、固有噪声低的优点，其不足之处是必须提供一个直流高压，且它的体积较大、成本高。电容式传声器多用于档次较高的广播和录音等场合。其实物图及结构如图 3-2-3 所示，它是由一个金属振动膜和一个固定电极组成，两者之间的距离约为 0.025 mm～0.05 mm，这样便形成一个电容器。使用时，在两者之间需要加上 250 V 的直流电压，并串入一个高阻值的电阻。当有声波时振动膜振动，使电容量随音频而有所变化并得到变化的电流，此电流流经高阻值的电阻时，变成电压而输出。

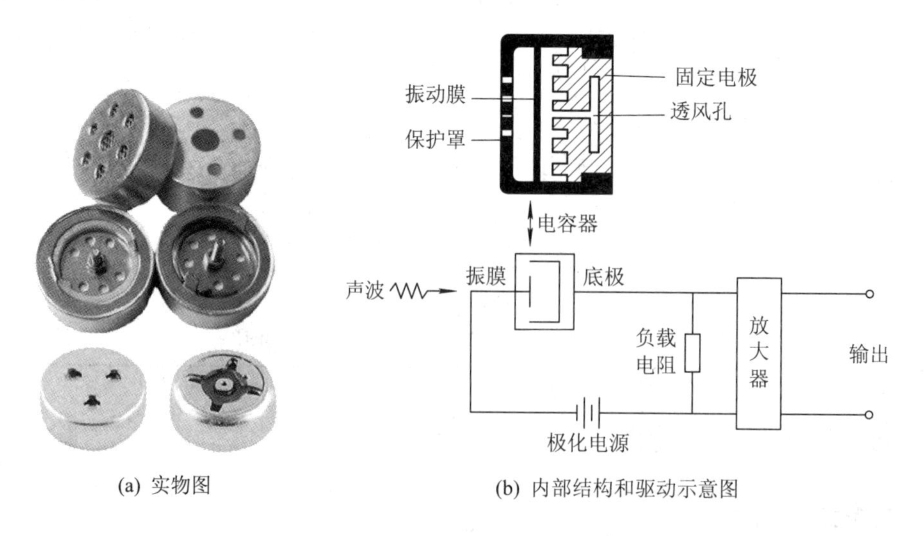

图 3-2-3　电容式传声器的实物和内部结构图

3. 驻极体传声器

驻极体传声器具有体积小、重量轻、电声性能好、结构简单等优点，因此得到了广泛应用，如收录机电路、声控电路等。其实物图及内部结构如图 3-2-4 所示。它是由声电转换系统和阻抗转换系统两部分组成的。其声电转换部分主要是由驻极体振动膜和背极(或称后极板、金属极板)构成的。这两者形成一个电容，当有声波时，驻极体膜振动，便会使电容两端的电场变化，从而产生了交变电压，实现了声电转换。另外，话筒内包含一个结型场效应管放大器，其目的有两个：一是便于与音频放大器匹配；二是为了提高话筒的灵敏度。

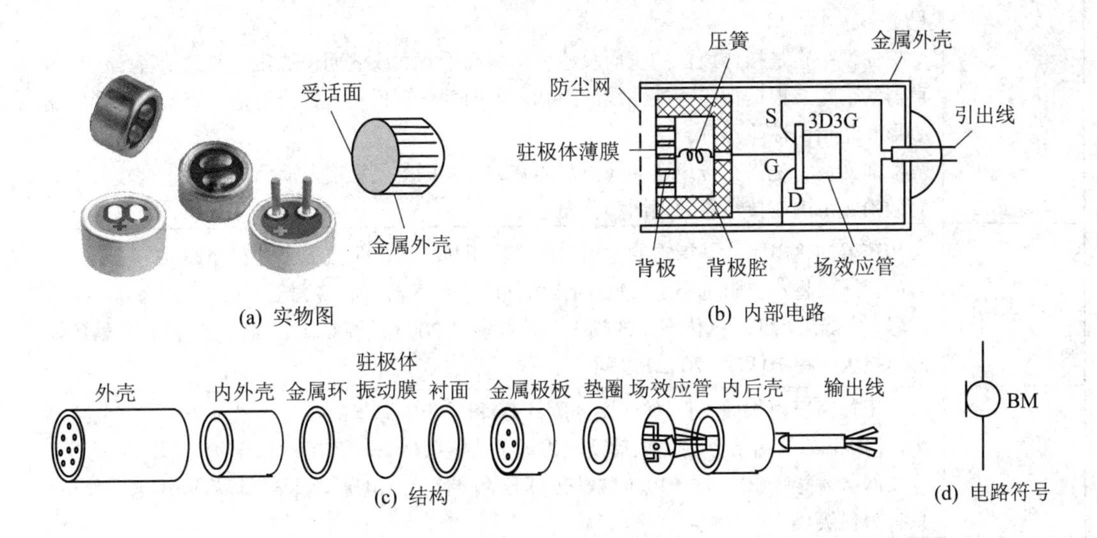

图 3-2-4 驻极体传声器的实物和内部结构

驻极体传声器的灵敏度通常用蓝、白、黄、红等色点来分为四挡，红点代表灵敏度最低，白点为最高；有的驻极体传声器也用绿、红、蓝三色表示，其中绿色的灵敏度为最高；也有的用 A、B、C 字母表示，A 为最低。

3.2.4 传声器参数识别

传声器的主要技术参数有灵敏度、频率响应、输出阻抗、指向性和固有噪声等，如表 3-2-2 所示。

表 3-2-2 传声器的主要技术参数

参 数	说 明
灵敏度	灵敏度是指传声器在自由场中接受一定的外部声压并将其转换为输出电压信号的能力，常用每帕声压产生多少毫伏电压来表示，其单位为 mV/Pa，也可用分贝(dB)表示，0 dB = 1000 mV/Pa。通常，选用灵敏度较高的传声器效果好
频率响应	频率响应是指在自由场中传声器的灵敏度与声音频率之间的响应特性。这是因为传声器的灵敏度是随声音频率的变化而变化的，通常希望灵敏度在全部音频范围(如 16 Hz～20 000 Hz)内保持不变，但实际上在频率的低端和高端，其灵敏度均有不同程度的下降

续表

参　数	说　明
指向性	指向性是指传声器灵敏度随声波入射方向而变化的特性。通常使用方向性系数 D 来描述传声器的方向性，它是指声波以 θ 角入射时传声器的灵敏度 E_θ 与轴向($\theta=0$)入射时的灵敏度 E_0 的比值，即 $$D=\frac{E_\theta}{E_0}$$ 根据实际传声的需要，传声器的指向性主要有以下三种： 全向性：它是指传声器对来自四面八方的声波有基本相同的灵敏度，其有效拾音范围呈圆形。 单向性：它是指传声器的正面灵敏度明显高于背面或侧面。通常，有效拾音范围在传声器的前方。根据指向特性曲线的形状，单向性传声器还可分为笔形、扇形、心形、超心形和超指向性等几种。 双向性：它是指在传声器的前、后面有大体相同的灵敏度，而两侧的灵敏度较低，即有效拾音范围在传声器的正面和背面
输出阻抗	传声器的输出阻抗是指它的输出端的交流阻抗。输出阻抗通常是在 1000 Hz 频率下测得的。一般将输出阻抗小于 2 kΩ的称为低阻抗传声器，而将大于 2 kΩ 的称为高阻抗传声器。实际上，低阻抗传声器的输出阻抗大多在 200 Ω～600 Ω 之间；高阻抗传声器的输出阻抗大多在 10 kΩ～20 kΩ 之间
固有噪声	由于传声器内相关元件(如音圈、膜片等)和导线中分子的热运动以及周围空气的扰动等，传声器在无外界声音、振动及电磁场干扰的条件下，仍有一定的输出电压(一般用 A 计权网络才能测出)，这一电压就是传声器的固有噪声电压。通常，固有噪声电压很小，只有微伏级

除了上述各项技术参数以外，传声器还有外形尺寸、重量、使用温度等指标。对于特定品种的传声器，如近讲传声器、无线传声器等，还有其本身特殊要求的指标。

3.2.5　传声器的使用

图 3-2-5 为一音频信号采集电路，MK_1 为两引脚驻极体传声器，用于采集音频信号。采集的信号经 U_{1A} 和阻容器件组成的 1 kHz、10 倍增益的低通滤波放大电路后输出。

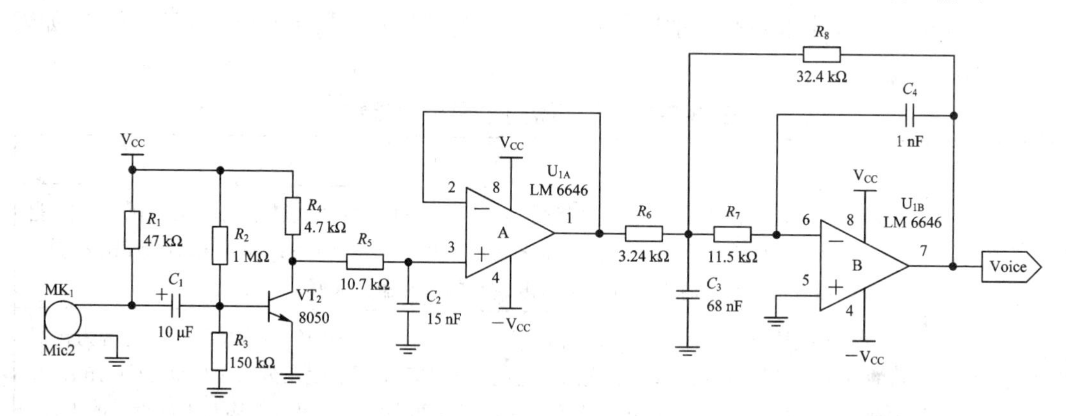

图 3-2-5　音频信号采集电路

3.2.6　传声器的选型及使用

通常根据以下几点选择传声器。

(1) 根据使用目的选用传声器。用于传送语言时可选择单向动圈式传声器，如各种会议的扩声、对公共场合的播音等。用于录音时，可根据录音的内容及距离远近的不同选用不同的传声器，如要录制语言且距离较近时，可选用动圈式传声器；如要录制音域较宽的器乐曲且距离较远时，可选用灵敏度较高的电容式传声器。对于频率较低的乐器也可以用动圈式传声器。距离的远近一般是指 1 m 以内为近，1 m 以上为远，远距离录音时，要尽量选用灵敏度高的传声器，以保证录音效果。声乐演员演唱时，可根据演员的唱法选择传声器，如通俗唱法者可选用动圈近讲传声器，美声唱法者可选用单向电容传声器，民族唱法者可选用电容式传声器。

(2) 根据环境条件选用传声器。在演出舞台上，可选择动圈式和单向电容式传声器。在广播室播音时，可选用动圈式传声器。在录音机、电话机中可选用驻极体式传声器。在小型会场、小型礼堂以及人数不太多的会议室中可选用灵敏度一般的动圈式传声器，如选用灵敏度较高的传声器便会产生反馈啸叫。

(3) 根据扩声设备输入阻抗的大小选择传声器。不同的扩声设备其传声器输入插口的输入阻抗不相同，应做到传声器的输出阻抗与扩声设备的输入阻抗匹配，只有在匹配的条件下，传声器与扩声设备才能保证传声与扩声的最佳效果。

传声器在使用中应注意以下几个方面。

使用传声器时应防止摔碰和强烈的振动，或用手敲打传声器的方法来试音，这样容易使传声器的振动系统受损，影响其性能。正确的试音方法是直接对准传声器轻声讲话即可。

在使用传声器时应注意声源与传声器的距离，一般两者相距 0.3 m 左右即可，对灵敏度较高的传声器，两者距离应该更远一些。如果距离太近，容易造成声音模糊不清并产生阻塞失真；如果距离太远，则容易产生噪声、声音太轻的现象。

摆放传声器时应以背离扬声器的方向放置，以避免反馈啸叫。

传声器的输出引线不能过长，应该尽可能地缩短引线的长度。如果引线过长，容易引入干扰信号。高阻传声器的引线一般为 10 m 左右，低阻话筒引线可适当再长一些。

传声器的输出引线应采用屏蔽线，以避免外界噪声的窜入。

在同一场合需要两只以上的传声器时，不能将两只传声器直接并联使用，而应将各自的话筒分别接到扩声设备的传声器输入端，如果扩声设备只有一个输入端时应采用隔离电阻将其隔离，并联时也应选用同一型号的传声器，否则会因为阻抗的不同，给使用上带来不良的效果。

习　题

3-1　号筒式扬声器与外磁式扬声器有什么不同？各自的应用场合是什么？

3-2　日常使用的耳机中，为什么有的标称是 8 Ω，有的标称是 4 Ω，它们有什么不同？

能不能互换?

3-3　骨传导耳机与日常使用的扬声器耳机有什么不同?

3-4　为什么在高保真音响中会使用三个扬声器，它们的用处分别是什么?

3-5　在音乐贺卡中，发出“祝你生日快乐”声音的是什么类型扬声器?它的优缺点是什么?

3-6　手机中使用的传声器是什么?它与话筒中的传声器是否相同?

3-7　在使用手机通话的过程中，一般采用什么设计去除背景噪声(对方只听见你说话的声音，你周围环境的声音被抑制掉)?

3-8　现在手机中 MEMS 麦克风的工作原理是什么?

第 4 章　输入检测器件

输入检测器件种类很多，几乎所有的电子系统都有输入检测器件，常见的有开关、按键、触摸屏、光电耦合器、传感器(三维加速度、CMOS 摄像头、超声波、霍尔传感器)等，输入检测器件主要用于输入或采集信号。

4.1 开　　关

开关是人们日常生活中常见的元器件，它广泛地应用于电灯、电视、冰箱、洗衣机等家用电器设备中，但有一些开关元器件由于应用场合的原因，并不被大家所熟知，作为电子系统设计人员，我们必须对它们有所了解，以便设计时合理利用。

4.1.1 开关的分类

开关的种类很多，如图 4-1-1 所示。

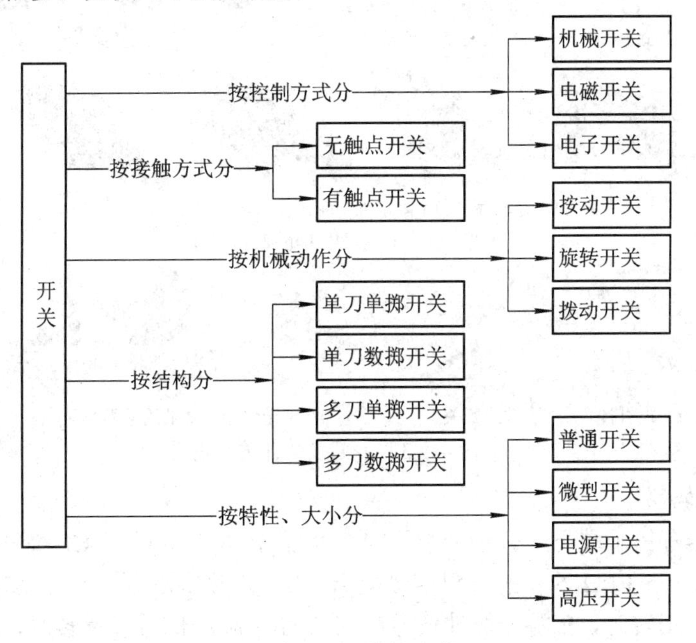

图 4-1-1　开关的分类

4.1.2 常用开关的外形、特点

开关的种类很多，外形特征可以用“五花八门”来形容。形形色色的开关外形大小不

同，体积大小不同，其操作方式也不尽相同。

1．按动开关

按动开关又称直键开关，它具有操作方便、换位可靠、重量轻、体积小的特点，并且可以根据需要进行多刀、多位的任意组合。按动开关常用于仪器仪表的转换电路，也用于收录机的声道转换、波段转换等电路。直键式开关可分为自锁式与无锁自复位式两类。自锁式开关带有锁簧，当开关被按下后，处于自锁状态；当再一次按下时，便恢复了原位。无锁自复位式开关设有锁簧，当开关被按下且手不放开时，处于按下状态；当手放开按键时，便恢复了原位。开关的引脚关系如图 4-1-2 所示。常见按动开关如图 4-1-3 所示。

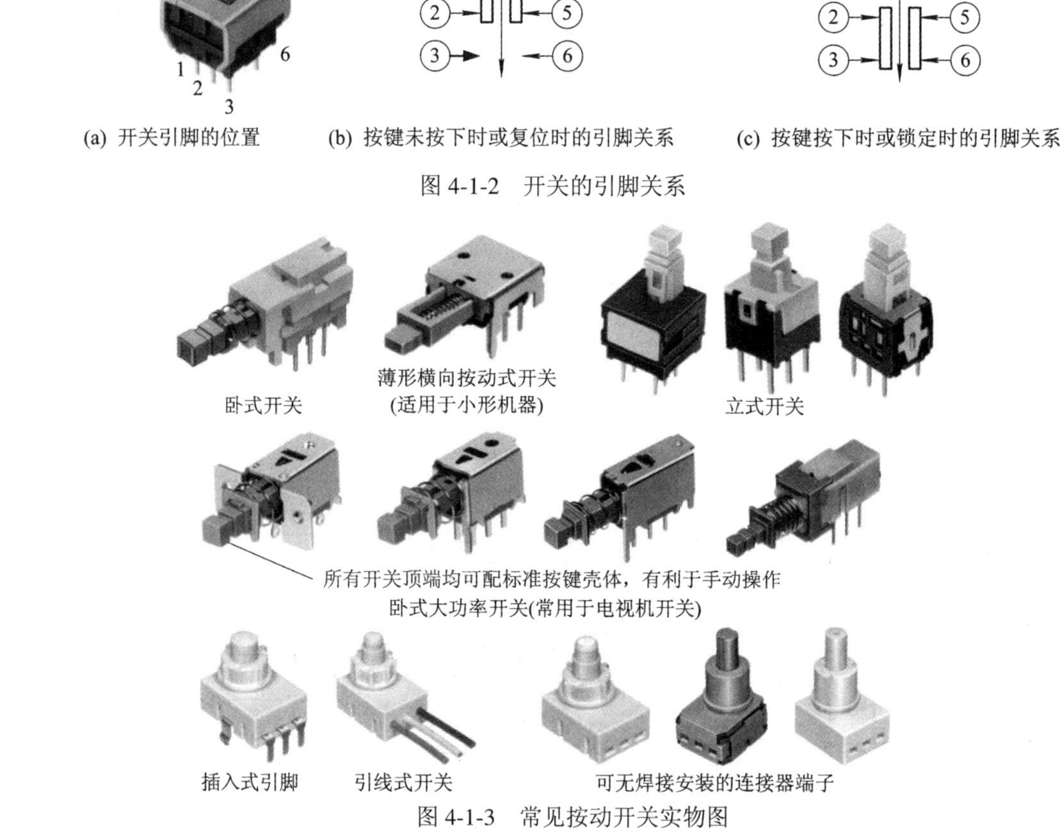

(a) 开关引脚的位置　(b) 按键未按下时或复位时的引脚关系　(c) 按键按下时或锁定时的引脚关系

图 4-1-2　开关的引脚关系

图 4-1-3　常见按动开关实物图

2．旋钮编码器

旋钮编码器有三个端子，分别为端子 A、端子 B 及公共端子 C，如图 4-1-4(a)所示，V_{CC} 分别通过两个 5.1 kΩ 的上拉电阻连接至 A、B 端，如图(b)所示，旋转编码器的输出波形如图(c)所示，正转时，B 端子脉冲信号超前 A 端子脉冲信号；反转时，A 端子脉冲信号超前 B 端子脉冲信号。通过智能处理器，则可分辨出编码器的旋转方向和输出脉冲数。编码器内置操作灵活的转动机构，提高了操作性能，可动作 10 万次以上。编码器常用于汽车空调的温度、风量的调节，模式切换等汽车用各种控制器；DVD 播放器、汽车音响、普通音响等 AV 机器的各种控制；电话机、FAX、业务用无线电设备等通信设备的电位控制。

常用的编码器如图 4-1-5 所示。

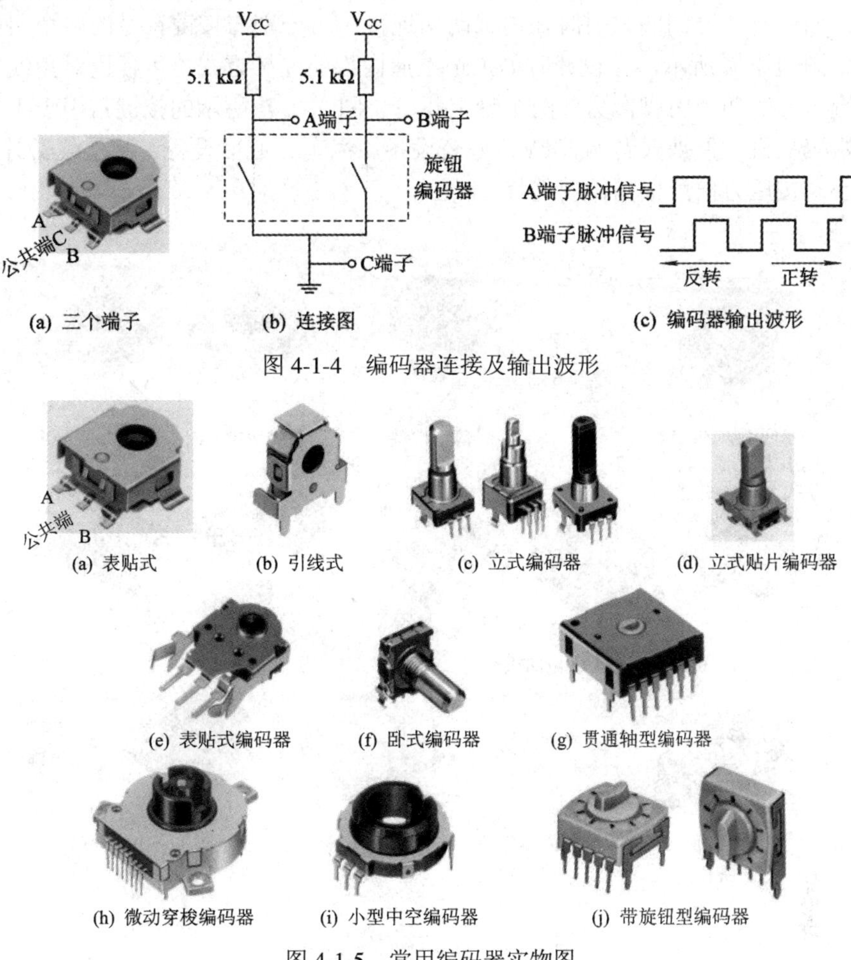

(a) 三个端子　(b) 连接图　(c) 编码器输出波形

图 4-1-4　编码器连接及输出波形

(a) 表贴式　(b) 引线式　(c) 立式编码器　(d) 立式贴片编码器

(e) 表贴式编码器　(f) 卧式编码器　(g) 贯通轴型编码器

(h) 微动穿梭编码器　(i) 小型中空编码器　(j) 带旋钮型编码器

图 4-1-5　常用编码器实物图

3. 触摸式开关

触摸式开关又称轻触按键，它与普通开关的区别是，开关在动作前为一种状态(闭合或断开)，动作后为另一种状态(断开或闭合)；而按键在无动作时为一种状态(闭合或断开)，动作时实现另一种状态(断开或闭合)，动作结束后恢复到无动作状态，如图 4-1-6 所示。

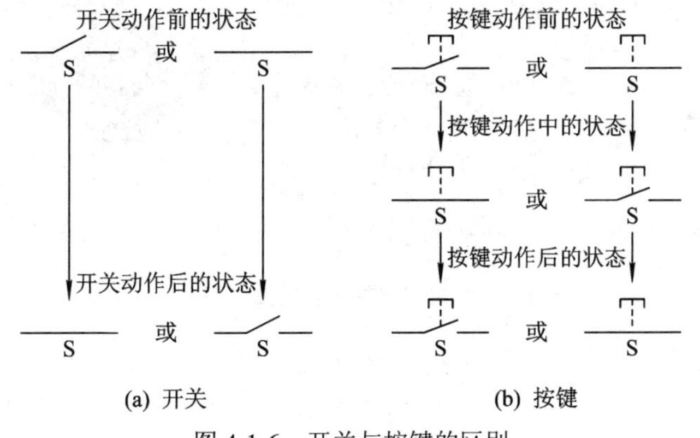

(a) 开关　(b) 按键

图 4-1-6　开关与按键的区别

常见按键有四引脚和两引脚之分，两引脚按键的两个引脚刚好与按键符号的两个引脚一一对应；四引脚按键的四只引脚在内部两两连接，再分别与按键符号的两个引脚对应，具体连接如图 4-1-7 所示，在设计时如果记不清内部的连接方式，可使用对角线的两个引脚作为按键符号的两个引脚，另外两个悬空即可。图 4-1-7 所示的按键常用于手机、数码录像机、数码相机、便携式音响、TV、办公设备、汽车、通信设备、测量仪器等设备中。按键的大小和按压方向可根据需要选择。

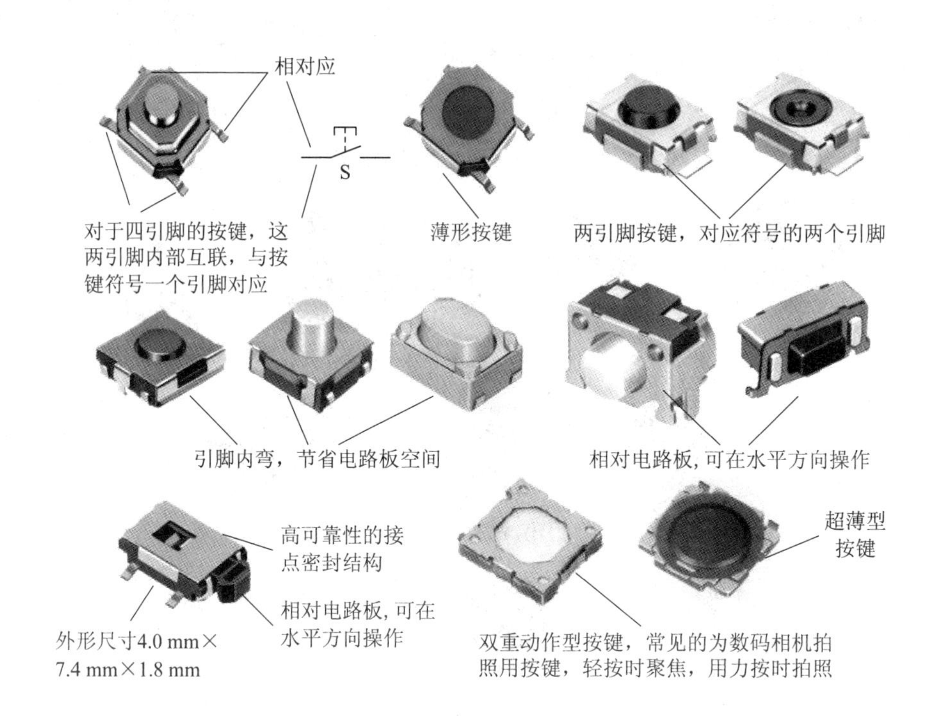

图 4-1-7　贴片式按键实物图

在一些电子系统中，常常需要上下、左右和中间位置确定的操作方式，如数码相机、便携式音频播放器、手机，如果采用普通按键，则需要五个，占用板面的空间较大，不利于设备的小型化，这时可采用如图 4-1-8 所示的“4 个方向 + 中央按钮”的按键。

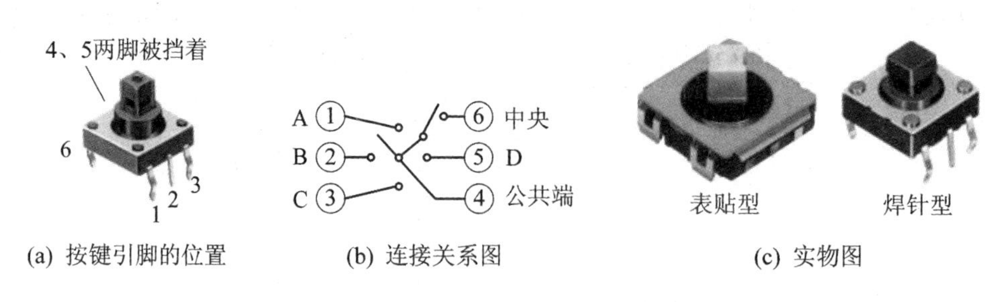

图 4-1-8　4 个方向+中央按钮型按键

按键与其他的元器件一样，除了有利于机器操作的贴片式按键外，还有引脚式(焊针型)按键，如图 4-1-9 所示。

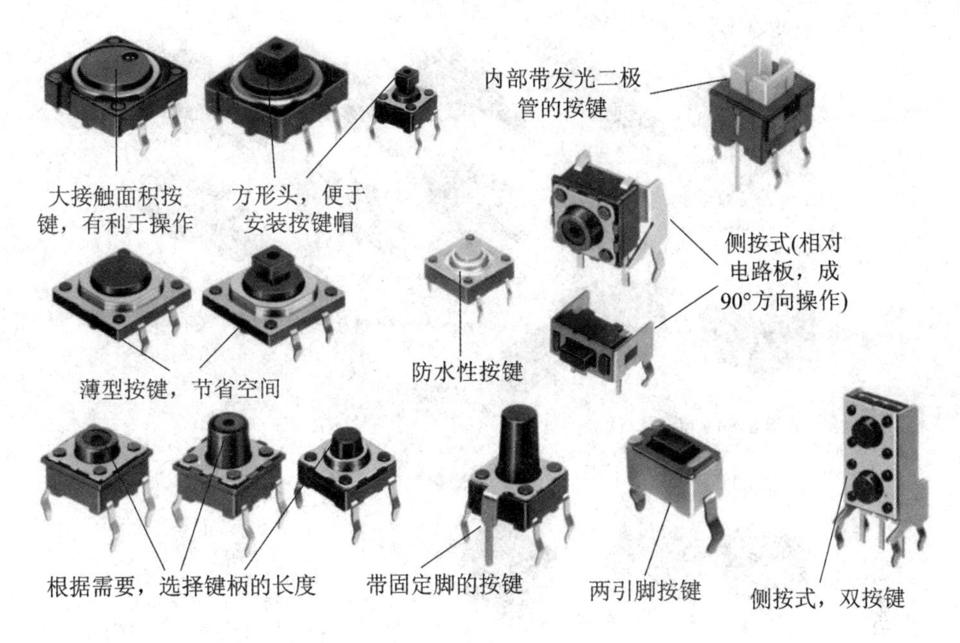

图 4-1-9　焊针型按键

焊针型按键需要手工插接，效率低。为了适应机器化大批量生产，可采用盘带包装，盘带上的元器件的间距固定，放置方向固定，有利于机器识别，机器只需将元器件从盘带上剪下即可直接插入电路板，如图 4-1-10 所示。

图 4-1-10　带盘带的焊针型按键

4．电源开关

电源开关主要用于电子系统的电源通断控制，它与其他开关的主要区别在于，电源开关通过的电流较大，需要较大的通断接触面积和较粗的金属引脚，因此电源开关的体积较大；而检测类开关通过的电流很小，故体积可以做得很小。常见的电源开关如图 4-1-11 所示。

图 4-1-11　常见电源开关实物图

5．多功能操作装置

将多种功能集中在一个元器件中，不仅可以节省空间，缩小设备大小，而且提高了产品的可操作性能，常见的多功能操作装置如图 4-1-12 所示。

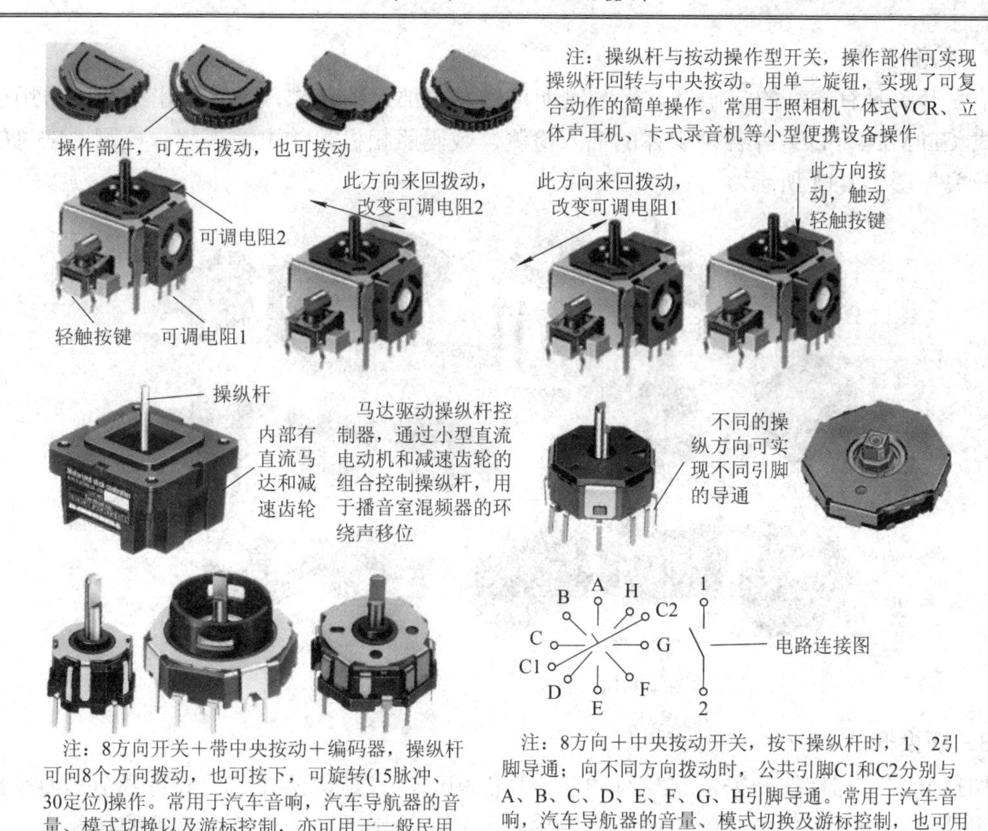

图 4-1-12　常见的多功能操作装置

6．滑动开关

滑动开关是一种结构较为简单的开关，它是利用拨动操作杆来改变触点的工作状态(接通、断开)的开关，应用比较广泛。它的特点是性能稳定、使用方便、成本低，既可用于电源的切断与接通，也可用于收录机的转换挡位。滑动开并从引脚的排列方式可分为单排式和双排式两种。常见的滑动开关如图 4-1-13 所示。

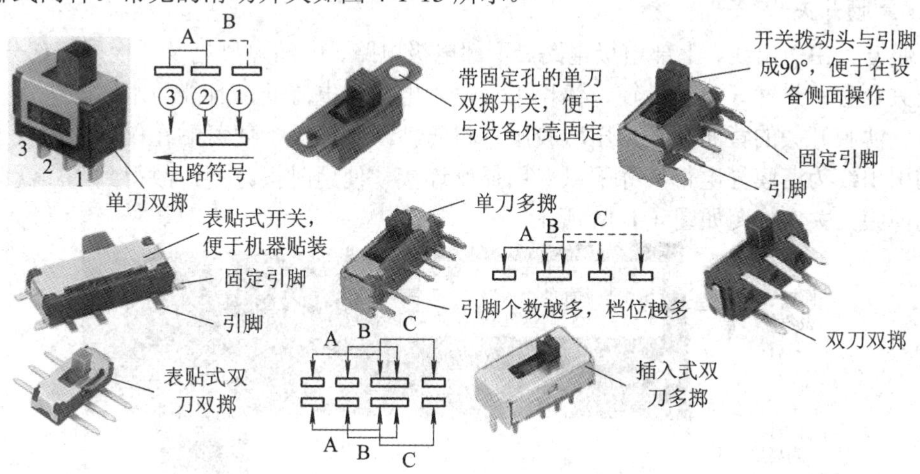

图 4-1-13　常见的滑动开关实物图

7．检测开关

检测开关具有较高的灵敏度，轻触时即可触发内部元件动作，产生输出信号，常用于携带式 CD/MD、FDD 等各种媒体的插入检测，数码照相机等的电池盖闭合检测。常见的检测开关如图 4-1-14 所示。

图 4-1-14　常见的检测开关实物图

8．切换开关

切换开关又称指拨开关，它与滑动开关功能相似，只是切换开关一般将多个单刀单掷开关组合在一个元器件内部，常用于产生输入信号，识别不同的功能。常见的切换开关实物图如图 4-1-15 所示。

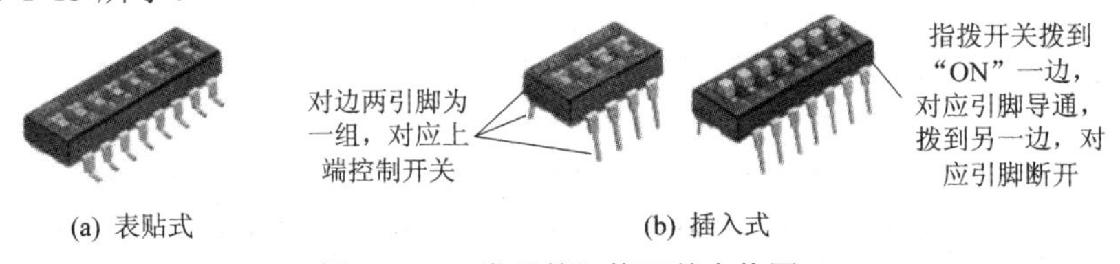

(a) 表贴式　　(b) 插入式

图 4-1-15　常见的切换开关实物图

9．薄膜开关

薄膜开关由引出线、上部电极电路、下部电极电路、中间隔离层及面板层等部分构成。这种开关具有密封性好、重量轻、体积小，输入电压和电流低，且能防水、防尘，寿命长等优点。薄膜开关的背面有强力压敏胶层，将防粘纸撕掉后，便可贴在仪器的面板上，且开关的引出线为薄膜导电带，并配以专用插座连接，使用时很方便，故得到了广泛应用。常见的薄膜开关实物图如图 4-1-16 所示。

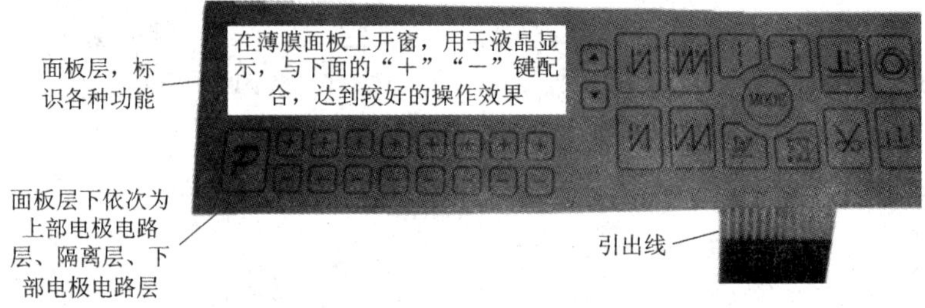

图 4-1-16　薄膜开关实物图

10. 旋转开关

旋钮开关的操作方式与旋钮编码器一样，都是通过旋转旋钮柄的方式来调节。只不过旋钮编码器每调节一挡，A、B 端子输出一个具有固定相位差的脉冲，而旋钮开关每调节一挡，将使公共端子与另一端子相连，它实际上是一个单刀多掷开关。如果是双联旋钮开关，则为双刀多掷开关。常见的旋转开关如图 4-1-17 所示。

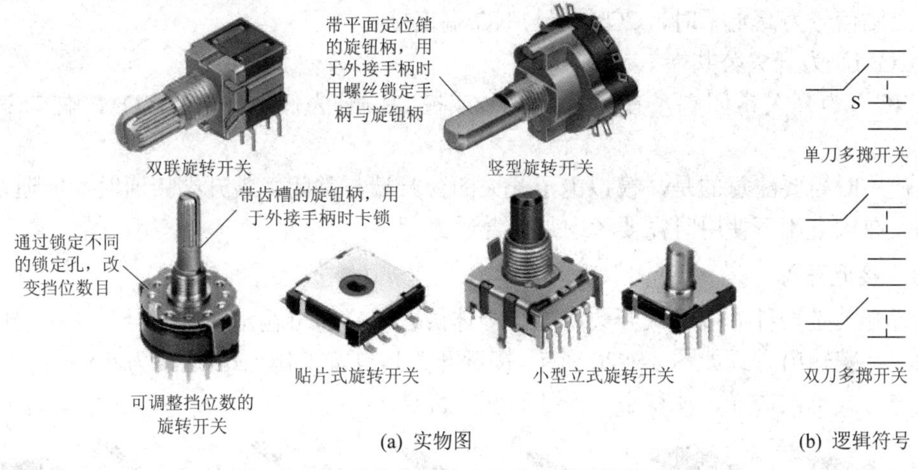

图 4-1-17　常见的旋转开关实物图及逻辑符号

11. 水银开关

水银是良导体，而且是液体，具有流动性，因此水银开关是一种液体开关。当水银开关左低右高时，水银流向左侧，两个金属引线间的电阻为无穷大；而当水银开关左高右低时，两引线间的电阻极小，相当于开关接通，如图 4-1-18 所示。

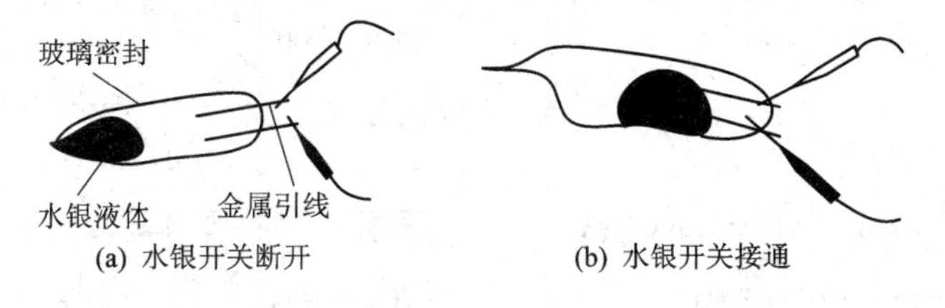

图 4-1-18　水银开关断开、接通示意图

12. 电子开关

模拟电子开关与机械开关不同，机械开关采用机械方式实现，而电子开关采用微电子技术实现，在逻辑信号的控制作用下，实现两引脚的导通或断开。圣邦微电子生产的 SGM3001 就是一款模拟电子开关，其引脚定义和内部关系如图 4-1-19 所示。

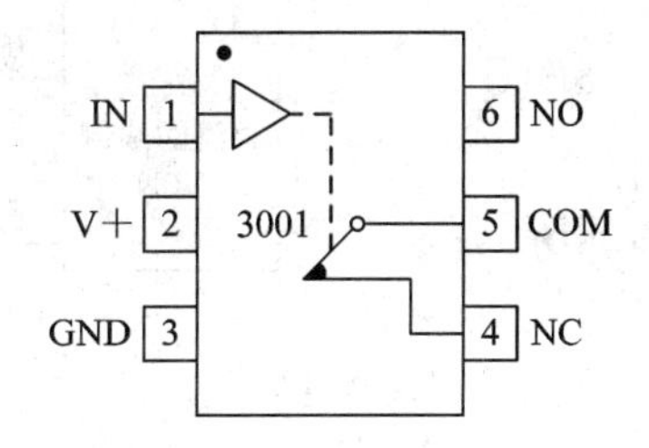

图 4-1-19　SGM3001 引脚定义和内部关系示意图

“IN”为逻辑控制端，为高电平时，COM 端与 NO 端连接；为低电平时，COM 端与 NC 端连接。

“V+”为电源供电端，1.8 V～5.5 V。

“GND”为电源地端。

“NO”为开关常开端，在无控制信号或控制信号为低电平时，COM 端与 NO 端不连接；在控制信号为高电平时，COM 端与 NO 端连接。

“COM”为开关公共端。

“NC”为开关常闭端，在无控制信号或控制信号为低电平时，COM 端与 NC 端连接。

在使用时需要注意的是，模拟电子开关的公共端与常闭、常开端接通时所能通过的电流有限，在大电流下使用时需要考虑是否合适。

13. 接近开关

接近开关是一种非接触式开关，当有物体接近时，即可输出触发信号。常见的接近开关实物图及其输出方式如图 4-1-20 所示。接近开关具有宽工作电压(通常为 5 V～30 V DC)、多种输出方式可供选择、体积小、安装简便的特点。

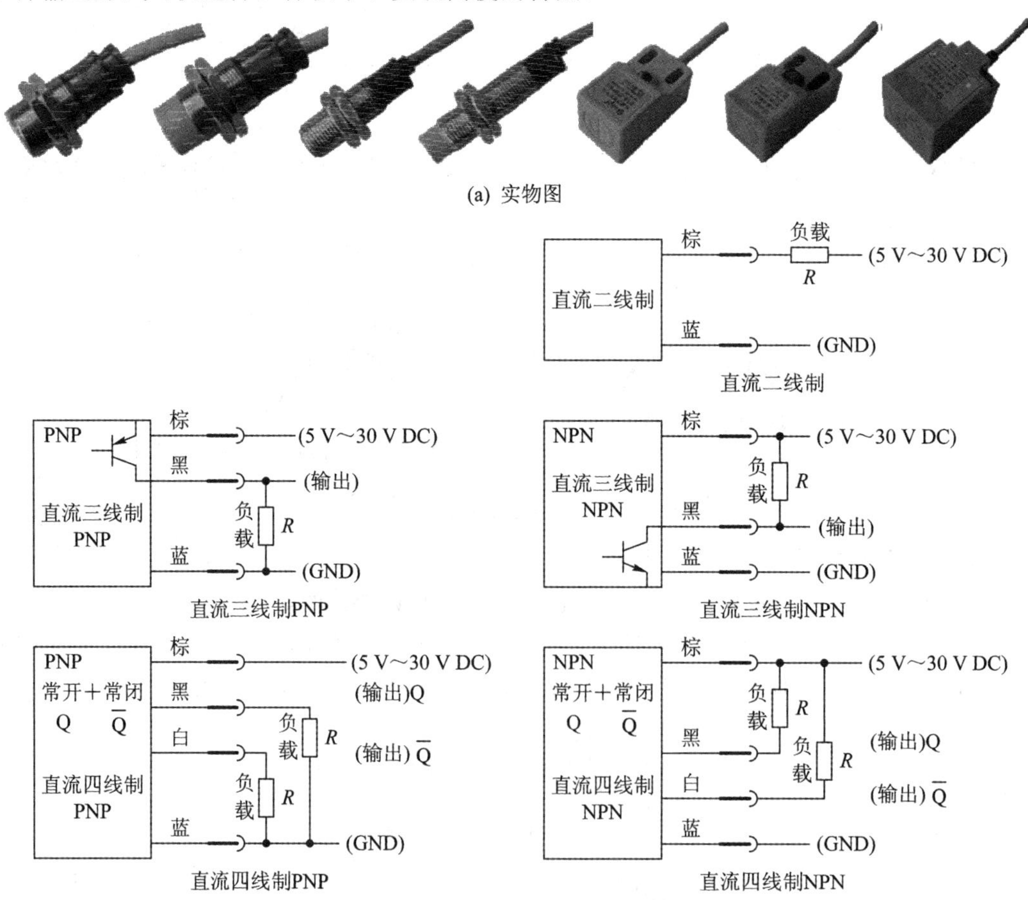

图 4-1-20　接近开关实物图和输出方式

4.1.3　电路图形符号

常用开关的电路图形符号如表 4-1-1 所示。

表 4-1-1　常用开关电路图形符号

电路符号	符号名称	说　明
S	一般开关	最新国标规定的一般开关元件电路符号，用大写字母 S 表示
K	旧式符号	过去使用的一般开关元件电路符号，用字母 K 表示，电路符号中用小圆圈表示开关触点
S	手动开关	手动开关的通用符号，未标识出按钮开关手按符号的方向
S	按钮开关(按键)	最新规定的按钮式开关(不闭锁)电路符号，按钮开关的手按符号方向指向按键
S	旧式按钮符号	国外常用电路符号，也是过去使用的按钮式开关电路符号
S	旋钮开关	与按钮开关的区别是，按钮开关的手按符号方向指向按键，而旋钮开关的手按符号方向指向两个方向，表示钮动
S	拉拨开关	拉拨开关的手按符号方向指向按键的反方向，表示拉出
S	单刀多掷开关	最新规定的单刀多掷开关(图为 4 掷开关)电路符号，几掷是指它有一个刀片，却同时有几个定片
S	多刀多掷开关	最新规定的多刀多掷开关电路符号(图为双刀双掷开关)，在同一壳体内有多组开关
	开关排(图示为 4 排开关)	将多个开关封装在同一壳体内，该种开关常见的为指拨开关
IN 1, V+ 2, GND 3, 3001, 6 NO, 5 COM, 4 NC	单刀双掷模拟开关(圣邦微电子生产的 SGM3001)	单刀双掷模拟开关符号，各个引脚都已标出

4.1.4　开关参数识别

常用的开关参数如表 4-1-2 所示。

表 4-1-2　常用的开关参数

项　目	说　明
使用温度范围	开关正常工作所允许的温度范围通常在 −10℃～+60℃之间
额定工作电压	开关的额定工作电压是指开关断开时，开关承受的最大安全电压。若实际工作电压大于额定工作电压，则开关会被击穿而损坏
额定工作电流	开关的额定工作电流是指开关接通时，允许通过的最大电流。若实际的工作电流大于额定工作电流，则开关会因电流过大而烧坏
绝缘电阻	开关的绝缘电阻是指开关断开时，开关两端的电阻值。性能良好的开关的绝缘电阻应为 100 MΩ 以上
接触电阻	开关的接触电阻是指开关闭合时，开关两端的电阻值。性能良好的开关的接触电阻应小于 0.02 Ω
耐压	在 1 分钟时间所能耐受的最大交流电压，常见的有 100 V、500 V、4 kV 等
使用寿命	一般开关的有效使用次数通常为 5000～10 000，要求较高的开关的使用次数为 5×10^4～5×10^5

开关的其他参数有端子强度、工作方向、拉引方向、耐振性能、无负荷寿命、负荷寿命、额定负荷、耐寒性能、耐热性能、耐湿性能、焊接耐热性能等，在此不一一介绍了，具体内容可参考所选开关厂家给出的数据手册。

4.1.5　开关的使用

1. 电源开关的使用

电源开关广泛地应用于各种家用电器设备中，对于应用市电的电器设备，需要断开火线才能够确保安全，如图 4-1-21(a)所示。通常情况下，大家无法直观地看出哪一根线是火线，若错误地断开零线，也会触电，这是因为断开零线虽然可以给设备断电，但当人体接触到设备内部的火线电路时，依然有触电的危险，如图 4-1-21(b)所示。最好的做法就是将火线和零线同时断开而不用区分，也可保证人体不会触电，如图 4-1-21(c)所示。

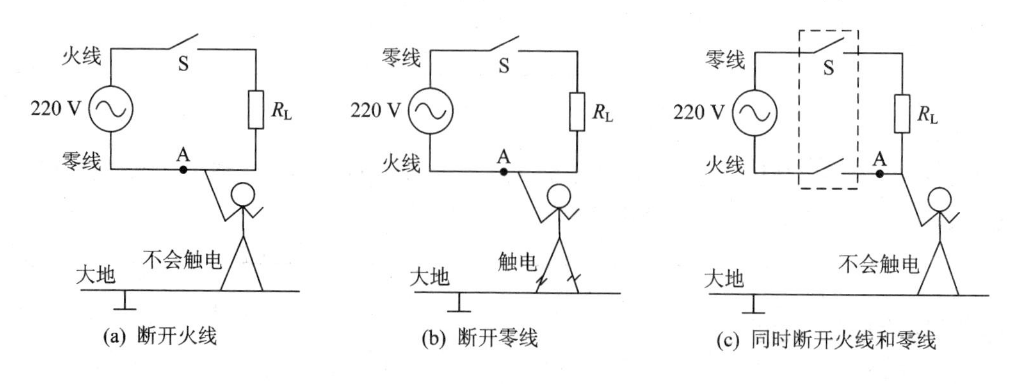

(a) 断开火线　(b) 断开零线　(c) 同时断开火线和零线

图 4-1-21　电源开关的应用

2．轻触按键的使用

轻触按键主要用于人机之间的信息交换，即人向机器输入信息。故当按下和不按下按键时需要向机器送入高低不同的电平，以便于机器识别。图 4-1-22 为常见的 4×4 键盘矩阵，对于该矩阵的检测处理方法，请参考笔者的《电子系统设计(第二版)》(西安电子科技大学出版社，2019)一书。

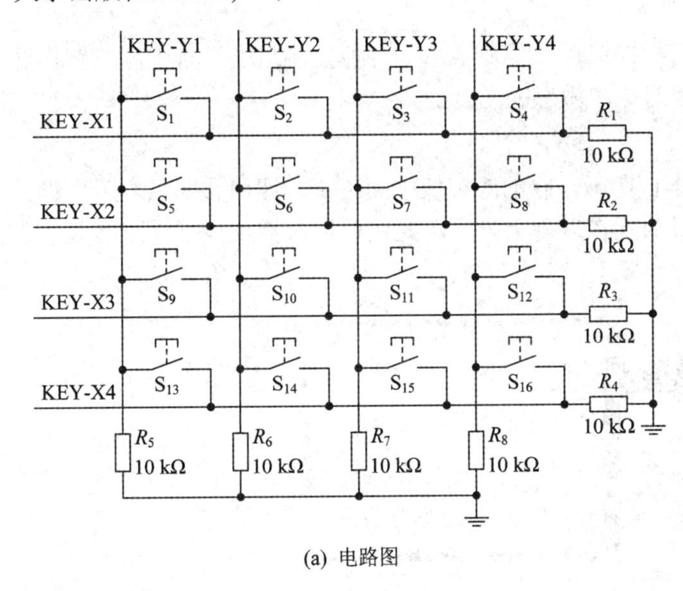

(a) 电路图

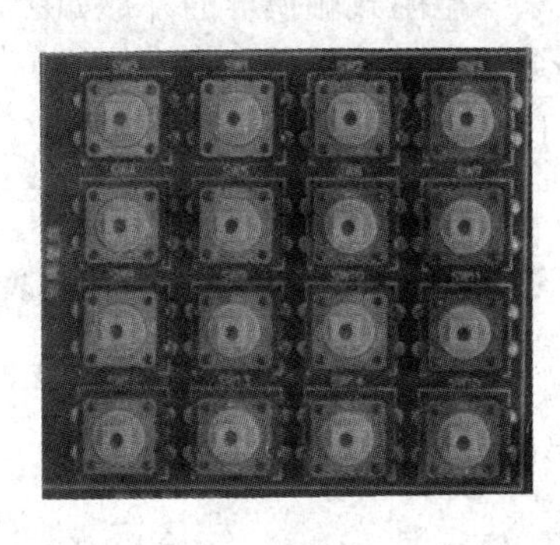

(b) 实物图

图 4-1-22　键盘矩阵电路

4.1.6　开关的选型

通常根据以下几个方面选择开关的类型。

(1) 根据电路的用途选择不同类型的开关。如电源控制用电源开关，遥控器用薄膜开关，洗衣机选择按钮用触摸式开关。

(2) 根据电路数和每个电路的状态选择数来确定开关的刀数和掷数，如风扇调速电路中使用的开关。

(3) 根据开关安装的位置选择开关的外形尺寸、安装尺寸及安装方式。

(4) 根据电路的工作电压与通过的电流来选择合适的开关，在选用时，其额定电压、额定电流都要留有余量，一般为工作电压、电流的 1～2 倍即可。

(5) 在维修中要更换开关而又没有原型号可换时，需要根据引脚的多少、安装位置的大小、引脚之间的间距大小、额定电压、额定电流等问题来选择合适的开关。

4.2　触　摸　屏

随着技术的进步，触摸屏以其优异的控制性能和使用效果，广泛地应用于手机、PDA、MP5、电子书等高档电子设备中。它与按键的控制原理不同，但它既能实现按键的功能，又能实现按键无法实现的使用效果，因此适用于输入参数较多、功能复杂、操作方便、使用灵活的系统。触摸屏分为电阻式触摸屏、电容式触摸屏、红外线式触摸屏和表面声波式触摸屏。本节只介绍两种常见的触摸屏——电阻式触摸屏和电容式触摸屏。

4.2.1　电阻式触摸屏

电阻式触摸屏比电容式触摸屏控制简单、控制成本低，但控制精度没有电容式触摸屏高，常用于对控制精度要求不高但对成本敏感的场合。

1. 电阻式触摸屏的外形

电阻式触摸屏的外形如图 4-2-1 所示，它的触模板中间透明，四周有四只电阻引脚并通过引出线引出。由于触摸屏一般放置在屏幕上方，因此在使用时需要根据屏幕的大小来决定触摸屏的大小。

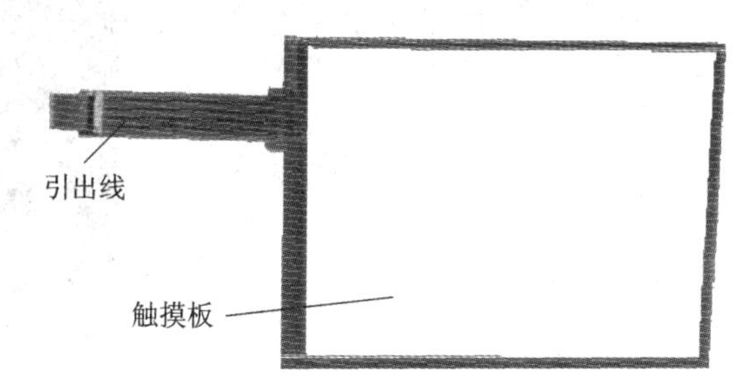

图 4-2-1　电阻式触摸屏实物图

2. 电阻式触摸屏的参数

电阻式触摸屏的常见参数如表 4-2-1 所示。

表 4-2-1　电阻式触摸屏的常见参数

项　目	说　　明
工作温度范围	触摸屏通电正常工作时所允许的温度范围，通常该值在 -10℃～+60℃
存储温度范围	触摸屏不通电时存储的温度范围，通常该值在 -20℃～+70℃
额定工作电压	触摸屏工作时所允许加在两电阻体上的最高电压，通常 <10 V
操作次数	保证触摸屏在此操作次数之内不损坏，通常该值 >1 000 000 次
响应时间	从触摸屏按下到电阻体阻值改变所需的时间，通常该值≤10 ms
线性度	触摸屏从一端到另一端时，电阻变化的线性程度，通常偏差≤1.5%
操作力度	按压触摸屏的力度，通常在 20 g～80 g
电阻值	X 电阻：350 Ω～800 Ω；Y 电阻：150 Ω～450 Ω

3. 电阻式触摸屏的使用

电阻式触摸屏不但可通过单片机内部的 ADC 和 I/O 口进行控制，还可以通过电阻式触摸屏的专用控制芯片(ADS 7843)进行控制，ADS7843 的引脚封装如图 4-2-2 所示。

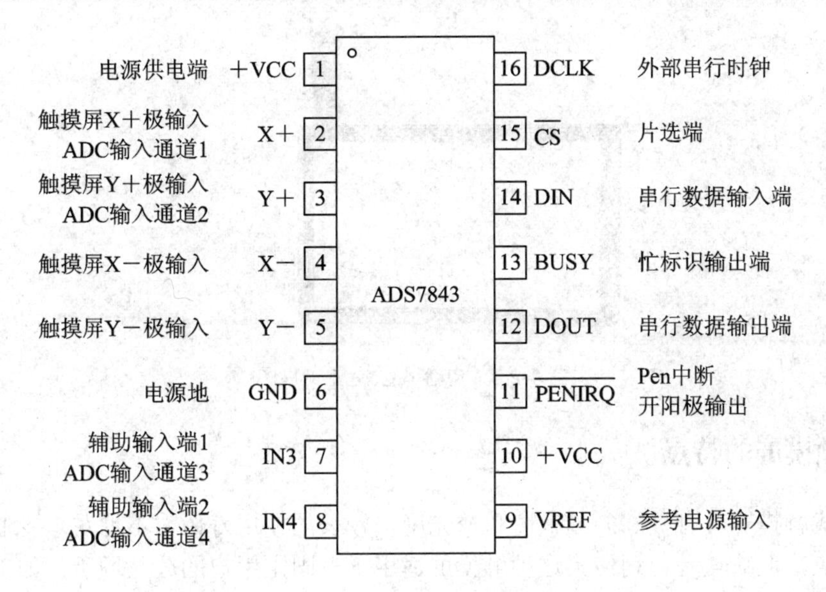

图 4-2-2　ADS7843 引脚封装图

ADS7843 控制触摸屏的电路如图 4-2-3 所示，在该电路中，如果不用考虑低功耗的问题，则 $\overline{\text{PENIRQ}}$ 引脚可以不接；通信时，适当地在程序返回时加入延时，即可保证 BUSY 信号为低电平，这样就可以不使用 BUSY 引脚，减少控制器 I/O 口使用量。

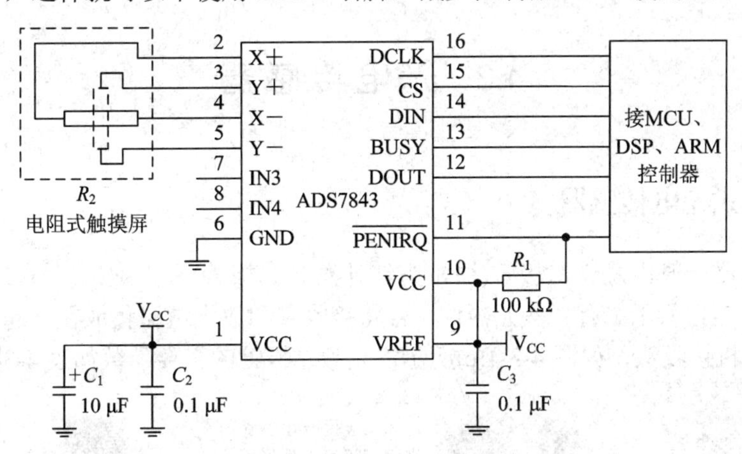

图 4-2-3　ADS7843 控制触摸屏电路图

4.2.2　电容式触摸屏

电容式触摸屏如图 4-2-4 所示，由图可以看出，电容式触摸屏的外形可以做得与电阻式的一样，故当触摸屏安装在设备上时无法从外形上区分。只是电容式触摸屏的输出引脚比电阻式触摸屏的引脚多，故可以打开设备从引脚数来判别。当然，设备开机后也可以分别用手指(电容量大)和指甲(电容量小)触摸或按压屏幕来判断，手指触摸和按压都有效(指甲触摸和按压都无效)的为电容式触摸屏，手指按压有效、触摸无效(指甲按压有效、触摸无效)的为电阻式触摸屏。

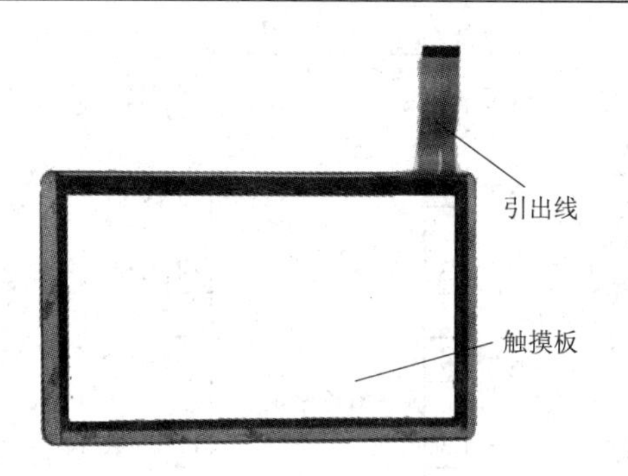

图 4-2-4　电容式触摸屏实物图

4.2.3　触摸屏的特点

电阻式触摸屏具有极好的灵敏度和透光度，较长的使用寿命，不怕灰尘、油污和光电干扰等优点，但缺点是怕划伤。这种触摸屏适用于有固定用户的公共场所，如工业控制现场、办公室、家庭等。

由于电容随温度、湿度或接地情况的不同而变化，故电容式触摸屏的稳定性较差，往往会产生漂移现象，另外它易受电磁场干扰，因此不能在工业控制场所和有干扰的地方使用。这种触摸屏可用于不太精密的公共信息查询机上，但需要经常校准和定位。

4.3　光电传感器

4.3.1　分立式光电传感器

光电传感器一般由发光二极管(通常为红外发光二极管)和光敏二极管(或光敏三极管)组成，如图 4-3-1 所示。有一些元器件，常将接收管和放大电路集成在一起以减小体积，常见的有电视机接收头，如图 4-3-1(c)所示。光敏二极管的主要参数如表 4-3-1 所示。

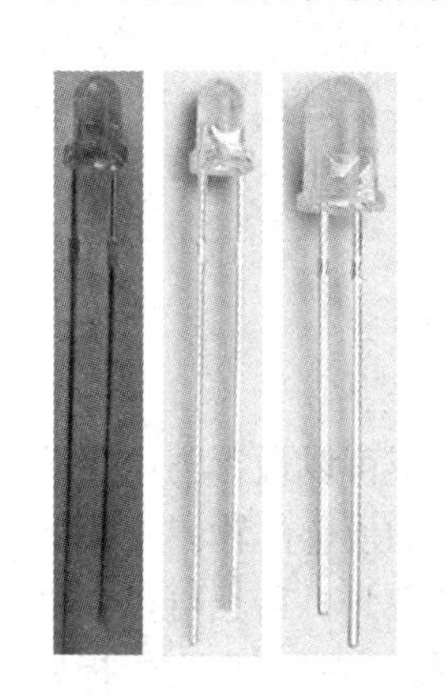

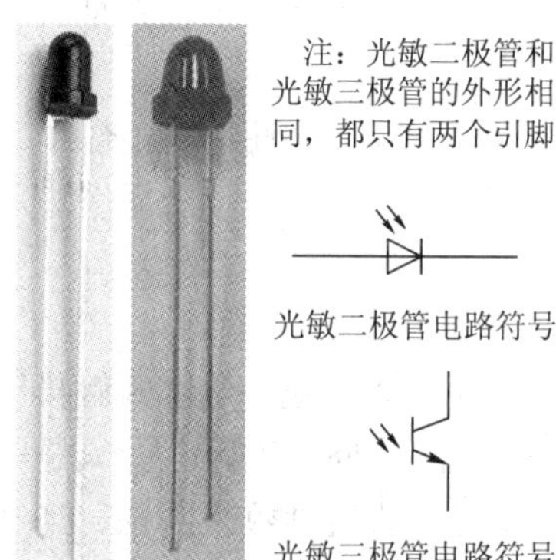

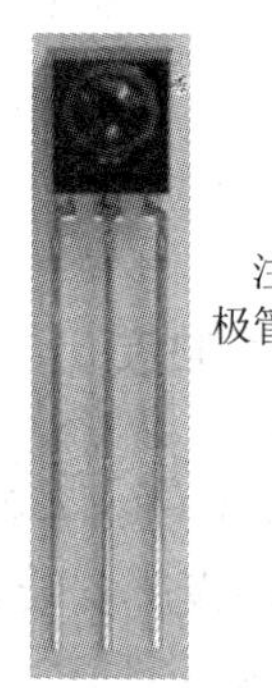

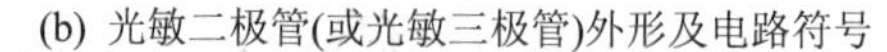

(a) 发光二极管　(b) 光敏二极管(或光敏三极管)外形及电路符号　(c) 接收头

图 4-3-1　常见红外发光二极管、光敏二极管(光敏三极管)及接收头

表 4-3-1 光敏二极管主要参数

参 数	说 明
最高工作电压 U_{max}	在无光照射且光敏二极管的反向电流不超过 0.1 μA 时，所加的最高反向电压值
光电流 I_L	光敏二极管在受到一定光线的照射且加有正常反向工作电压时的电流值，此值越大越好
暗电流 I_D	在无光照射且光敏二极管加有正常工作电压时的反向漏电流，其值越小越好
响应时间 T_r	光敏二极管把光信号转换为电信号时所需要的时间
光电灵敏度 S_n	也称电流灵敏度，表示光敏二极管对光的敏感程度。其定义为在每微瓦入射光的能量条件下，所产生的光电流的大小，单位是μA/μW

光电传感器测量信息的过程是：发光二极管发出光线，经过一定的传输路径后被光敏二极管(或光敏三极管)检测，则检测到的信号包含了传输路径的信息，如图 4-3-2 所示。图(a)中发光管和接收管实际各有一只，为了理解方便画出了很多只，光栅如果做成直线状，则可根据检测到信号的脉冲数和光栅栅格的大小得到距离；如果将光栅做成圆盘状，则可根据检测到信号的脉冲数和间隔时间得到速度，鼠标的滚轮就是根据这个检测原理制成的。图(b)中发光管发射光线脉冲是在 t_1 时刻，在 t_2 时刻接收管接收到回波脉冲，根据这两个时间的时间差和光速则可计算出障碍物与光电管的距离，这样就实现了光速测距。

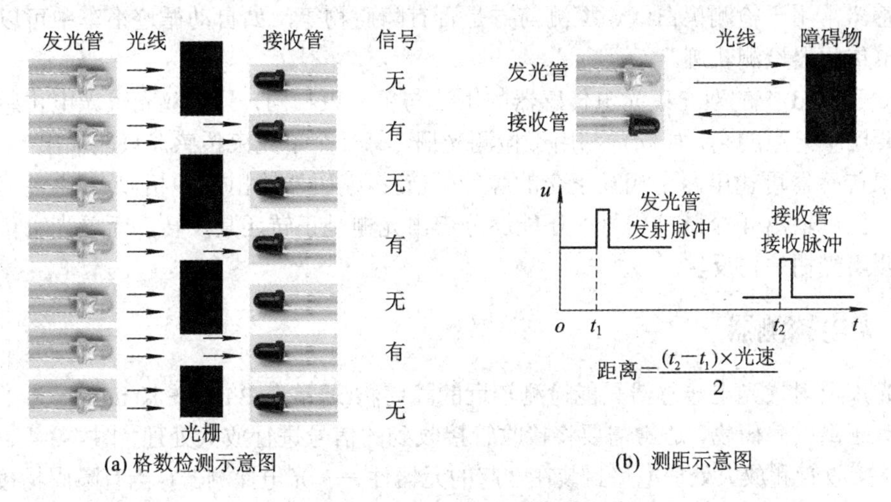

图 4-3-2 光电传感器信息检测方法

4.3.2 集成式光电传感器

除了遥控设备需要将发射管(红外发光二极管)和接收管(光敏二极管)分开外(发射管放置在遥控器中，接收管放置在被遥控设备中)，其他大部分设备需要将发射管和接收管封装在同一装置中，用于检测栅格信息、距离信息、速度信息等。常见的光电传感器如图 4-3-3 所示。

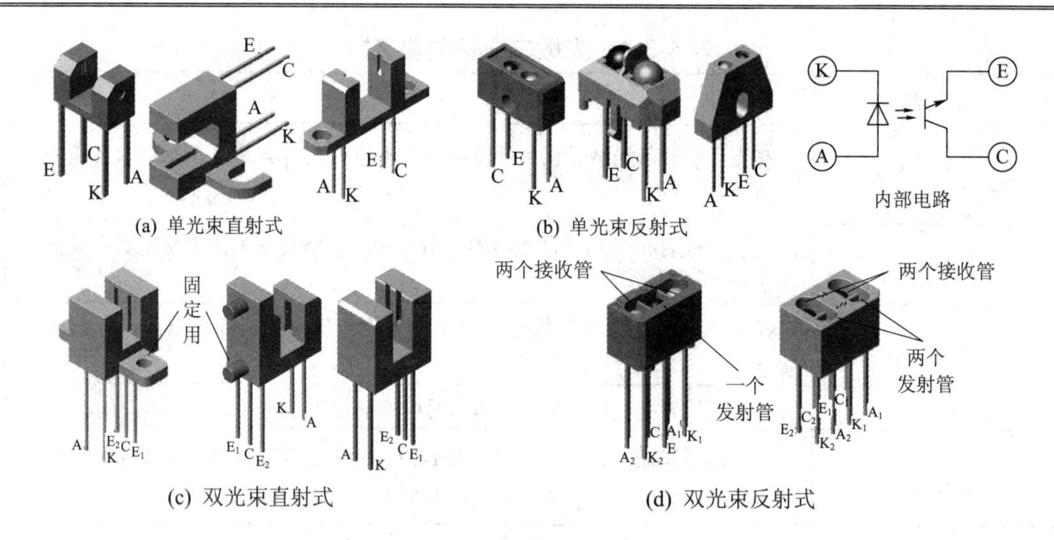

(a) 单光束直射式　(b) 单光束反射式

(c) 双光束直射式　(d) 双光束反射式

图 4-3-3　常见红外光电传感器

图(a)中的单光束直射式光电传感器由一个红外发光二极管和一个光敏三极管组成，由于是直射式，故中间有凹槽，用于放置光栅类被检测物体，当光栅运动时，在输出端输出高低电平脉冲。该类传感器对检测光栅的栅格大小有限制，对于过小的栅格可能无法检测，需要仔细阅读厂家的数据手册。

图(b)中的单光束反射式光电传感器也是由一个红外发光二极管和一个光敏三极管组成的，不同的是发射管发射的红外光需要通过障碍物阻挡，反射的光线才能被接收管接收。该类传感器常用于检测黑白线、探测前方是否有障碍物等，如自动循迹小车中可以使用反射式光电传感器检测轨迹。

图(c)和图(d)中的双光束光电传感器的用法与单光束相同，只是双光束光电传感器的检测精度要比单光束的高，如同样都用于检测光栅，每一个单光束传感器只能输出一个脉冲，而双光束传感器可输出两个相互正交的脉冲(与旋钮编码器输出脉冲相似)，通过正交编码器后，不但可输出 4 个脉冲信号，还能够分辨出光栅是正转还是反转，而单光束传感器则无法检测出光栅的正反转。

4.3.3　光电探测器

单光束反射式光电传感器只能检测较近的障碍物(通常在 2 mm～10 mm)，为了能够检测出较远距离的障碍物，通常需要将接收管接收到的信号进行放大处理，图 4-3-4(a)就是将发射管、接收管和放大处理电路封装在一起的元器件——光电探测器，当有障碍物接近它的检测面时，光电探测器输出信号，它的检测距离通常可达 40 cm，接线方式如图 4-3-4(b)所示。

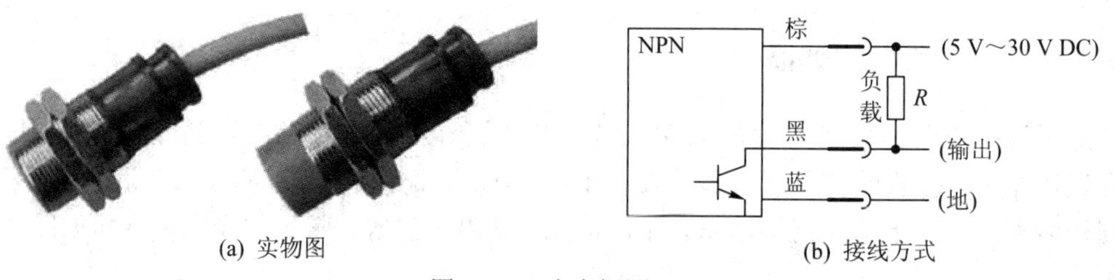

(a) 实物图　(b) 接线方式

图 4-3-4　光电探测器

4.3.4 光电耦合器

光电传感器还有另一种用途，那就是隔离。将可能对人体产生危害的电路隔离开，使使用者只接触到低压电路，这种元器件称为光电耦合器(简称光耦)。

光电耦合器是一种电一光一电转换的器件。它由发光源和受光器两部分组成，并把这两部分组装在同一密闭的壳体内。当输入端有电信号加入时，发光器就射出光线，受光器受到光线激发后就产生了相应的光电流输出，这样就实现了以光为介质的电信号的传输。典型的光电耦合器如图 4-3-5 所示。

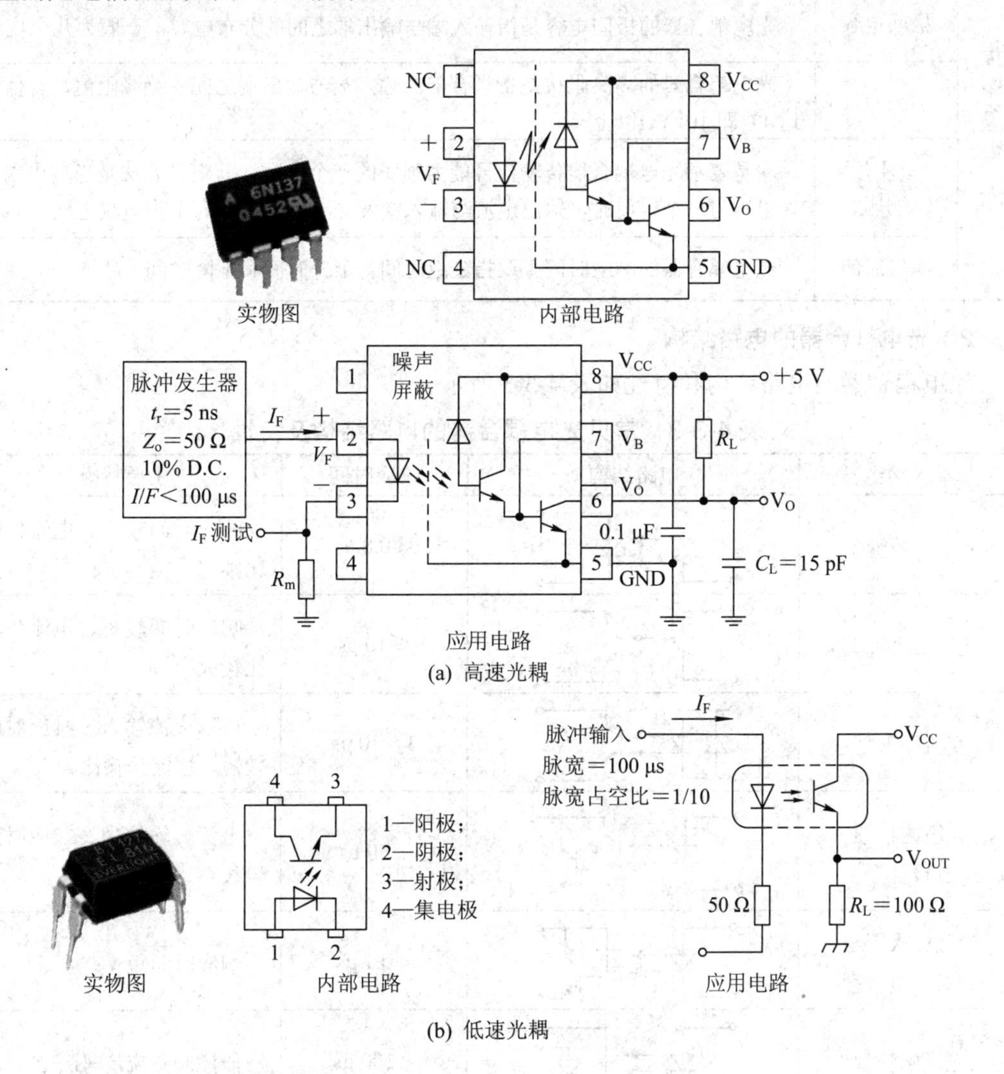

图 4-3-5 光电耦合器及其应用电路

1. 光电耦合器的参数

光电耦合器的主要参数如表 4-3-2 所示。

表 4-3-2　光电耦合器的主要参数

参　数		说　明
输入参数		光电耦合器的输入参数是指输入端的发光器件的主要参数，实际上就是指发光二极管的参数，如正向电压、发光强度以及最大工作电流等
输出参数		光电耦合器的输出参数是指输出端的接收器件的主要参数。如果选用光敏二极管或光敏三极管，则参数有光电流和暗电流、饱和压降、最高工作电压、响应时间以及光电灵敏度等
传输参数	极间耐压	极间耐压是指光电耦合器的输入端与输出端之间的绝缘耐压值。当发光器件与受光器件的距离较大时，其极间耐压值就高，反之就低
	极间电容	光电耦合器的极间电容是指输入端与输出端之间的分布电容，一般为几个皮法
	隔离阻抗	光电耦合器的隔离阻抗是指耦合器的输入端与输出端之间的绝缘阻值，其值可达 1T(即 10^{12}) Ω以上
	电流传输比	它是表示光电耦合器传输信号能力强弱的一个参数，其定义方法是当输出端工作电压为一个定值时，输出电流与输入端发光二极管的正向工作电流之比
	响应时间	光电耦合器的响应时间主要指延迟时间、上升时间和下降时间

2．光电耦合器的电路结构

光电耦合器的电路结构和特性如表 4-3-3 所示。

表 4-3-3　常见光电耦合器的电路结构及特性

种　类	电路结构	响应时间	主要特点
光敏二极管型	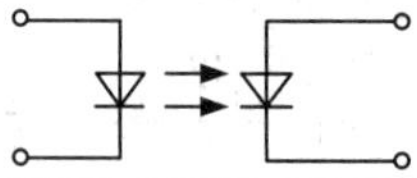	≤0.8 μs	响应时间较短、电流传输比小
光敏三极管型	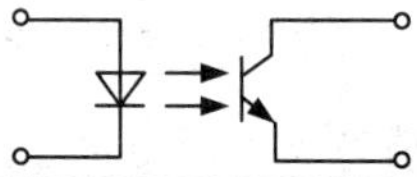	≤10 μs	响应时间较短、电流传输比较大
交流输入型	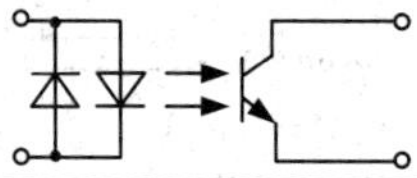	1～10 μs	可以交流输入、响应时间较短、电流传输比较大
光敏达林顿三极管型	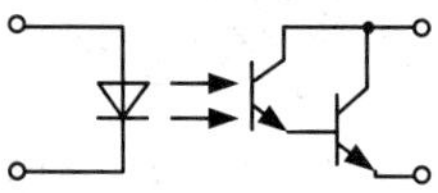	< 50 μs	电流传输比大、响应时间较长
光敏二极管与开关管组合型	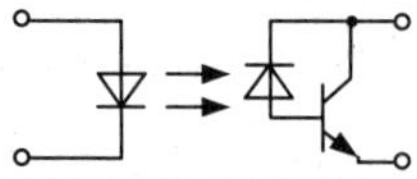	< 0.1 μs	响应时间短
光晶闸管型	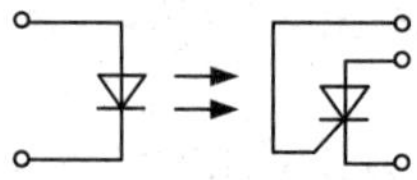	< 100 μs	能控制交流信号(半波)
光双向可控硅型	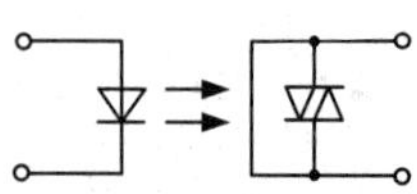	< 100 μs	能控制交流信号(全波)

3. 光电耦合器的使用

光电耦合器在使用时应注意以下几个方面。

(1) 使用光电耦合器时应注意输入端与输出端的发光二极管和光敏器件的最大允许值，使用时不要超过最大允许值，否则会损坏器件。

(2) 应用光电耦合器时，输入端的发光器件的发光时间不应过长，因为发光器件的发光时间越长，其发光效率降低就越多，因此会使电流传输比下降。

(3) 对于需要响应速度较快的光耦合时，可选用输出端为带基极引出线的光敏三极管类型的耦合器，因为给光敏三极管加基极偏置，可提高其响应速度。此类光电耦合器常称为高速光电耦合器。

(4) 以光敏电阻作为光敏器件的光电耦合器，具有工作电压高和纯电阻特性的优点，可直接用于交流电路中。

4.4 超声波传感器

超声波的用途非常广泛，可用于清洗、测距、测量流体速度、液体雾化、注射等，超声波换能器可以产生超声波信号。对于使用者而言，只需要设计一个与超声波换能器相同频率的振荡电路，用该电路驱动超声波换能器即可使其工作，再配合一定的处理电路，就可以实现各种需要的功能。在一些应用中只需要产生超声波，如清洗、液体雾化、注射等，该类应用的超声波换能器只是将电能转换为超声能，一般功率较大。而有一些应用需要接收反射回的超声波信号，如测距、测量流体速度等，该类应用需要一对超声波换能器，一个将电信号转换为声信号，另一个将声信号转换为电信号，一般称该类超声波换能器为超声波传感器。超声波传感器常见实物如图 4-4-1 所示。

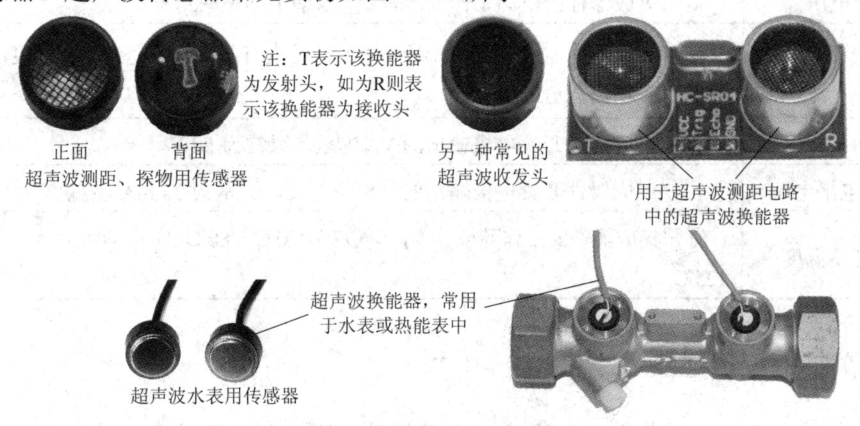

图 4-4-1　超声波传感器实物图

4.5 霍尔传感器

霍尔传感器是一种利用霍尔效应原理制成的磁敏传感器，用它们可以检测出磁场及其变化，可在各种与磁场有关的场合中使用。因此，可以将许多非电、非磁的物理量，例如力、力矩、压力、应力、位置、位移、速度、加速度、角度、角速度、转数、转速以及工作状态发生变化的时间等，转变成电量来进行检测和控制。

4.5.1 霍尔集成电路

霍尔集成电路具有许多优点，如结构牢固，体积小，重量轻，寿命长，安装方便，功耗小，频率高(可达 1 MHz)，耐震动，不怕灰尘、油污、水汽及盐雾等的污染或腐蚀等。

霍尔集成器件外形如图 4-5-1 所示，按封装形式可分为直插式和表贴式两种，按输出端个数可分为单输出和双输出两种，按输出信号方式亦可分为锁定型和非锁定型两种，在使用时需要根据使用的场合来选择。其主要参数如表 4-5-1 所示。

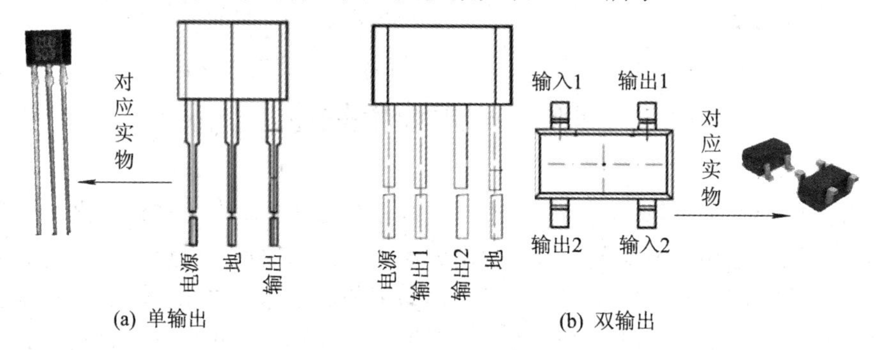

图 4-5-1　霍尔集成器件示意图

表 4-5-1　霍尔集成器件主要参数

参　数	说　　明
电源电压	霍尔集成器件的电源工作范围较宽，通常在 5 V～24 V
磁感应强度	霍尔集成器件能够感应的磁场强度，一般没有限制，只是当磁场强度达到一定程度后，输出会达到饱和
输出反向击穿电压	霍尔集成器件开集电极输出的 V_{ce} 电压，通常为 50 V
输出低电平电流	霍尔集成器件开集电极输出的输出拉电流，通常为 25 mA 左右
工作环境温度	霍尔集成器件的工作环境温度，一般在 -20℃～80℃之间，军用级可达 -40℃～125℃

4.5.2 霍尔电流传感器

霍尔电流传感器，顾名思义，就是利用霍尔效应原理制成的检测电流的装置。其突出的特点是能测量各种类型的电流，而电隔离的输出信号为电压或电流，精度普遍较高；虽然需要辅助电源，但其功耗很小。因此，使用极为方便、可靠，是新一代的电流传感器。

霍尔电流传感器的内部不单有霍尔集成电路和放大平衡电路，还集成了集磁环和多匝线圈，因此一般体积较大，另外检测的电流越大、范围越宽，体积也越大。常见的实物如图 4-5-2 所示。

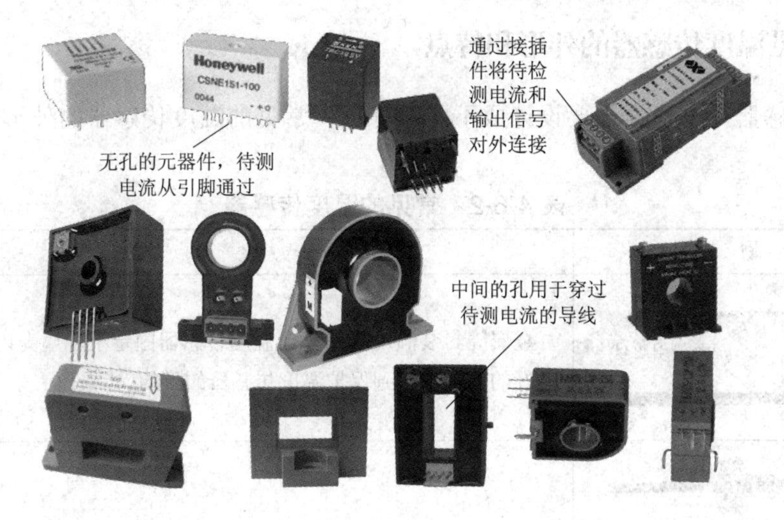

图 4-5-2　常见霍尔电流传感器实物图

霍尔电流传感器按图 4-5-3 所示接线，将被测电流从传感器穿芯孔中穿入，即可从输出端取样测得与被测电流相对应的电压值。当被测电流沿传感器箭头方向流动时，在输出端可以获得同相电压。

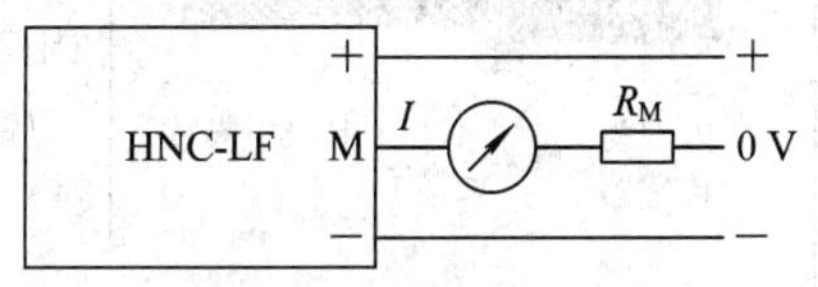

图 4-5-3　霍尔电流传感器连接示意图

4.6　温度传感器

温度是表征物体冷热程度的物理量，它可以通过测量物体随温度变化的某些特性(如电阻、电压等的变化)来间接测量温度。

4.6.1　温度传感器的分类

常用的温度测量元器件有热电偶式温度传感器、金属铂(Pt)电阻温度传感器、集成温度传感器。其特点如表 4-6-1 所示。

表 4-6-1　温度传感器分类

分　类	说　明
热电偶式温度传感器	构造简单，适用温度范围广，使用方便，承受热，机械冲击能力强，响应速度快。常用于高温区域、振动冲击大等恶劣环境以及适合于微小结构测温场合；但其信号输出灵敏度比较低，容易受到环境干扰信号和前置放大器温度漂移的影响，因此不适合测量微小的温度变化
金属铂(Pt)电阻温度传感器	铂电阻温度传感器精度高，稳定性好，应用温度范围广，是中低温区(−200℃～650℃)最常用的一种温度检测器，不仅广泛地应用于工业测温，而且被制成各种标准温度计供计量和校准使用
集成温度传感器	通常内部已集成部分电路，可将温度转换为电流信号或电压信号，如将温度转换为 4 mA～20 mA 的电流输出的温度传感器；将温度转换为串行数据输出的数字温度传感器如 DS18S20、AD7416、TMP100 等

4.6.2 常见温度传感器的外形和特点

温度传感器可以根据需要设计成不同的外形，常见的温度传感器的外形和特点如表4-6-2所示。

表4-6-2 常见的温度传感器

实 物 图	特 点
内部为传感器 电阻引脚线	金属壳封装温度传感器，温度传感器固定于金属壳内部，在导热良好的前提下起到保护温度传感器的目的
内部为传感器 螺纹安装 电阻引脚线	螺纹安装型温度传感器，内部采用螺纹结构，用于与被测物体紧固连接。 常用于工业测量中对安装有较高要求的场合
内部为传感器 螺纹安装 传感器引线从此处输出	带标准连接器的温度传感器，该温度传感器输出端配有标准连接器，便于使用者选配使用。 广泛应用于热能工程、电力、食品、制药、压力容器、石油化工等流程工业以及烘炉、塑料化纤、制冷机组等大型机械设备的温度测量
内部为传感器 法兰 电阻引脚线输出端	法兰安装的温度传感器，该传感器采用法兰连接，在某些需要法兰连接的场合使用
热电偶传感器 传感器引线	热电偶式温度传感器，具有构造简单，适用温度范围广，使用方便，承受热，机械冲击能力强以及响应速度快等特点，常用于高温区域、振动冲击大等恶劣环境以及适合于微小结构测温场合；但其信号输出灵敏度比较低，容易受到环境干扰信号和前置放大器温度漂移的影响，因此不适合测量微小的温度变化
GND 1 DQ 2 VDD 3 DALLAS DS1820	集成温度传感器DS18S20是一种典型的1-Wire总线接口温度传感器，由Dallas Semiconductor公司生产。DS18S20数字温度传感器提供了9位高精度的摄氏温度测量，同时具有非易失性、用户可以对上下触发门限的报警编程的功能。由于其独特的1-Wire总线接口，使得其可以占用极少的I/O引脚资源，使用起来非常方便

4.7 气敏传感器

气敏传感器大体上可以分为两种，一种为电阻式，另一种为非电阻式，目前大多使用的为电阻式气敏传感器。电阻式气敏传感器是用氧化锡、氧化锌等金属氧化物材料制作的，而非电阻式气敏传感器则为半导体器件制成的。气敏传感器广泛地应用于工业、民用气体检测设备，具有灵敏度高、稳定性好、响应和恢复时间短、外形尺寸小的优点。

4.7.1 常用气敏传感器的外形

常用的气敏传感器如图 4-7-1 所示。图中，两个引脚的为常温型气敏传感器，四个引脚的为加热型气敏传感器，它比常温型多了两个电阻丝引脚，用于通电加热。

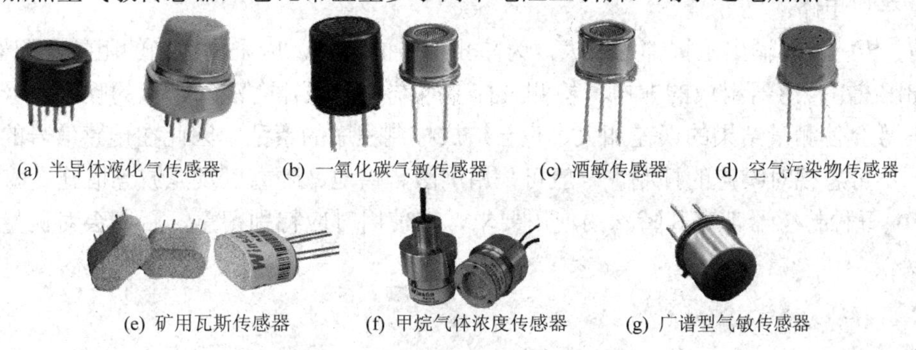

(a) 半导体液化气传感器　(b) 一氧化碳气敏传感器　(c) 酒敏传感器　(d) 空气污染物传感器

(e) 矿用瓦斯传感器　(f) 甲烷气体浓度传感器　(g) 广谱型气敏传感器

图 4-7-1　气敏传感器实物图

4.7.2 传感器的应用注意事项

传感器的应用范围广、种类多，以上几节所讲的几种传感器只是常见的几种类型。对于各种传感器而言，在使用时应注意以下事项：

(1) 要了解传感器输出信号的特点。由于传感器的种类繁多，其输出形式又是各种各样的信号，因此在使用或选择传感器前，首先要了解传感器输出信号的特点。表 4-7-1 列出了传感器的一般输出形式，仅供参考。

表 4-7-1　传感器的一般输出形式

输出形式	输出变化量	示　例
开关信号	机械触点	双金属温度传感器
	电子开关	霍尔开关式集成传感器
模拟信号	电压	气敏元件、磁敏元件、热电偶
	电流	光敏二极管
	阻抗	应变式传感器
	电容	电容式传感器
	电感	电感式传感器
其他信号	频率	多普勒速度传感器、谐振式传感器

(2) 传感器的输出信号一般都比较微弱，因而在大多数情况下都应设置放大电路。放大电路主要用来对传感器输出的直流信号或交流信号进行放大处理，为检测系统提供高精度的模拟输入信号。它对检测系统的精度起着关键的作用，在一些集成传感器中，常将放大电路与传感器做在一起，以提高检测精度。

(3) 传感器的输出量随着输入量的变化而变化，但它们之间不一定是线性比例关系。当碰到输入量与输出量的关系为非线性时，应在检测电路中加入线性化处理电路。

(4) 传感器的输出量一般会受温度的影响，存在温度系数，使用时应进行温度补偿。

(5) 传感器的稳定性往往和工作环境有关，应根据传感器的特点采取必要的措施来改善工作环境，如减震、避光、恒温、恒湿、稳压以及恒流等。

(6) 传感器接口电路对于传感器和检测系统来说是一个非常重要的连接环节，其性能直接影响到整个系统的测量精度和灵敏度。因此应根据传感器输出信号的特点及用途合理地选择接口电路。

(7) 传感器的输出阻抗都比较大，为防止信号的衰减，应采用适当的阻抗匹配器。

(8) 在由传感器组成的非电量检测及控制系统中，往往会混入干扰的噪声信号，这些噪声信号会使测量结果的误差加大，也会造成控制程序的紊乱。因此在传感信号的处理过程中，不可忽视对噪声的抑制，一般可采用屏蔽、接地、隔离以及滤波等措施。

(9) 每种传感器都有其特殊的使用要求，在使用时应特别留意，否则会对测量造成较大的误差。

习　题

4-1　在选择开关时，主要考虑哪些参数，在什么情况下需要考虑触点电阻？

4-2　如何检测家用加湿器中是否有水？

4-3　指拨开关的使用场合是什么？

4-4　怎样确认一个无参数标识的元器件是旋钮编码器而不是可调电阻？

4-5　在工程设计中怎样选择轻触按键？数码相机的拍照按钮与普通的轻触按键有什么不同？

4-6　4 个方向 + 中央按钮型的按键的用处是什么？有什么特点？

4-7　为什么在选择船型电源开关时，一般选择双路开关，即将火线和零线都断开的开关？

4-8　假设一个接市电的设备，需要最大使用功率是 1700 W，应如何选择合适的电源开关？

4-9　在航模遥控器中，操纵杆是怎么设计的，由哪几个元器件组合而成？

4-10　电子开关与继电器比较，各有什么优缺点？

4-11　接近开关的工作原理是什么？请简要画出其内部电路图。

4-12　琴键开关常用于什么工作场合？其电路图符号是什么？

4-13　在选择开关时，需要考虑哪些参数？

4-14　电阻屏和电容屏的工作原理是什么？它们各自的优缺点有哪些？

4-15　集成式光电传感器怎样用于电机的转速测量？能够产生正交编码输出信号的光电传感器有什么特点？列出其中一个型号，说明其应用场合。

4-16　怎样调节光电探测器的探测距离？使用光电探测器时需要考虑哪些问题？

4-17　霍尔元件的工作原理是什么？简要说说霍尔传感器可应用于哪些场合。

4-18　气体传感器在使用时需要考虑哪些参数？试着画图设计一个CO气体测量电路。

第5章　显示器件

显示器件是电子产品中最常见、最直观的元器件，它将人们关心的一些参数通过发光的方式表示出来，如手机的屏幕，空调遥控器的显示屏，IC 卡电表、燃气表的显示屏等。

5.1　发光二极管

发光二极管(Light Emitting Diode，LED)是一种将电能转换成光能的特殊二极管，也是一种新型的冷光源，常用于电子设备的电平指示、模拟显示等场合。它常由砷化镓、磷化镓等化合物半导体制成。发光二极管的发光颜色主要取决于所用半导体的材料，可以发出红、橙、黄、绿、蓝、白等多种可见光。

发光二极管工作在正向区域。其正向导通(开启)工作电压高于普通二极管。外加正向电压越大，LED 发光越亮，但使用中应注意，外加正向电压不能使发光二极管的电流超过其最大工作电流，以免烧坏管子。发光二极管的实物如图 5-1-1(a)所示，电路图符号如图 5-1-1(b)所示。

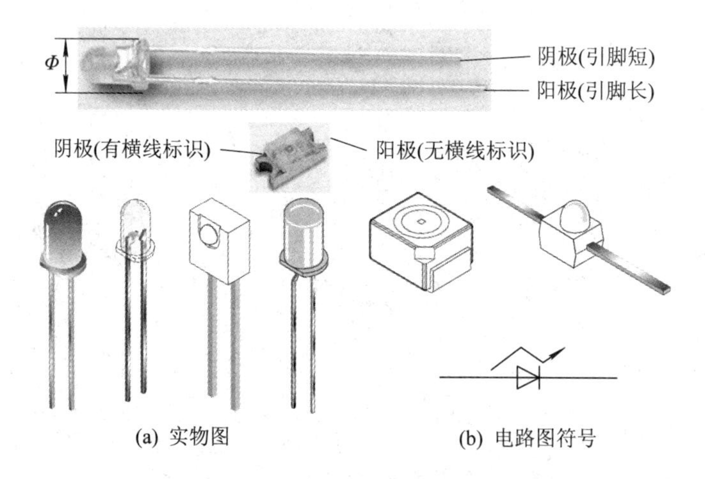

(a) 实物图　　(b) 电路图符号

图 5-1-1　发光二极管实物图和电路符号

由图 5-1-1 可以看出：

(1) 发光二极管与其他二极管一样，都有阴、阳极之分，对于引脚发光二极管而言，长脚为阳极，短脚为阴极；对于贴片发光二极管而言，阴极正面或反面有横线标识。

(2) Φ 为发光二极管的直径，常见的有 Φ3 (直径为 3 mm)和 Φ5(直径为 5 mm)两种。贴片发光二极管的大小为常见贴片封装，如 0603、0805、1210 等。

(3) 一般将发光二极管外壳的颜色设计得与其发光颜色一致，但部分发光二极管使用透明色，需点亮发光二极管才能知道其发光的颜色。

(4) 发光二极管的电路图符号与一般二极管的区别是它多加了一个折线箭头，表示发光。

(5) 发光二极管的亮度与它流过的正向电流成正比。LED 的正向电压 U_F 则与正向电流以及管芯材料有关。使用 LED 时，工作电流一般选 10 mA 左右，既保证亮度适中，又不会损坏器件。

5.1.1 变色发光二极管

变色发光二极管实际上是在一个管壳内装了两只发光二极管的管芯，一只是红色的，另一只是绿色的，两只管子的负极连在一起，其内部电路及外形如图 5-1-2 所示。

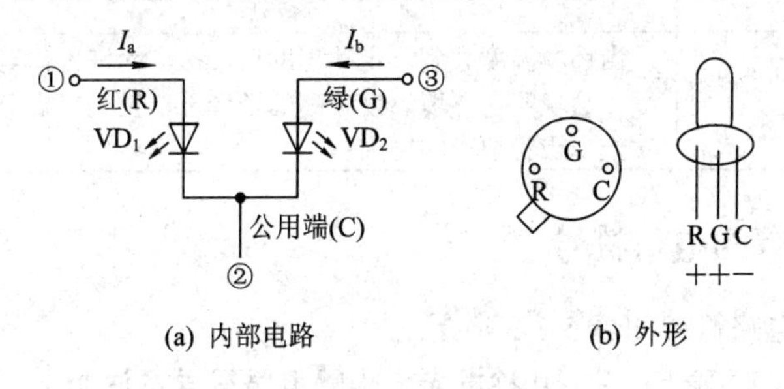

(a) 内部电路　　(b) 外形

图 5-1-2 变色发光二极管

5.1.2 自闪发光二极管

自闪发光二极管是一种特殊的发光器件，它与普通的发光二极管的主要区别就是当给自闪发光二极管两端加上额定的工作电压后，就可自行产生闪烁光，颜色有红、橙、黄、绿四种，具有较强的视觉感。其外形和电路符号如图 5-1-3 所示。

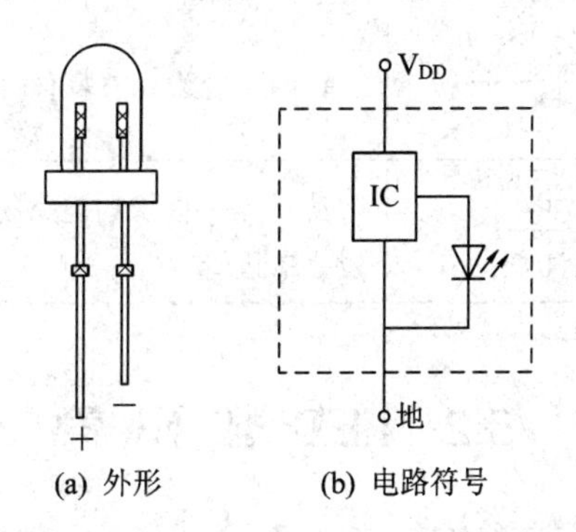

(a) 外形　　(b) 电路符号

图 5-1-3 自闪发光二极管的外形和电路符号

5.1.3 发光二极管的主要特性

发光二极管的主要特性如表 5-1-1 所示。

表 5-1-1 发光二极管的主要特性说明

特 性 名 称	说 明
伏—安(U-I)特性	与普通二极管的伏—安特性相似，只是发光二极管的正向导通电压值较大，为 1.5 V～3 V，小电流发光二极管的反向击穿电压很小，约为 6 V 至十几伏，比普通二极管小
正向电阻和反向电阻特性	发光二极管的正向电阻和反向电阻均比普通二极管大得多
工作电流与发光相对强度关系特性	对于红色发光二极管而言，正向工作电流增大时，发光相对强度也在增大，当工作电流大到一定程度后，曲线趋于平坦(饱和)，说明发光相对强度趋于饱和；对于绿色发光二极管而言，正向工作电流增大，发光相对强度增大，但是没有饱和现象
发光强度与环境温度关系特性	温度越低，发光强度越大。当环境温度升高后，发光强度将明显下降
最大允许工作电流与环境温度关系特性	当环境温度大到一定的程度后，最大允许工作电流迅速减小，最终为零，这说明在环境温度较高的场合下，发光二极管更容易损坏，这也是发光二极管怕烫的原因

5.1.4 发光二极管的电路符号

发光二极管的电路符号如表 5-1-2 所示。

表 5-1-2 几种发光二极管电路符号及说明

名 称	电路符号	说 明
最新规定的发光二极管的电路符号	VD	(1) 用 VD 表示发光二极管； (2) 电路符号中已经表示出阴、阳极； (3) 电路符号中的箭头用来表示这种二极管能够发光
过去采用的发光二极管的电路符号	D	过去的电路符号中用 D 或 LED 表示
三色发光二极管的电路符号	G VD C R	在同一个管壳内装有两只不同颜色的发光二极管
双色发光二极管的电路符号	VD	从发光二极管的电路符号中可以看出是单色还是多色发光二极管

5.2 LED 数码管

将发光二极管制成条状，再按照一定的方式连接，组成数字“8”，就构成了 LED 数码管。使用时按规定使某些笔段上的发光二极管发光，即可组成 0～9 的一系列数字。在一些工业场合，不过多考虑形象，也可构成 A～Z 这 26 个字母的显示。

5.2.1 7 段 LED 数码管

7 段 LED 数码管是由 7 个条形发光二极管和一个小数点位构成的，其实物和引脚配置如图 5-2-1 所示，按其将引脚连接在一起的方式可分为共阴极 LED 数码管和共阳极 LED 数码管，其内部结构如图 5-2-1 所示。

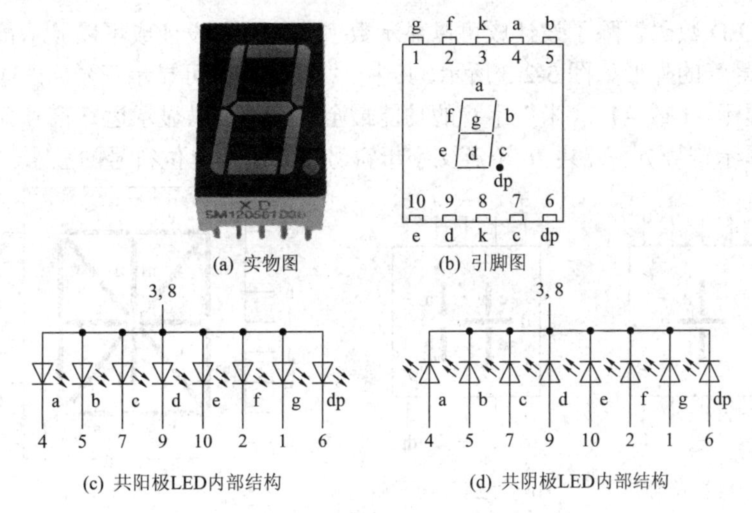

(a) 实物图 (b) 引脚图

(c) 共阳极LED内部结构 (d) 共阴极LED内部结构

图 5-2-1 7 段 LED 数码管实物图、引脚图和内部结构图

在 7 段共阳极 LED 数码管中，发光二极管的阳极为公共端，接高电平。当发光二极管的阴极接低电平时，该发光二极管导通，该字段发光；反之，当发光二极管的阴极接高电平时，该发光二极管截止，该字段不发光。

在 7 段共阴极 LED 数码管中，所有发光二极管的阴极为公共端，接低电平。当发光二极管的阳极接高电平时，该发光二极管导通，该字段发光；反之，当发光二极管的阳极为低电平时，该发光二极管截止，该字段不发光。

5.2.2 多位数码管

根据器件所含显示位数的多少，LED 数码管可划分成一位、双位和多位 LED 显示器。一位 LED 显示器就是通常所说的 LED 数码管，两位以上的一般称作显示器。双位 LED 显示器是将两只数码管封装成一体，其特点是结构紧凑、成本较低(与两只一位数码管相比)。多位 LED 数码管的引脚排列和实物图如图 5-2-2 所示。

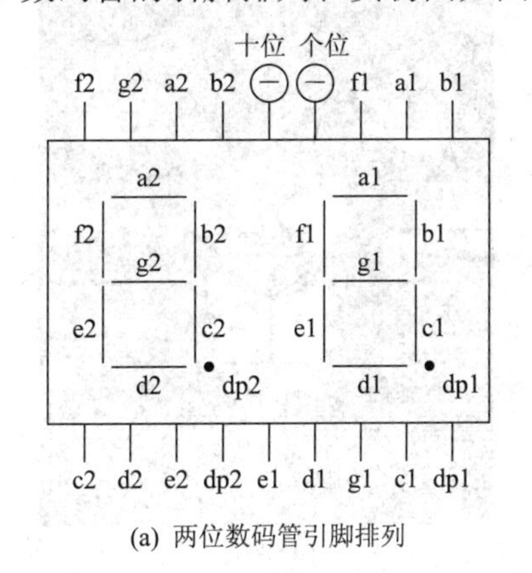

(a) 两位数码管引脚排列

(b) 焊接于电路板的四位数码管实物

图 5-2-2 多位 LED 数码管引脚排列和实物图

5.2.3　符号数码管

常见的 LED 数码管除了设计成可以显示数字之外，还设计成可以显示符号的符号管。常见 LED 符号管的外形如图 5-2-3 所示。其中，“+”符号管可显示正号(+)和负号(–)，“±1”符号管可以显示 +1 或 –1。“米”字管的功能最全，除了可以显示运算符号 +、–、×、÷之外，还可以显示符号 A～Z 共 26 个英文字母符号，常用作单位符号的显示。

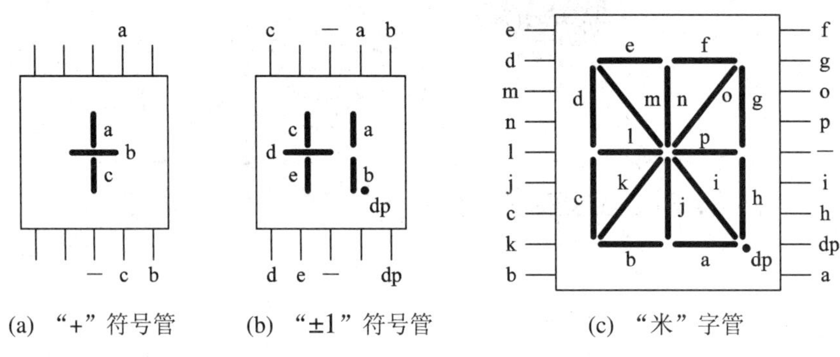

(a) “+”符号管　(b) “±1”符号管　(c) “米”字管

图 5-2-3　LED 符号管

5.2.4　LED 图形显示管

将发光二极管按一定的排列方式排列可以组成 LED 数码管，同样，将发光二极管按一定的排列方式固定于特定的壳体中，再在壳体外端贴上一定的画面，就可形成需要的 LED 图形显示管。

在显示同样简单图形的前提下，LED 图形显示管的成本相对于液晶的要高，但 LED 图形显示管有一个优点，那就是在强光线的背景下，从 LED 图形显示管上可以看清楚显示的画面，而从液晶上较难看清楚。图 5-2-4 就是笔者曾经在工程设计中设计过的一款 LED 图形显示管。图 5-2-4(a)是 LED 图形显示管的模具壳体，在该壳体各个方框内置入 LED，再在其上放置图 5-2-4(b)的图形画面，则只需要控制各个 LED 的亮灭，就可以显示各种动画效果。

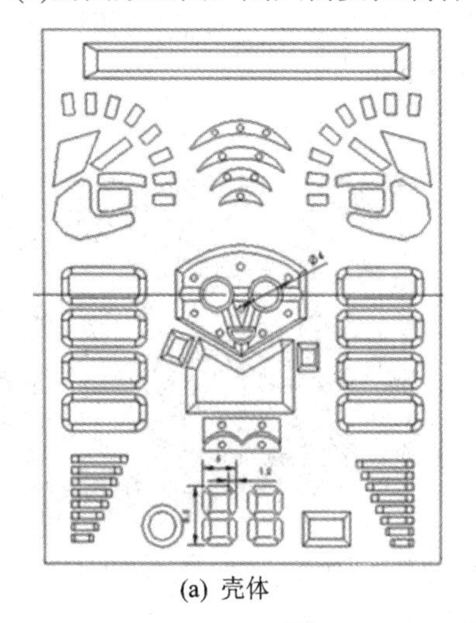

(a) 壳体

(b) 界面

图 5-2-4　LED 图形显示管

5.3　点阵式 LED 显示屏

为了满足对复杂数据的显示要求，需要采用点阵式显示，点阵式显示常见的有采用 LED 制成的 LED 显示屏和采用液晶制成的液晶显示屏。

点阵式 LED 显示屏内部实际上是由一个个 LED 组成的，只是现在常用的手机、PAD 设备上的 LED 非常小，一般无法辨别，除非屏幕的亮度足够高，才可以看出。如常见的 7 英寸屏(7 英寸是指屏的大小，即显示屏的对角线长度为 7 英寸)，640 × 480(640 × 480 是指显示屏横排有 640 个点，竖排有 480 个点)，如果为单色屏则是由 640 × 480 = 307 200 个 LED 组成的，如果为彩色屏则一个点由三基色(红、黄、蓝)组成，LED 的个数为 640 × 480 × 3 = 921 600 个。

最简单的点阵式 LED 显示器为 8 × 8 点阵式 LED 显示器，如图 5-3-1 所示。

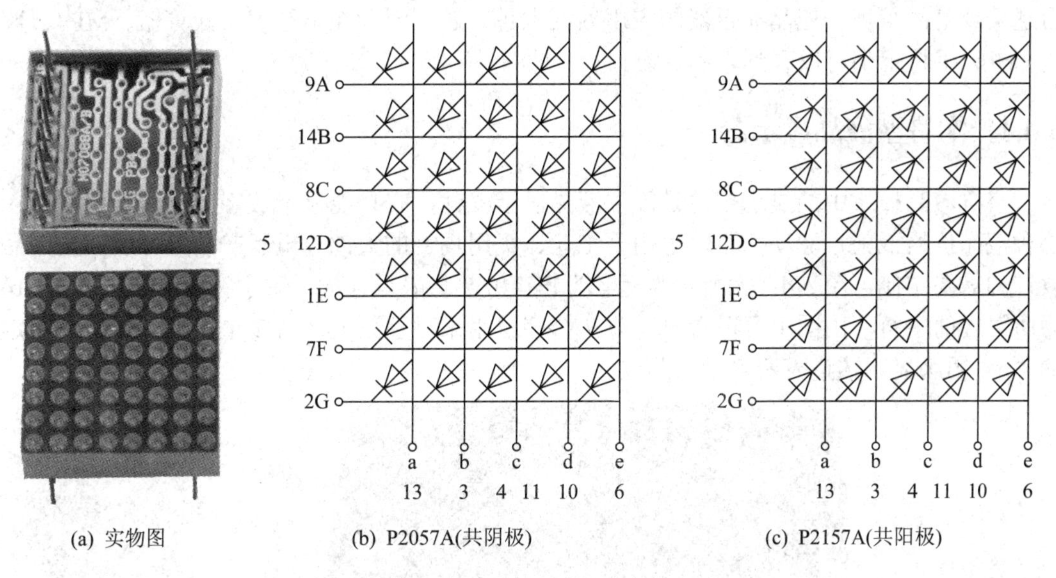

(a) 实物图　(b) P2057A(共阴极)　(c) P2157A(共阳极)

图 5-3-1　8 × 8 点阵式 LED 显示器

点阵式 LED 显示器不单可以显示字符，还可以显示汉字，只需要在汉字对应笔画上点亮 LED 即可。点阵式 LED 驱动与 LED 数码管类似，请参考相关的书籍，只是点阵式 LED 引脚较多，驱动时通常需要扩展，如果需要显示汉字，则需要存储字库，对 FLASH 存储器的空间要求过大。

LED 大屏幕显示器的应用十分广泛，在商店、车站、广场等都能见到各种类型的大屏幕显示装置，不仅有单色的，还有彩色的，不仅能显示文字，还可以显示图形、图像，甚至能产生各种动画效果，是广告宣传、新闻传播的有力工具，故其应用也越来越广泛。

将 LED 小型化则可以制成手机、笔记本电脑所用的显示屏，如图 5-3-2 所示，这种显示屏的驱动更加复杂，一般需要专门的驱动电路，外部控制设备通过标准接口与它进行通信，将需要显示的数据输入显示屏专用驱动电路，由显示屏专用驱动电路驱动显示屏来显示出需要的数据。

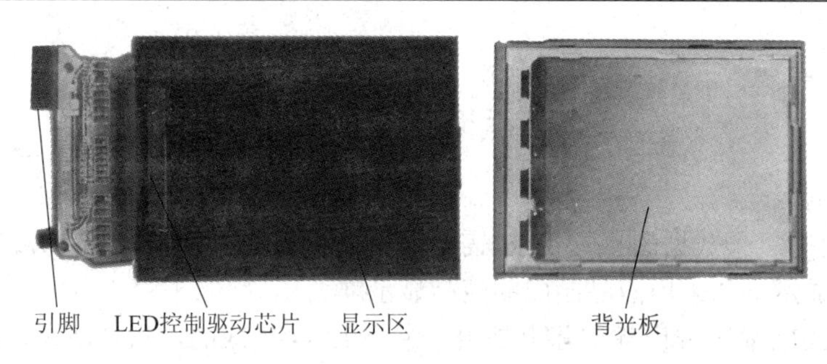

图 5-3-2　手机用 LED 显示屏

5.4　液　　晶

液晶显示器(LCD)是一种功耗很低的显示器，其以优越的性能、低廉的价格受到各方面越来越多的重视。液晶显示器的应用领域也越来越广泛，在电子表、计算器、MP4、数码相机、手机上都可以看到它的身影。

5.4.1　字符型液晶显示器

字符液晶模块中的显示部件是段位液晶显示器件，它只能显示数字及一些标识符号，这种液晶价格低廉，驱动简单，适用于工业、民用场合的大部分电子产品。可以根据产品设计的需要定制，图 5-4-1(a)所示为笔者为超声波热量表设计的一款字符型 LCD，5-4-1(b)为所对应的字符，由图中可以看出，前 7 个字符用来显示数值，后 2 个“米”格型与固定的“h”用来显示热量表所表示的单位。

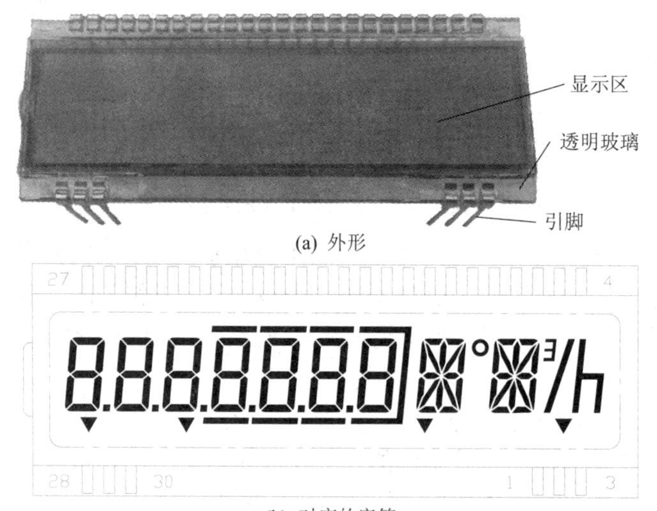

(a) 外形

(b) 对应的字符

图 5-4-1　字符型液晶显示器

在一些设计中，可以将一个汉字或多个汉字作为字符型液晶显示器的一个字符显示，因此，在需要显示较少汉字的场合亦可使用字符型液晶显示器，这样可以在较低成本的前提下实现汉字显示，如图 5-4-2 所示，该液晶显示器在制作时加入了特定的颜色，可以在不增加成本的条件下起到与彩色液晶显示器类似的色彩效果。

图 5-4-2　具有汉字和色彩效果的字符型液晶显示模块

5.4.2　点阵式液晶显示器

点阵图形液晶模块的液晶显示器件是由连续的点阵像素构成的，因此不仅可以显示字符，而且可以显示连续、完整的图形。点阵式液晶显示器也分为单色和彩色两种，图 5-4-3(a)为单色 102 × 64 点阵式 LCD，图 5-4-3(b)为彩色 320 × 240 点阵式 LCD。由于点阵式 LCD 需要驱动显示的段数较多(一个单色点即为一个段位)，因此一般集成有专用的行列驱动器、控制器以及必要的连接件、结构件等。该液晶显示器的价格较贵，驱动相对复杂，适用于工业、民用场合的高档电子产品。

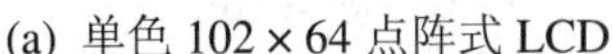

(a) 单色 102 × 64 点阵式 LCD　　(b) 彩色 320 × 240 点阵式 LCD

图 5-4-3　点阵式液晶模块

习 题

5-1 变色发光二极管是怎样实现变色的？理论上一个 1204×768 的 LED 彩色显示屏的内部有多少个发光二极管？

5-2 在选择使用发光二极管时，需考虑哪些问题？

5-3 数码管共阴、共阳有什么区别，在使用时应注意哪些问题？

5-4 怎样测试定制的 LED 图形显示管？

5-5 简要叙述 LCD 和 LED 的优缺点。

5-6 驱动 LCD 时，一般需要专用的 LCD 驱动芯片，列举一款常用的 LCD 驱动芯片，并画出其驱动 4COM×64SEG 的电路图。

第6章 机 电 元 件

利用机械力或电信号的作用，使电路产生连通、断开或者转接等功能的元件，称为机电元件。常见于各种电子产品中的连接器、继电器、微电机等都属于机电元件。

机电元件的工作原理及结构较为直观简明，容易被设计及整机制造者所轻视。实际上机电元件与电子产品的安全性、可靠性及整机水平关系很大，而且是故障多发点。正确选择、使用和维护机电元件是提高电子工艺水平的关键之一。

6.1 继 电 器

继电器是利用电磁原理使触点闭合或断开来实现电路中联结点控制的执行部件。它实际上是一种用低电压、小电流来控制大电流、高电压的自动开关，在自动控制系统、遥控遥测系统、通信系统等的控制装置和保护装置以及机电一体化设备中是不可缺少的开关控制元件。

6.1.1 继电器的分类

继电器的种类多样，分类方法也很多。继电器可以按动作原理、触点特征、结构形式、负载功率、防护特征或用途等进行分类。常见分类如图 6-1-1 所示。最常用的是直流电磁继电器、交流电磁继电器、固态继电器、干簧管继电器、时间继电器和磁保持继电器等。

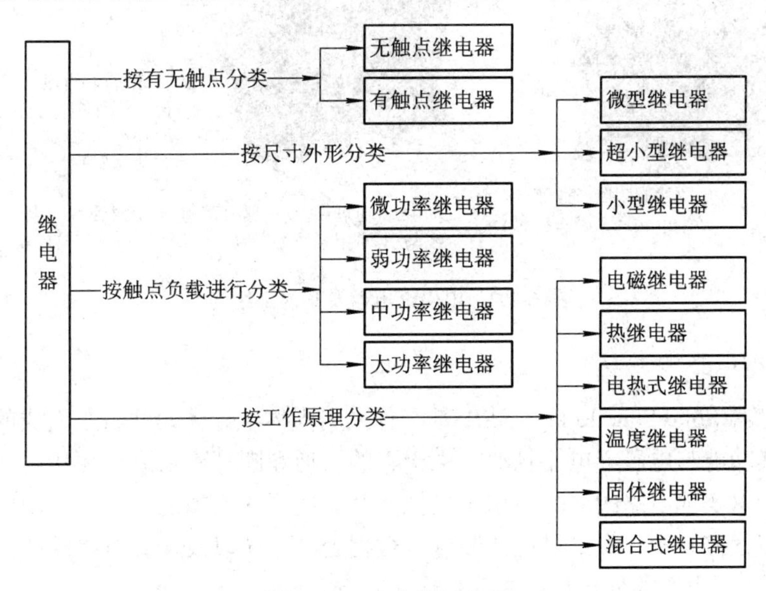

图 6-1-1 继电器的分类

6.1.2　常用继电器的外形、特点

任何类型的继电器均由三个主要部分组成：一是对输入的物理量产生相应处理的输入机构(如电感线圈、电磁铁、温敏元件、磁敏元件、电子电路等)；二是能够改变输出状态的输出机构(如触点、转换开关、电子开关等)；三是联结输入和输出机构的转换装置(如衔铁、比较器、光电耦合器等)。

继电器的主要特征如下：

(1) 继电器不同于一般的开关，它具有自动控制的功能。一般的开关、插接件的动作需要借助人力，不具备自动控制的功能。继电器是依靠输入的各种物理量(包括电量)而动作的，当输入量达到规定值时，继电器的输出状态就会发生变化。

(2) 继电器不同于一般的电子开关，它的输出和输入机构是严格电气隔离的，两者间的绝缘电阻不小于 100 MΩ，绝缘电压一般可达 1 kV。

(3) 继电器的输出量的变化必须是跳跃式的，或通或断，或呈高电平或呈低电平，并能对其他电气电路进行控制、保护或调节。

1. 电磁继电器

电磁继电器是一种将电能转换成磁能，从而控制元件动作的器件，如图 6-1-2 所示，当在线圈中流过控制电流时，产生磁场，吸合衔铁，触动触点，使动触点与常开静触点连接；当无电流流过线圈时，衔铁被弹簧拉回，使动触点与常闭静触点连接。

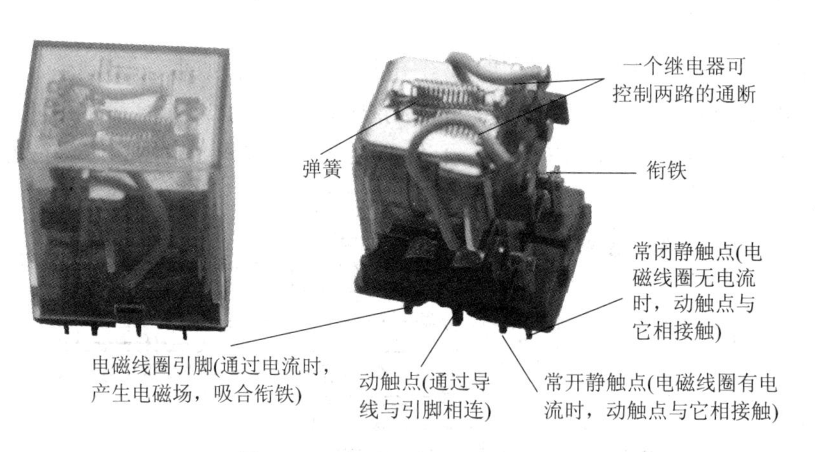

图 6-1-2　电磁继电器及其内部结构

2. 固态继电器

固态继电器(Solid State Relay，SSR)是一种采用固体半导体元件组装而成的新颖无触点开关元件，其功能与电磁继电器相似。由于它的接通和断开不依靠机械接触部件，因而可以以很高的频率实现电路的通断，这是机械式开关所无法比拟的。它广泛地应用于自动控制装置、数字程控装置、微电机控制装置、数据处理系统以及计算机终端的接口电路中。图 6-1-3 为固态继电器的外形和结构。

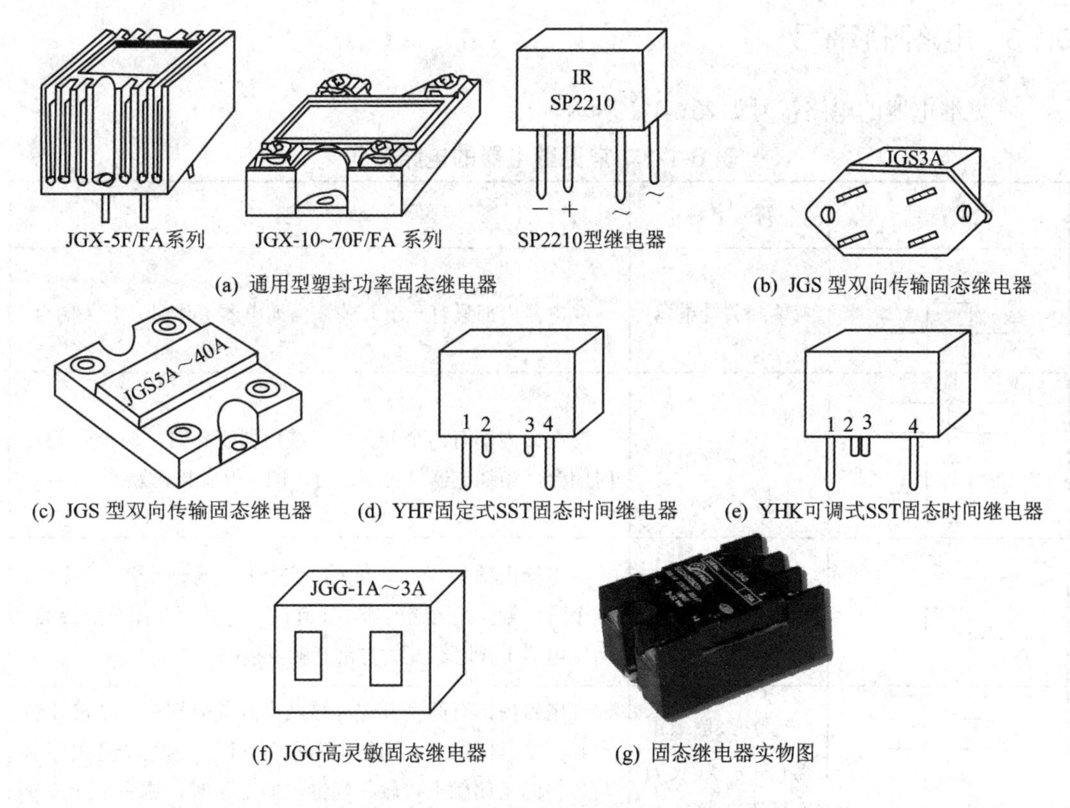

(a) 通用型塑封功率固态继电器　(b) JGS 型双向传输固态继电器

(c) JGS 型双向传输固态继电器　(d) YHF固定式SST固态时间继电器　(e) YHK可调式SST固态时间继电器

(f) JGG高灵敏固态继电器　(g) 固态继电器实物图

图 6-1-3　固态继电器的外形与结构

3. 干簧管继电器

干簧管继电器的全称叫做干式舌簧开关管继电器。它是把两片由既导磁又导电的材料做成的簧片平行地封入充有惰性气体(如氦气、氮气等)的玻璃管中组成的开关元件。H 型干簧管继电器的实物、外形及内部结构如图 6-1-4 所示。干簧管继电器中簧片的吸合与断开取决于干簧管所处位置的磁场强度。干簧管继电器具有结构简单、体积小、寿命长、防腐、防尘及便于控制的优点，可广泛地应用于接近开关、防盗报警的控制电路中。

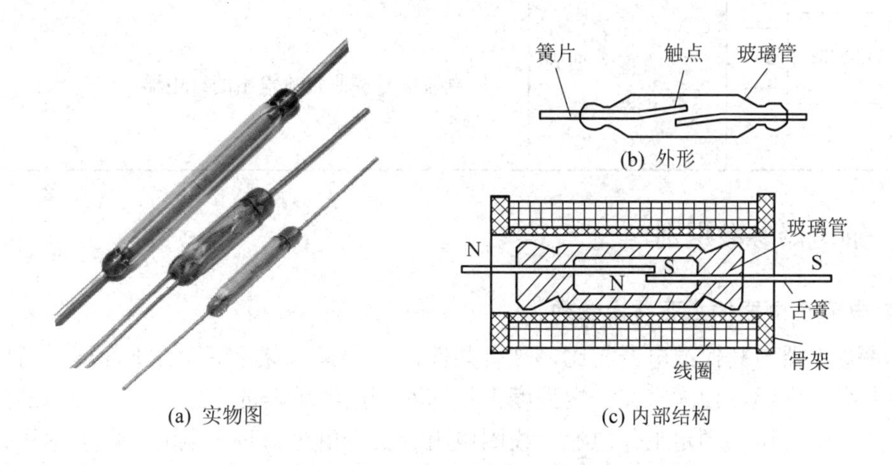

(a) 实物图　(b) 外形　(c) 内部结构

图 6-1-4　H 型干簧管继电器的实物图、外形及内部结构

6.1.3 电路图形符号

常见继电器的电路符号如表 6-1-1 所示。

表 6-1-1　常见继电器的电路符号

电路符号	符号名称	说　明
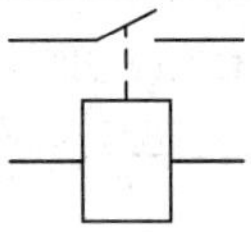	单开关继电器	继电器内部只有一个开关，当继电器工作时，开关闭合
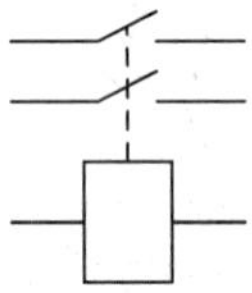	双开关继电器	继电器内部有两个开关，当继电器工作时，两个开关同时闭合，当继电器停止工作时，两个开关同时断开
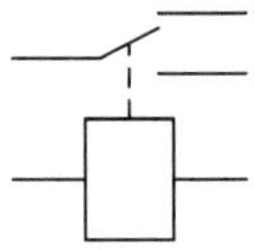	单刀多掷继电器(图示为单刀双掷继电器)	继电器内部只有一个开关，这个开关有一个常开触点和一个常闭触点，当继电器不工作时，开关与常闭触点接触，当继电器工作时，开关与常开触点接触
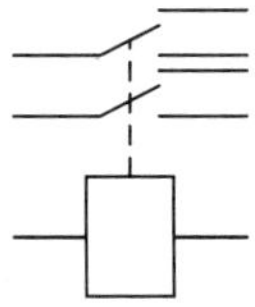	多刀多掷继电器(图示为双刀双掷继电器)	继电器内部有两个开关，这两个开关分别有一个常开触点和一个常闭触点，当继电器不工作时，这两个开关分别与各自的常闭触点接触，当继电器工作时，这两个开关分别与各自的常开触点接触
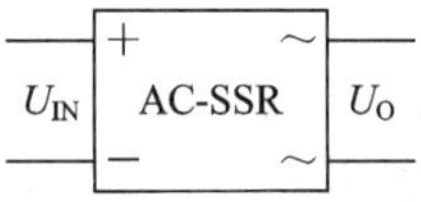 U_{IN} + − AC-SSR ~ ~ U_O	交流型固态继电器	用直流信号控制交流输出的继电器
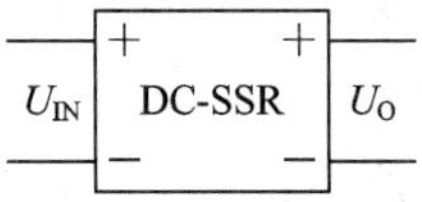 U_{IN} + − DC-SSR + − U_O	直流型固态继电器	用直流信号控制直流输出的继电器
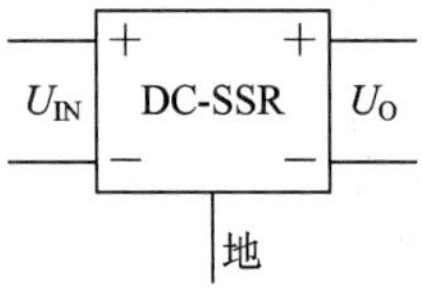 U_{IN} + − DC-SSR + − U_O 地	三端直流型固态继电器	用直流信号控制直流输出的继电器

6.1.4 继电器参数识别

1. 电磁继电器的主要技术参数

电磁继电器与其他继电器相比，既有共性，又有其本身的特性。下面通过对电磁继电器主要参数的介绍，使大家在一定程度上加深对一般继电器的了解。电磁继电器的主要参数有额定工作电压、额定工作电流、线圈电阻、吸合电压、吸合电流、释放电压、释放电流、触点负荷等，如表 6-1-2 所示。

表 6-1-2　电磁继电器的主要参数

参　数	说　明
额定工作电压	指继电器在正常工作时需要在线圈两端所加的电压
额定工作电流	指继电器在正常工作时通过线圈的电流
线圈电阻	指继电器线圈的直流电阻值。有些继电器的产品说明书中只给出了额定工作电压和线圈电阻，这时可根据欧姆定律求出其额定工作电流
吸合电压	指使继电器能够产生吸合动作的最小电压值。吸合电压通常是线圈额定电压的75%。但是如果只给继电器的线圈加上吸合电压，这时产生的吸合动作是不可靠的
吸合电流	指使继电器能够产生吸合动作的最小电流值
释放电压	当继电器线圈两端的电压降低到一定值时，继电器就从吸合状态转换到释放状态。释放电压是指产生释放动作时的最大电压。释放电压比吸合电压要小得多
释放电流	指产生释放动作的最大电流
触点负荷	指继电器的触点允许通过的电流和所加的电压值，即触点的负载能力值。触点在工作时不允许超过该值，否则将会损坏触点。为了保证继电器的触点不被损坏，不能用触点负荷小的继电器去控制负载大的电路
线圈电源	指加在线圈上的电压是直流(DC)还是交流(AC)
消耗功率	指线圈消耗的额定功率值

2．固态继电器的技术参数

固态继电器的种类、规格较多，不同品种、型号的继电器要求的输入、输出参数也和一般性能参数各不相同，常见参数如表 6-1-3 所示。

表 6-1-3　固态继电器的常见参数

参　数	说　明
输入电压	指环境温度在 25℃以下时，SSR 能够正常工作的输入电压范围
绝缘电阻	指在输入端和输出端、输入端和外壳以及输出端和外壳之间加上 550 V 直流电压时测得的电阻值
额定输出电流	指环境为 25℃时的最大稳态工作电流
浪涌电流	指继电器能承受而不致造成永久性损坏的非重复最大浪涌(或过载)电流
过零电压	指交流过零型固体继电器的输入端加上额定电压时，能使输出端导通的最大起始电压
关断 dV/dt	指继电器输出元件能够承受的不使其导通的电压(指数)上升率，单位为 V/μs
最高结温	指输出开关元件所允许的最高结温

6.1.5　继电器的使用

1．电路元件保护

图 6-1-5 为一电路元件保护电路，在该电路中，如果不加入电磁继电器 K_1 和电阻 R_1，则将市电处理后直接进行整流和滤波(市电处理电路可参考第 2 章的相关内容)，从电路理

论上分析是正确的，通常见到的也是这样的电路。但是由于 C_1 和 C_2 的容量过大，开机时电容又没有电荷，相当于短路，因此电流大，短路时间较长，这将会损毁 BG_1 和 F_1。为了减小电流，可以加入限流电阻 R_1，但是如果不加入 K_1，则 R_1 一直在电路中工作，产生发热，浪费能量。加入 K_1 后，由于 +12 V 是由 V_{DD} 通过开关电源电压转换而来的(开关电源未画出)，开机时，V_{DD} 为 0，则无 +12 V 电压，K_1 断开不工作，电流经过 R_1 向电容 C_1、C_2 充电到 BD1，限制了 C_1、C_2 的充电电流，当 C_1、C_2 中有电荷，V_{DD} 电压上升，当该电压上升到开关电源启动电压时，转换出 +12 V，K_1 工作，将 R_1 短路，R_1 不继续发热。

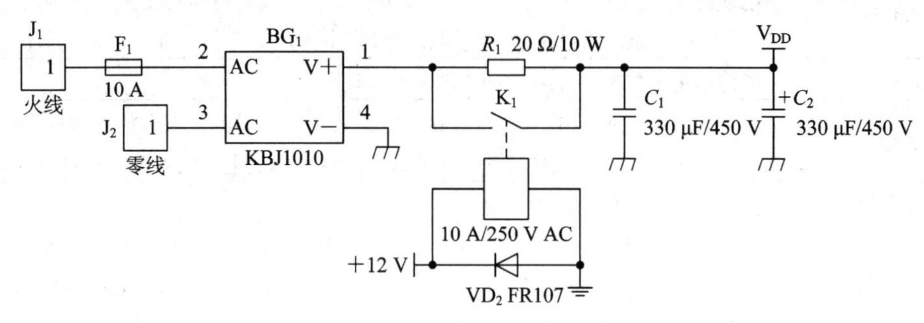

图 6-1-5　电路元件保护电路

2．电路安全防护

图 6-1-6 为一电路安全防护电路，在该电路中，S_1 为大电流轻触式开关，S_1 按下时接通，松开时自动断开。开机时，轻触 S_1，市电经过 S_1，启动 K_1，这时放开 S_1，电路正常工作，但当市电突然跳闸(断电后又接着通电)时，该电路将不工作，以防止市电跳闸后影响后级电路的正常工作。该电路在对安全要求高的场合用到，如侵入式人体治疗设备。

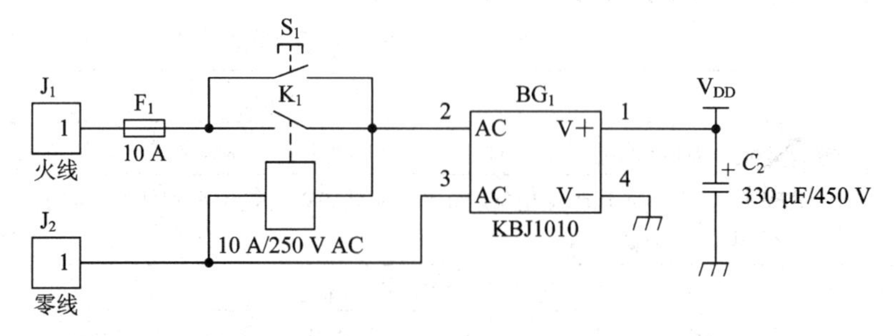

图 6-1-6　电路安全防护电路

3．SSR 输出直接驱动负载

图 6-1-7 为 SSR 的输出直接驱动负载的电路。若负载的功率不大且为纯阻性时，一般可以不加起保护作用的吸收电路或压敏保护电路。

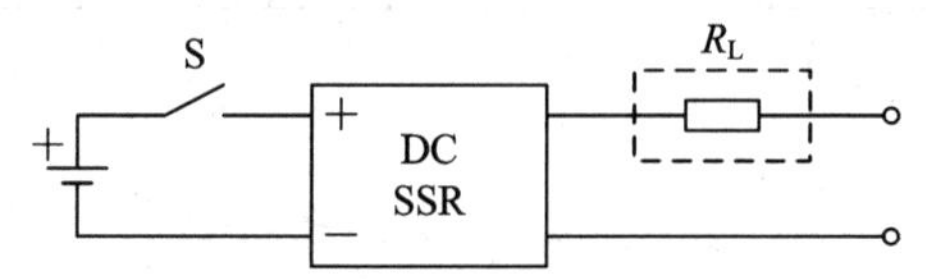

图 6-1-7　SSR 的输出直接驱动负载的电路

4．SSR 驱动大功率可控硅

用 SSR 的输出可直接控制并触发大功率可控硅的通断。图 6-1-8(a)所示为 SSR 驱动双向可控硅的电路，图 6-1-8(b)所示为 SSR 驱动两个单向可控硅的电路。

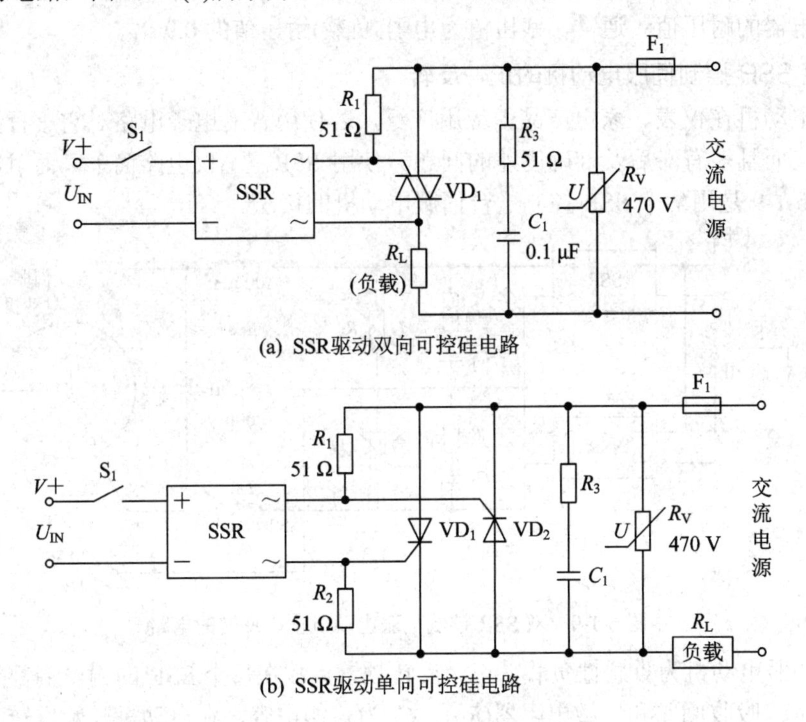

(a) SSR驱动双向可控硅电路

(b) SSR驱动单向可控硅电路

图 6-1-8　SSR 驱动大功率可控硅的电路

设计电路时，应根据负载的情况(功率、感性或纯阻性)选用可控硅的通态平均电流及型号，并决定在电路中是否加起保护作用的吸收电路。通常一个输出电流为 2 A 的 SSR 足以触发(推动)负载电流为 1000 A 左右的大功率可控硅。对于交流型 SSR，是否需要加图 6-1-8 中所示的 R_3、C_1 吸收电路，应视其负载大小和感性情况而定。对于功率较大的感性负载，必须加起保护作用的 *RC* 网络，以保证 SSR 不因浪涌或过载而损坏。表 6-1-4 给出了不同工作电流的 SSR 与应配接的 *RC* 元件的参数，该参数为理论参数，需要根据实际工作场合调整。

表 6-1-4　SSR 与吸收回路相配接的 *RC* 元件的参数

SSR 的额定工作电流/A		5	10	20	50
电阻 *R*	阻值/Ω	110	100	80	40
	功率	按 $P_R = U^2 \times C \times 10^{-4}$(W)的公式计算 式中 *U* 为标称工作电压，*C* 为串接的电容值			
电容 *C*	容量/μF	0.0047	0.1	0.15	0.2
	耐压/V	(1.1～1.5) × 标称工作电压			

在交流型 SSR 输出端加保护用的 *RC* 吸收回路，多适用于功率较大的纯阻性或轻感性负载(如小型接触器、中间继电器、小型电磁阀等)。对于功率较大的重感性负载，应在 *RC* 网络两端并接一个功率合适的压敏电阻器。在交流情况下，压敏电阻器的标称电压应为正常工作电压(有效值)的 1.8 倍～2.5 倍(如果电压波动频繁，系数值要取高一些)。同时，压敏

电阻器的残压(指压敏电阻器中流过某一脉冲电流时的电压峰值，也称限制电压)一定要小于被保护电器的耐压值。通常，残压值为电器(负载)耐压值的 0.9 倍。

5. 双 SSR 控制伺服电动机的正、反转

伺服电动机在仪表、家电产品中应用广泛，若使用普通电子电路对它进行控制，不仅电路复杂，而且多有滞后及准确度差的问题。使用 SSR，不仅电路简单，而且响应快捷、准确。图 6-1-9 是用两个 SSR 控制一台伺服电动机的接法。

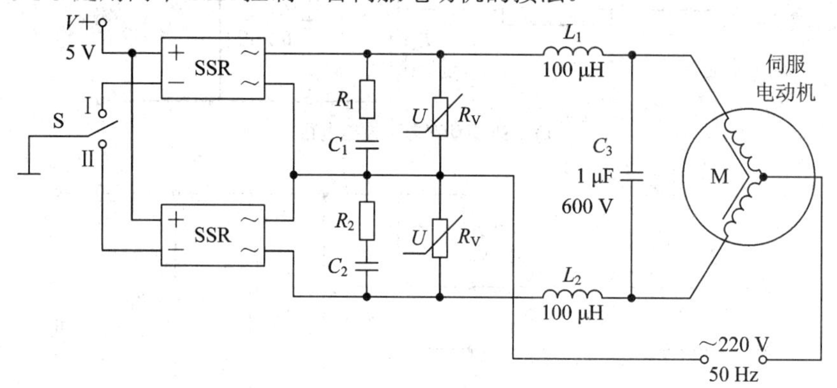

图 6-1-9　双 SSR 控制伺服电动机正、反转的电路

由于伺服电动机为重感性负载，正、反转频繁，故在每个 SSR 的输出端都加接了起保护作用的 *RC* 吸收回路和压敏电阻器(R_V)。C_3 为移相电容，在电动机开始反转时，电动机的电感 *L* 和 C_3 的相移有可能产生两倍左右的电网电压，因此，在选用 SSR 时应考虑继电器是否能承受这个电压。

此外，在使用本电路时，为了限制开始反转时电容器 C_3 的放电电流，开关 S(或其他相应的控制信号)应按时序进行，即在断开正转、转入反转时，其时间应延迟半个周期以上，以保证伺服电动机平稳地转向。

6.1.6 继电器的选用

1. 电磁继电器的选用

通常根据以下几个方面选择电磁继电器。

(1) 种类、型号与使用类别。选择继电器的种类，主要依据被控制和保护对象的工作特性而定；型号的选择主要依据控制系统提出的灵敏度或精度要求而定；使用类别决定了继电器所控制的负载性质及通断条件，应与控制电路的实际要求相比较，使其满足要求。

(2) 使用环境。根据使用环境选择继电器，主要考虑继电器的防护和使用区域。如对于含尘埃及腐蚀性气体及易燃、易爆的环境，应选用带罩的全封闭式继电器；对于高原及湿热等特殊区域，应选用适合该环境的产品。

(3) 额定数据和工作制。继电器的额定数据在选用时应注意线圈的额定电压、触点的额定电压和额定电流。线圈的额定电压必须与所控制电路的电压相符，触点的额定电压可以为继电器的最高额定电压(即继电器的额定绝缘电压)。继电器的最高工作电流一般小于该继电器的额定发热电流。继电器一般适用于 8 小时工作制(间断工作制)、反复短时工作

制和短时工作制。在选用反复短时工作制时，由于吸合时有较大的工作电流，所以使用频率应低于额定操作频率。

2. 固态继电器的选用

固态继电器的品种、型号繁多，其组成、结构各异，各具特点。在进行SSR选型和使用时，除了需要注意SSR普遍存在的问题(共性)以外，还应注意不同产品或型号的特殊性。

(1) 型号选择。SSR按切换负载的性质分，有直流型和交流型两大类。交流型SSR有过零和非过零两种类型的产品，其开关触点有常开式(目前市场上多为常开式)和常闭式两种。在进行电路设计和选购元器件时，务必先弄清楚设计要求和被控负载的情况。

(2) 交流型SSR是针对在工频(我国为50 Hz)下工作而设计的。应用时，对被控交流电源的要求是频率为40 Hz～60 Hz，波形为正弦波。SSR产品在此频率范围外或在非纯正弦波作用下能否正常工作，要视具体情况而定。

(3) 选用具体的SSR产品时，首先应确定它的电性能参数，如输入电压(电流)、输出电压(电流)、过负载电流(浪涌电流)以及 dV/dt 等，与实际要求的技术指标是否相符或相配，以及与外接电路或负载是否匹配等。

(4) 在选用某种型号的产品时，还要考虑其外形结构、装配方式和散热情况等。SSR的外形结构有针孔焊接式、装置式、插接式及双列直插式等类型。针孔焊接式SSR和双列直插式SSR的输出端的开断电流一般在3 A以下，可在印制电路板上直接安装、焊接，另外还需要加装散热板；插接式SSR需要配接专用接插件；装置式SSR适合在配电板上安装，其电流在5 A～40 A之间，一般要配置大面积的散热板。

(5) SSR的负载能力与工作环境的温度有关，当环境温度升高时，SSR的负载能力随之下降。因此，在选择SSR的额定工作电流时应留有充分余量。

(6) SSR导通时本身耗散的功率会使外壳温度升高，而最大负载电流随外壳温度的升高而下降。为了使SSR能满额运行，应减少其本身的发热量并加强散热效果，如加装适当规格的散热板。

(7) 连接SSR时，应注意直流控制电压的大小与极性。请读者注意：交流SSR不能用在输出端是直流电源的场合；直流SSR也不能用在输出端是交流电源的场合。

(8) 对于交流型SSR，其输出端加RC吸收回路是必需的。在购买SSR器件时，应弄清楚该型号的SSR内是否配置有RC吸收回路(有的装了，而有的没有)。对于感性负载，尤其是重感性负载，除了配置RC吸收回路外，还应增加压敏电阻器。压敏电阻器的标称工作电压可选电源电压有效值的1.9倍。

(9) 焊接时间问题。在使用针孔焊接式SSR和触发式SSR时，其焊接温度不应高于260℃，焊接时间应小于10 s。对于螺丝固定式SSR，应加垫圈防止松动，而且扭劲不宜过大，以防损坏。

(10) SSR的输入与输出间的隔离方式有光电式隔离和干簧管继电器隔离等。采用光电隔离方式的SSR，其内部发光二极管的反向击穿电压仅为6 V左右，为了确保器件的使用安全，应在发光二极管回路中串接一个保护二极管，以防反向击穿。

(11) 注意SSR规定的工作电流。当输入信号源的电压较高时，必须在输入回路中串接限流电阻。

(12) 在使用时务必注意，与SSR输出端串接的负载绝不可短路。

6.2 连 接 器

连接器是电子产品中用于电气连接的一类机电元件，使用十分广泛。连接器常用于一个电子产品(或电类)设备与另一个电子产品(或电类)设备之间的电连接，这种连接易于脱开，方便电路板调试和设备内部空间布局。

每个连接器都有特定的电特性和机械特性。一个连接器的电特性可能决定了稳定传输信号的频率或者电压。而机械因素，如电缆的型号、尺寸及电缆或者基座是否需要安装等，在选择连接器类型时都需要考虑。在电子产品中一般有以下几类连接：

(1) A 类：元器件与印制电路板的连接。

(2) B 类：印制电路板与印制电路板或导线之间的连接。

(3) C 类：同一机壳内各功能单元的相互连接。

(4) D 类：系统内各种设备之间的连接。

6.2.1 连接器的分类

由于连接器的结构日益多样化，新的结构和应用领域不断出现，用一种固定的模式来解决分类和命名问题，已显得难以适应。尽管如此，一些基本的分类仍然是有效的，表 6-2-1 所示的是连接器的常见分类。

表 6-2-1　连接器常见分类

划分方式	分　类	说　　明
按外形分类	圆形连接器	主要用于 D 类连接，端口接导线、电缆等，外形为圆筒形
	矩形连接器	主要用于 C 类连接，外形为矩形或梯形
	条形连接器	主要用于 B 类连接，外形为长条形
	印制板连接器	主要用于 B 类连接，包括边缘连接器、板装连接器、板间连接器
	IC 连接器	用于 A 类连接，通常称插座
	导电橡胶连接器	用于液晶显示器件与印制板的连接
按用途分类	电缆连接器	连接多股导线、屏蔽线及电缆，由固定配对器组成
	机柜连接器	一般由配对的固定连接器组成
	音视频设备连接器	用于视频显示设备和音频播放设备与控制设备的连接
	电源连接器	通常称为电源插头插座
	射频同轴连接器	也称高频连接器，用于射频、视频及脉冲电路
	光纤光缆连接器	用于长距离、大数据量通信设备
	其他专用连接器	如办公设备、汽车电器等专用的连接器

6.2.2　连接器的基本结构

一般的连接器由接触件、绝缘体、外壳(视品种而定)、附件组成，如图 6-2-1 所示。

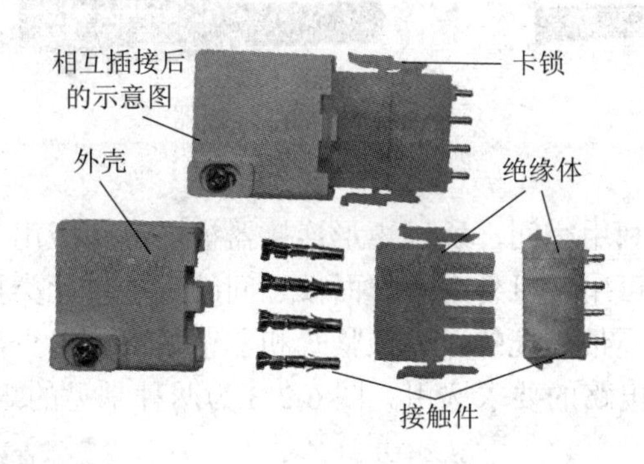

图 6-2-1　连接器结构图

(1) 接触件：接触件是连接器完成电连接功能的核心零件。一般由阳性接触件和阴性接触件组成接触对，通过阴、阳接触件的插合完成电连接。阳性接触件为刚性零件，其形状为圆柱形(圆插针)、方柱形(方插针)或扁平形(插片)。阳性接触件一般由黄铜、磷青铜制成。阴性接触件即插孔，是接触对的关键零件，它依靠弹性结构在与插针插合时发生弹性变形而产生的弹性力与阳性接触件形成紧密接触，完成连接。插孔的结构种类很多，有圆筒型(劈槽、缩口)、音叉型、悬臂梁型(纵向开槽)、折叠型(纵向开槽，9 字形)、盒形(方插孔)以及双曲面线簧插孔等。

(2) 绝缘体：绝缘体也常称为基座或安装板，它的作用是使接触件按所需要的位置和间距排列，并保证接触件之间和接触件与外壳之间的绝缘性能。良好的绝缘电阻、耐电压性以及易加工性是选择绝缘材料加工成绝缘体的基本要求。

(3) 壳体：也称外壳，是连接器的外罩，它为内装的绝缘安装板和插针提供机械保护，并提供插头和插座插合时的对准，进而将连接器固定到设备上。

(4) 附件：附件分结构附件和安装附件。结构附件有卡圈、定位键、定位销、导向销、联接环、电缆夹、密封圈、密封垫等。安装附件有螺钉、螺母、螺杆、弹簧圈等。附件大都有标准件和通用件。

6.2.3　常用连接器的外形、特点

1. 圆形连接器

圆形连接器也称为航空插头插座，如图 6-2-2 所示，它有一个标准的螺旋锁紧结构，接触点的数目从两个到上百个不等。其插拔力较大，连接方便，抗震性好，容易实现防水密封及电磁屏蔽等特殊要求，该器件适用于将大电流连接到不需要经常插拔的电路中。此类连接器额定电流在 1 A 到数百安培之间，工作电压均在 300 V～500 V 之间。

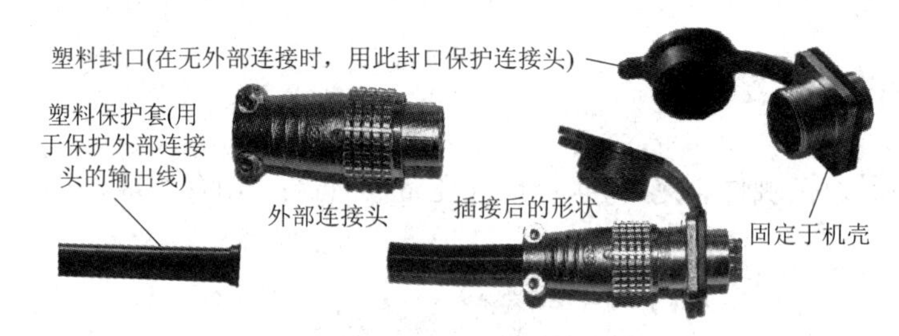

图 6-2-2　圆形连接器

2．矩形连接器

矩形排列能充分地利用空间，所以矩形连接器被广泛地应用于机内互连。当其带有外壳或者紧缩装置时，也可用于机外电缆与面板之间的连接。此类插头插座可分插针式和双曲线簧式；有带外壳和不带外壳的；有锁紧式和非锁紧式。接点数目、电流、电压均有多种规格，使用时应根据电路的要求选用。图 6-2-3 为两种常见的矩形连接器。

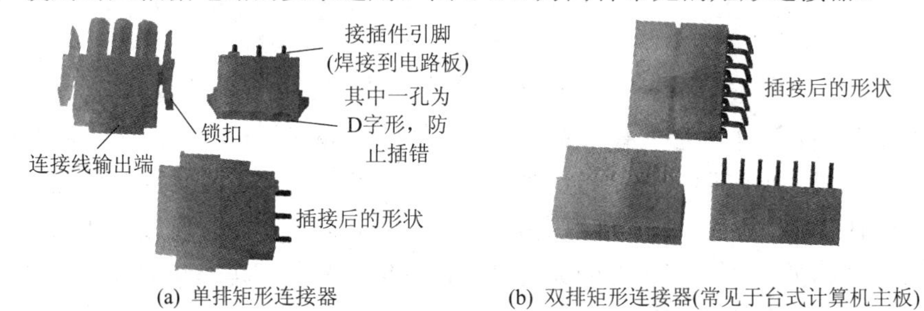

(a) 单排矩形连接器　　(b) 双排矩形连接器(常见于台式计算机主板)

图 6-2-3　矩形连接器

3．印刷板连接器

为了方便印刷电路板的更换和维修，在几块印刷电路板之间或在印刷电路板与其他部件之间，经常采用印刷板连接器进行互连，如图 6-2-4 所示，其结构形式有簧片式和针孔式。簧片式插座的基体用高强度的酚醛塑料压制而成，孔内有弹性金属片，这种结构比较简单，使用方便。针孔式连接器可分为单排和双排两种，插座装焊在印刷板上，引线数目可从两根到一百根不等，在小型仪器中常用于印刷电路板的对外连接。

图 6-2-4　印刷板连接器

4．音频连接器

音频连接器是日常生活中最常见的连接器，广泛地应用于各种需要音频输入/输出的设备，如手机、平板电脑、笔记本电脑、PDA、导航仪、MP3、MP4 等。其常见实物如图 6-2-5 所示。

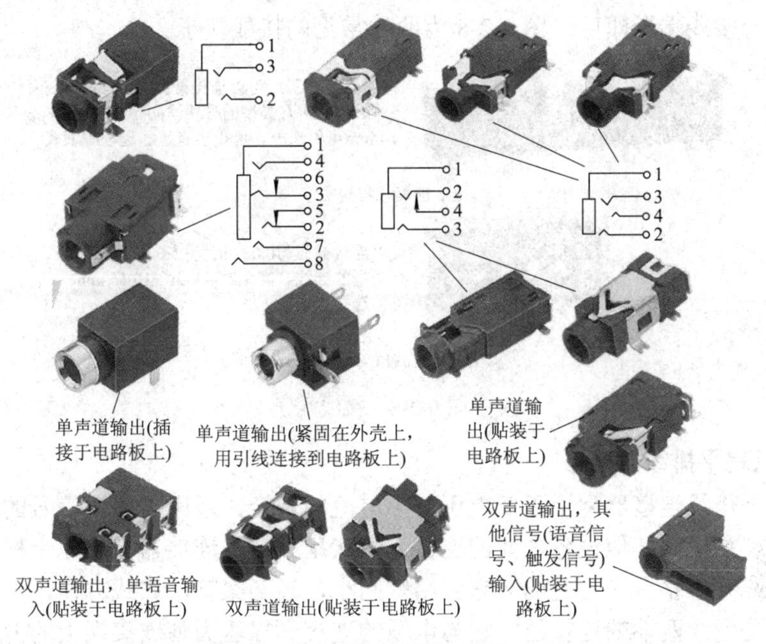

图 6-2-5　常见音频连接器

5. USB 连接器

USB 设备以其连接线少、速度快、可热插拔等优点，已广泛地应用于各类电子设备中，USB 连接器的外形样式很多，图 6-2-6 给出了两种常见的 USB 连接器外形。

(a) 计算机上常见的USB口　　(b) 另一种USB口(常见于移动硬盘、便携式设备)

图 6-2-6　USB 连接器

6. D 形连接器

D 形连接器在老式计算机上常见于作为串口的 DB9 和作为并口的 DB25 使用，随着技术的发展，并口和串口使用得越来越少，但 D 形连接器在一些工业应用中还常见其身影。图 6-2-7 为常见的 DB9 连接器，它分为阴头和阳头，配对连接使用。

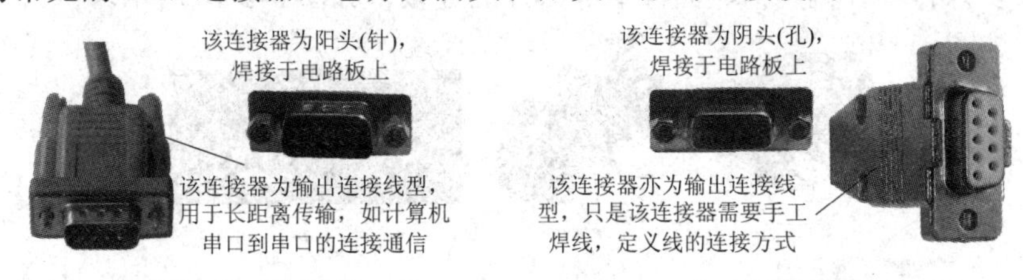

(a) 阳头连接器　　(b) 阴头连接器

图 6-2-7　D 形连接器

7. 大电流连接器

在一些需要流过大电流的场合，常使用接线端子，该类连接器的导线直径较粗，可流过较大的电流，且便于连线安装，与矩形连接器相比无需专用压线器，只需要一把螺丝刀，将导线紧固于接线端子即可。图 6-2-8 为两种常见的接线端子。

(a) 栅板式接线端子

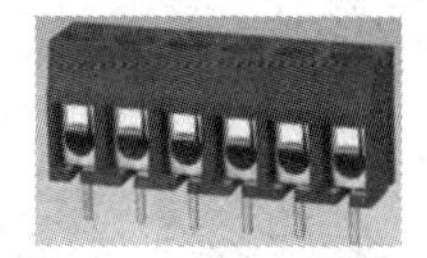

(b) 螺钉式PCB接线端子

图 6-2-8　接线端子

8．带状扁平排线连接器

带状扁平排线连接器常用于低电压、小电流的场合，适用于微弱信号的连接，多用于计算机中实现主板与其他设备之间的连接。带状扁平排线连接器是由几十根以聚氯乙烯为绝缘层的导线并排粘合在一起的。它占用空间小，轻巧柔韧，布线方便，不易混淆。带状电缆的插头是电缆两端的连接器，它与电缆的连接是靠压力使连接端上的刀口刺破电缆的绝缘层实现电气连接，其工艺可靠简单。电缆的插座部分直接焊接在印刷电路板上。带状扁平电缆连接器如图 6-2-9 所示。

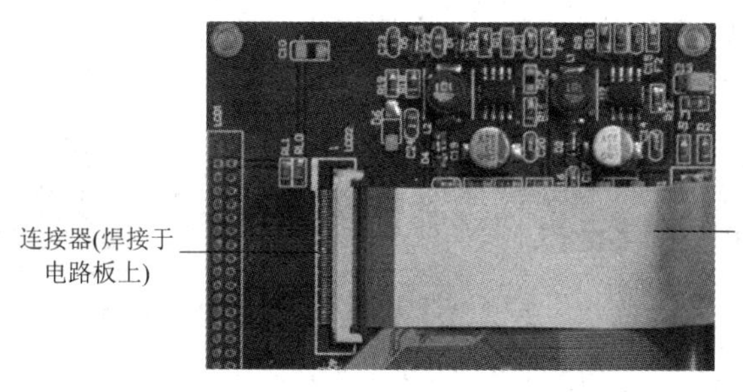

图 6-2-9　带状扁平电缆连接器

9．AV 连接器

AV 连接器也称为音视频连接器或视听设备连接器，用于各种音响、录放像设备、CD、VCD，以及多媒体计算机声卡、图像卡等部件的连接，如图 6-2-10 所示。

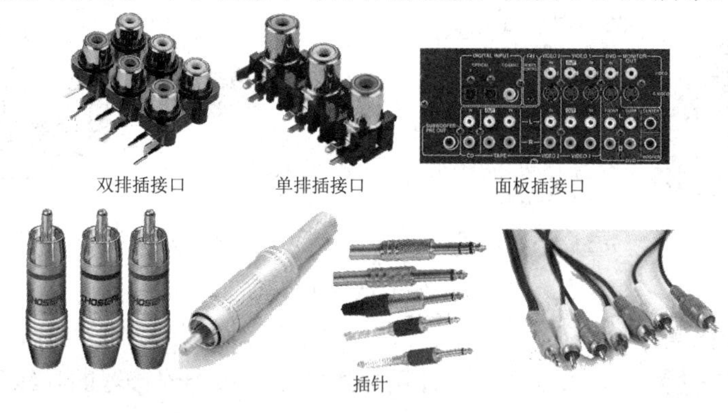

图 6-2-10　音视频连接器

10．条形连接器

条形连接器主要用于印刷电路板与导线的连接，在各种电子产品中都有广泛的使用。常用的插针间距有 2.54 mm 和 3.96 mm 两种，插针尺寸也不同，工作电压为 250 V，工作电流为 1.2 A(此时的插针间距为 2.54 mm，若工作电流为 3 A，则间距为 3.96 mm)，接触电阻约 0.01 Ω。此种连接器的插头与导线一般采用压接的方式连接。压接质量对连接器的可靠性影响很大。连接器的机械寿命约为 30 次。图 6-2-11 为两种常见的条形连接器。

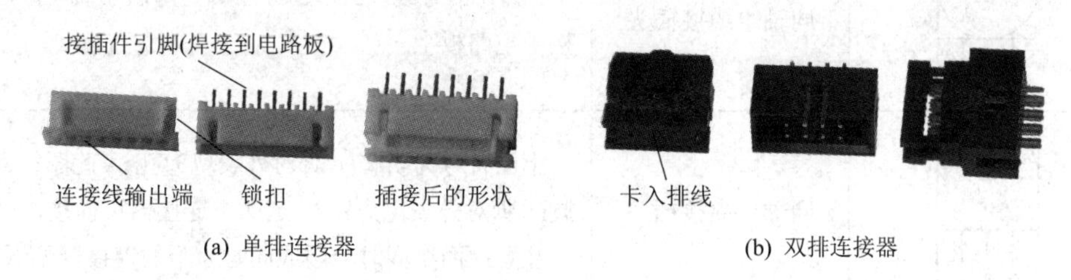

图 6-2-11　条形连接器

11．元器件插座

元器件插座是元器件的底座，用于插接元器件。由于一些特殊的原因可能需要更换元器件，这时如果将元器件直接焊接于电路板上，则会在更换时出现麻烦，因此使用元器件插座是一个比较好的选择。如在使用继电器时，由于电磁继电器的寿命有限，一段时间后可能需要更换新的器件，这时可使用继电器专用插座。图 6-2-12 给出了几种常见的元器件插座。

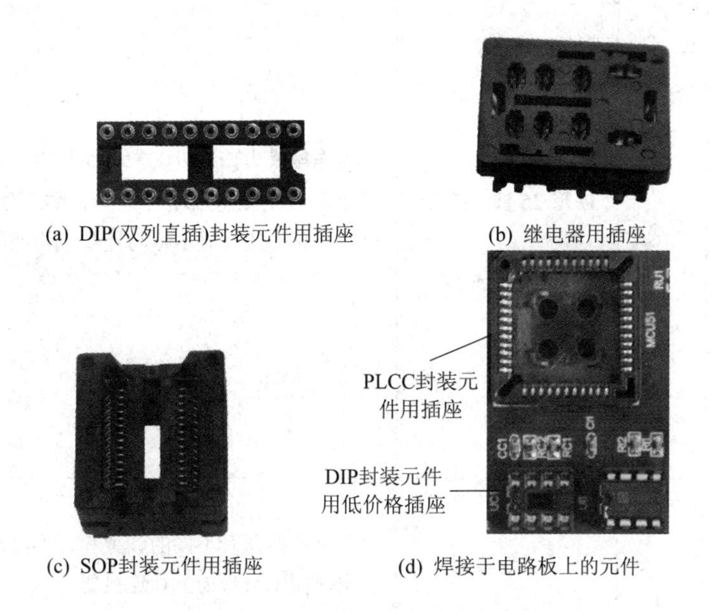

图 6-2-12　元器件插座

6.2.4　连接器的电路图形符号

连接器的电路符号如表 6-2-2 所示。

表 6-2-2　连接器的电路符号

电路符号	符号名称	说　　明
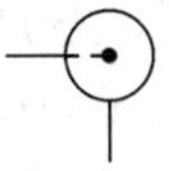	同轴电缆接插头	同轴电缆连接器，内部为信号线，外部为屏蔽线
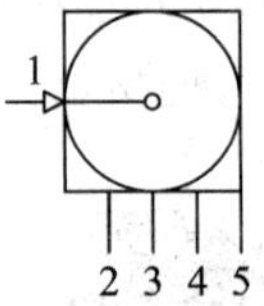 1 2 3 4 5	同轴电缆接插头	1 脚为信号线，2、3、4、5 脚为屏蔽引脚，该插头焊接于电路板上
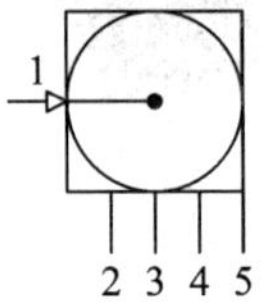 1 2 3 4 5	同轴电缆接插头	上图符号为阴脚(1 脚对外表现为孔)，此图符号为阳脚(1 脚对外表现为针)，这两个连接器可插接在一起。 注意：两个同时为阴或同时为阳的连接器无法互连
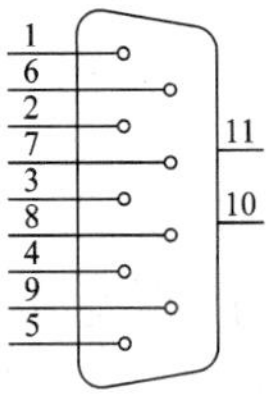 1 6 2 7 3 8 4 9 5 11 10	D 形 9 针连接器	该连接器为计算机上常见的串口插头，10、11 脚为固定端
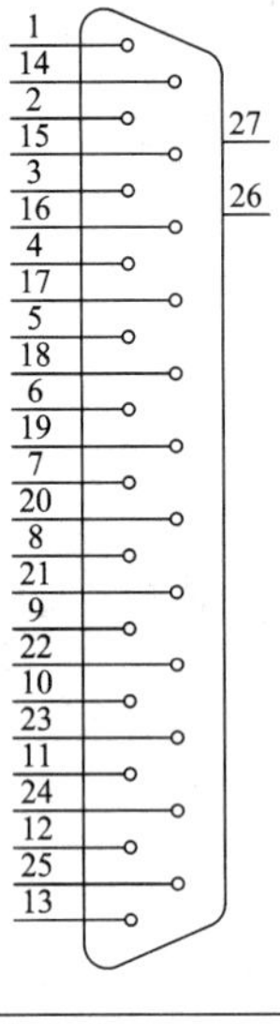 1 14 2 15 3 16 4 17 5 18 6 19 7 20 8 21 9 22 10 23 11 24 12 25 13 27 26	D 形 25 针连接器	该连接器为计算机上常见的并口插头，26、27 脚为固定端(D 形连接器有不同的针数之分，在此不一一列出，常见的还有显示器与计算机相连的插头)
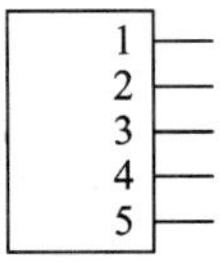 1 2 3 4 5	单排连接器	单排连接器有不同的针数和外形，外形无法通过符号看出，图示符号为 5 针连接器
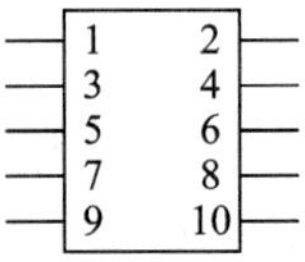 1 2 3 4 5 6 7 8 9 10	双排连接器	双排连接器有不同的针数和外形，外形无法通过符号看出，图示符号为 10 针连接器

续表

电路符号	符号名称	说　明
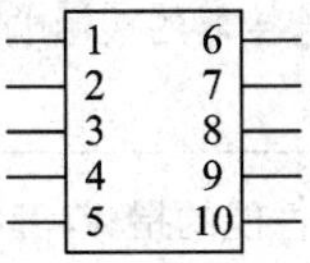 1 2 3 4 5 6 7 8 9 10	双排连接器	该符号亦为双排连接器符号，只是其针数排列方式与上图不同
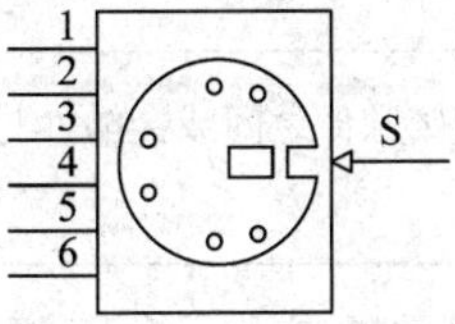 1 2 3 4 5 6 S	PS2 端口	该符号为计算机PS2端口符号，即老式计算机的键盘、鼠标口(现在的键盘、鼠标口为USB口)
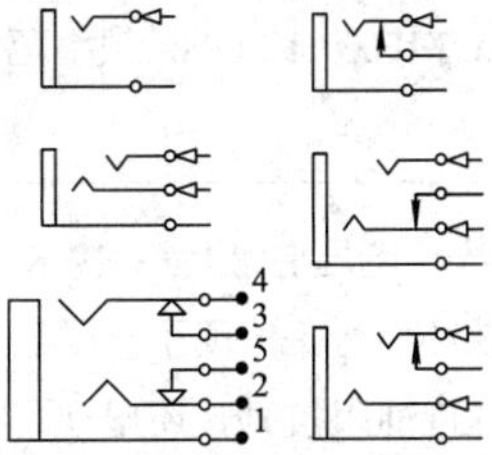 4 3 5 2 1	音频端口	单音频、单音频带检测、双音频、双音频带检测连接器，根据不同的需要选择连接端口
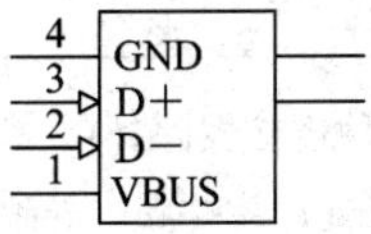 4 GND 3 D+ 2 D− 1 VBUS	USB 口	USB 连接端口符号，现广泛应用于各种电子设备中，USB 连接器外形有多种，但电路图符号只有一种，具体的外形由器件封装决定
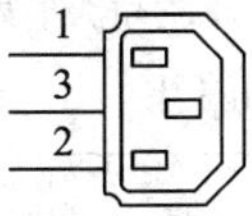 1 3 2	电源端口	市电交流电源端口，有火线、零线、大地线三根引脚

连接器的图形符号有多种，应根据实际电路的需要选择相应的符号。

6.2.5 连接器参数识别

连接器的基本性能参数如表 6-2-3 所示。

表 6-2-3　连接器的基本性能参数

性 能 参 数		说　明
机械性能	插拔力	就连接功能而言，插拔力是重要的机械性能。插拔力分为插入力和拔出力(拔出力亦称分离力)，两者的要求是不同的。在有关标准中有最大插入力和最小分离力的规定，这表明，从使用角度来看，插入力要小(从而有低插入力 LIF 和无插入力 ZIF 的结构)，而分离力若太小，则会影响接触的可靠性
	机械寿命	机械寿命实际上是一种耐久性指标，在国标中把它叫做机械操作。它是以一次插入和一次拔出为一个循环，以在规定的插拔循环后连接器能否正常完成其连接功能(如接触电阻值)作为评判依据
	连接器的插拔力和机械寿命与接触件结构(正压力大小)、接触部位镀层质量(滑动摩擦系数)以及接触件排列尺寸精度(对准度)有关	

续表

<table>
<tr><th colspan="2">性能参数</th><th>说　明</th></tr>
<tr><td rowspan="5">电气性能</td><td>接触电阻</td><td>高质量的电连接器应当具有低而稳定的接触电阻。连接器的接触电阻从几毫欧到数十毫欧不等</td></tr>
<tr><td>绝缘电阻</td><td>衡量电连接器接触件之间和接触件与外壳之间绝缘性能的指标，其数量级为数百兆欧至数千兆欧不等</td></tr>
<tr><td>抗电强度</td><td>抗电强度又称耐电压、介质耐压，是表征连接器接触件之间或接触件与外壳之间耐受额定试验电压的能力</td></tr>
<tr><td>电磁干扰泄漏衰减</td><td>电磁干扰泄漏衰减是评价连接器的电磁干扰屏蔽效果，电磁干扰泄漏衰减是评价连接器的电磁干扰屏蔽效果，一般在 100 MHz～10 GHz 频率范围内测试</td></tr>
<tr><td colspan="2">对射频同轴连接器而言，还有特性阻抗、插入损耗、反射系数、电压驻波比(VSWR)等电气指标。由于数字技术的发展，为了连接和传输高速数字脉冲信号，出现了一类新型的连接器即高速信号连接器，相应地，在电气性能方面，除了特性阻抗外，还出现了一些新的电气指标，如串扰(crosstalk)、传输延迟(delay)、时滞(skew)等</td></tr>
<tr><td rowspan="5">环境性能</td><td>耐温</td><td>目前连接器的最高工作温度为 200℃(少数高温特种连接器除外)，最低温度为 −65℃。由于连接器在工作时，电流在接触点处产生热量，导致温升，因此一般认为工作温度应等于环境温度与接触点温升之和。在某些规范中，明确规定了连接器在额定工作电流下容许的最高温升</td></tr>
<tr><td>耐湿</td><td>潮气的侵入会影响连接器的绝缘性能，并锈蚀金属零件。恒定湿热试验条件的相对湿度为 90%～95%(依据产品规范，可达 98%)、温度为 +40±20℃，试验时间按产品规定，最少为 96 小时。交变湿热试验则更严苛</td></tr>
<tr><td>耐盐雾</td><td>连接器在含有潮气和盐分的环境中工作时，其金属结构件、接触件表面处理层有可能产生电化腐蚀，影响连接器的物理和电气性能。为了评价电连接器耐受这种环境的能力，规定了盐雾试验。它是将连接器悬挂在温度受控的试验箱内，用规定浓度的氯化钠溶液用压缩空气喷出，形成盐雾大气，其暴露时间由产品规范规定，至少为 48 小时</td></tr>
<tr><td>振动和冲击</td><td>耐振动和冲击是电连接器的重要性能，在特殊的应用环境中如航空和航天、铁路和公路运输中尤为重要，它是检验电连接器机械结构的坚固性和电接触可靠性的重要指标。在有关的试验方法中都有明确的规定。冲击试验中应规定峰值加速度、持续时间和冲击脉冲波形、以及电气连续性中断的时间</td></tr>
<tr><td colspan="2">根据使用要求，电连接器的其他环境性能还有密封性(空气泄漏、液体压力)、液体浸渍(对特定液体的耐恶习化能力)、低气压等</td></tr>
</table>

6.2.6 连接器的选用

选用连接器最重要的关注点是接触是否良好。接触不可靠将影响电路的正常工作，会引起很多故障，合理选择和正确选用连接器，将会大大降低电路的故障率。

选用连接器时，除了应根据产品技术要求所规定的电气、机械、环境条件选择外，还要考虑元件动作的次数、镀层的磨损等因素。因此，选用连接器应注意以下几个方面的问题：

(1) 首先应根据使用条件和功能来选择合适类型的连接器。

(2) 连接器的额定电压、额定电流要留有一定的余量。为了接触可靠，连接器的线数也要留有一定的余量，以便并联使用或备用。

(3) 尽量选用带定位的连接器，以免因插错而造成故障。

(4) 触点的接线和焊接应当可靠，以防止断线和短路，在焊接处应加上套管保护。

6.3 电　机

电机是将电能转换为机械能的元件，常用于机械拖动和运动控制，常见于洗衣机、冰箱、空调、水泵、遥控汽车、机器人等设备。

6.3.1 电机的分类

电机的分类如图 6-3-1 所示。

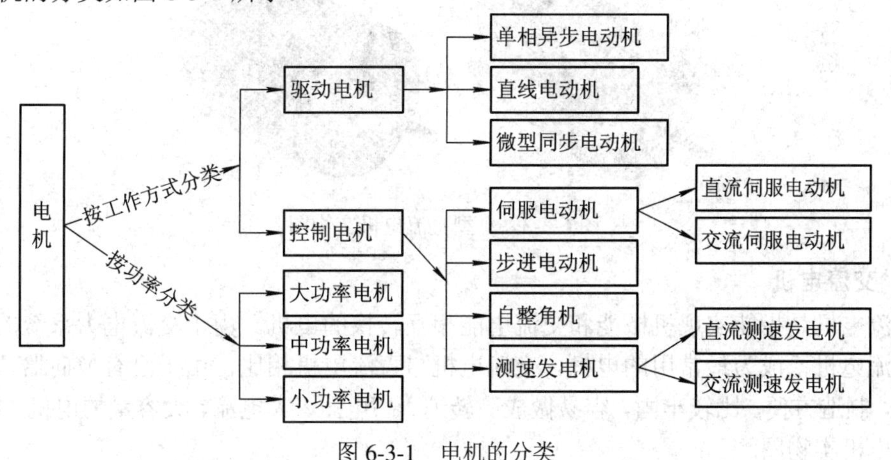

图 6-3-1　电机的分类

6.3.2 电机的基本结构

不同工作原理的电机，其结构也不相同。但对于一个电机而言，必然有一个定子和一个转子。在电流的作用下，转子相对于定子产生运转，这两部分一个由磁性物体(如磁钢)组成，另一个由线圈组成。图 6-3-2 为无刷直流电机的内部结构图，由图中可以看出，该电机由转子(磁钢和输出轴)、定子(线圈和外壳)、霍尔传感器(用于检测磁缸极性)组成。

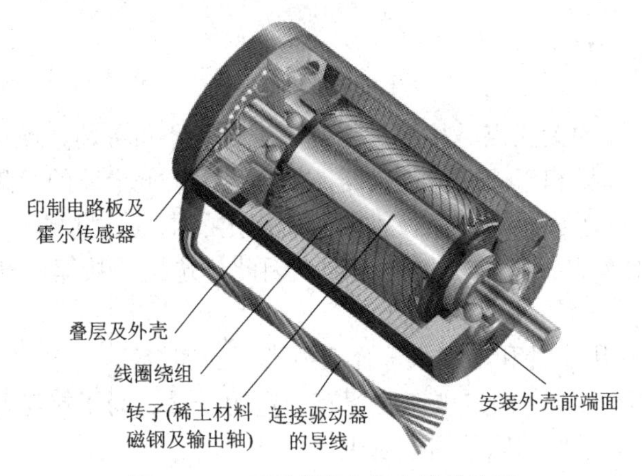

图 6-3-2　无刷直流电机内部结构图

6.3.3　常用电机的外形、特点

不同的电机，其外形、结构和驱动方式各不相同，下面介绍几种常见的电机。

1．直流电机

直流电机是指能将直流电能转换成机械能(直流电动机)或将机械能转换成直流电能(直流发电机)的旋转电机。它能实现直流电能和机械能的互相转换。当它作电动机运行时是直流电动机，将电能转换为机械能；作发电机运行时是直流发电机，将机械能转换为电能。图 6-3-3 为常见的小型直流电机实物图。

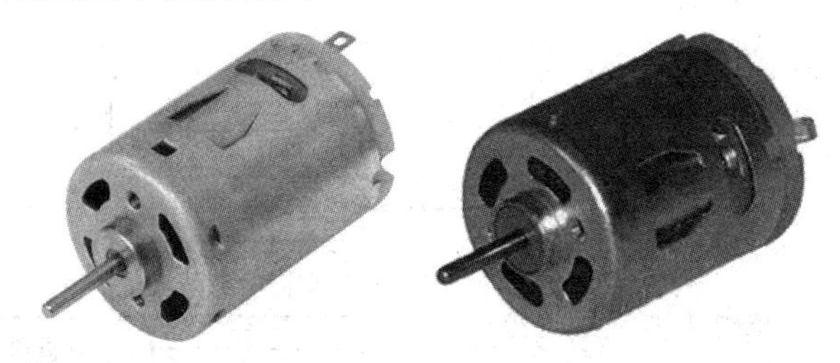

图 6-3-3　小型直流电机实物图

2．交流电机

交流电机是指能实现机械能和交流电能相互转换的电机。由于交流电力系统的巨大发展，交流电机已成为最常用的电机。交流电机与直流电机相比，由于没有换向器，因此结构简单，制造方便，比较牢固，容易做成高转速、高电压、大电流、大容量的电机。图 6-3-4 为交流电机实物图。

图 6-3-4　交流电机实物图

3. 无刷直流电机

无刷直流电机(英文简称 BLDC)是永磁式同步电机的一种，但并不是真正的直流电机。无刷直流电机与有刷直流电机的区别是它不使用机械的电刷装置，以霍尔传感器取代碳刷换向器，以钕铁硼作为转子的永磁材料，采用方波自控式永磁同步电机，性能上较一般的传统直流电机有很大的优势，是当今最理想的调速电机。

无刷直流电机的本质为采用直流电源输入并用逆变器变为三相交流电源、带位置反馈的永磁同步电机。图 6-3-5 为无刷直流电机实物图。

图 6-3-5　无刷直流电机实物图

4. 步进电机

步进电机是将电脉冲信号转变为角位移或线位移的开环控制元件。在非超载的情况下，电机的转速、停止的位置只取决于脉冲信号的频率和脉冲数，而不受负载变化的影响。当步进驱动器接收到一个脉冲信号时，它就驱动步进电机按设定的方向转动一个固定的角度，称为“步距角”，它的旋转是以固定的角度一步一步运行的。可以通过控制脉冲的个数来控制角位移量，从而达到准确定位的目的；同时可以通过控制脉冲频率来控制电机转动的速度和加速度，从而达到调速的目的。图 6-3-6 为步进电机实物图。

图 6-3-6　步进电机实物图

5. 伺服电机

伺服电机是指在伺服系统中控制机械元件运转的发动机，是一种辅助马达间接变速的装置。伺服电机可以使控制速度、位置精度非常准确，可以将电压信号转化为转矩和转速以驱动控制对象。伺服电机的转子转速受输入信号控制，并能快速反应，在自动控制系统中，用作执行元件，且具有机电时间常数小、线性度高、始动电压小等特性，可以把所收到的电信号转换成电动机轴上的角位移或角速度输出。伺服电机分为直流和交流伺服电动机两大类，其主要特点是，当信号电压为零时无自转现象，转速随着转矩的增加而匀速下降。图 6-3-7 为伺服电机实物图。

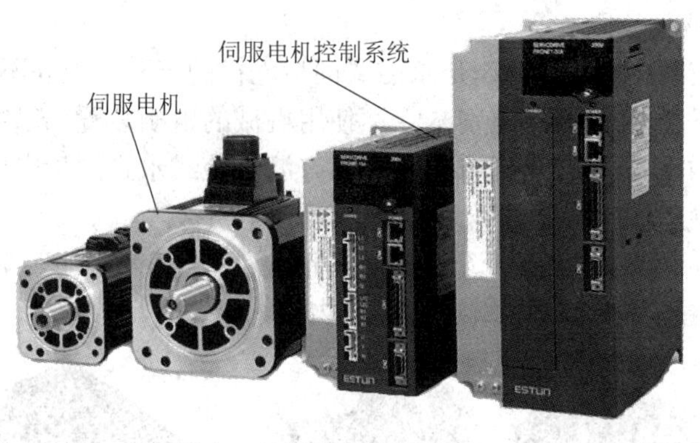

图 6-3-7　伺服电机实物图

6．舵机

舵机广泛地应用于飞机、车、船等设备中。此处所讲的舵机是指航模、小型玩具机器人中使用的舵机。舵机是由外壳、电路板、无核心马达、齿轮与位置检测器组成的。其工作原理是由接收机发出信号给舵机，经由电路板上的 IC 判断转动方向，再驱动无核心马达开始转动，通过减速齿轮将动力传至摆臂，同时由位置检测器送回信号，判断是否已经到达指定位置。对于舵机内部电机的控制电路可参考相关书籍。图 6-3-8 为舵机实物图。

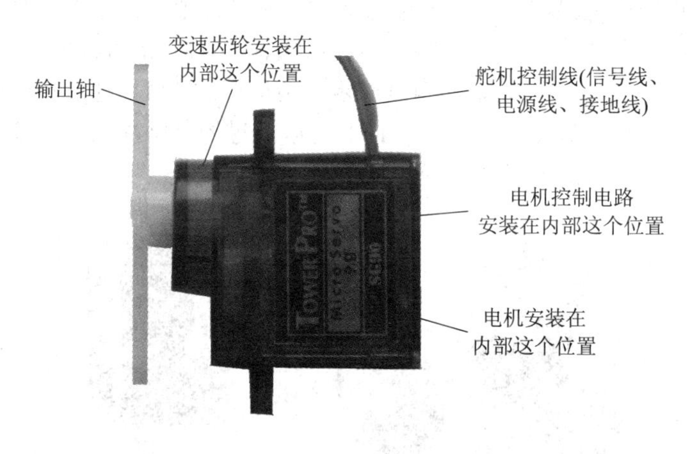

图 6-3-8　舵机实物图

习　题

6-1　简要叙述电磁继电器、固态继电器、干簧管继电器、时间继电器和磁保持继电器的各自特点。

6-2　电磁继电器能否用于需要频繁通断的电路？对于这种电路应使用什么器件来设计？

6-3　分别选择体积最小、电流最大、通断路数最多、表贴式的模拟开关，查看其数据手册，便于以后应用选择。

6-4 选择几种常见的连接器，对比其最大传输电流、接插时触头的连接方式、连接可靠性、导线的压接可靠度、导线最大线径。

6-5 网上查找DB37接插件，观察其价格，并对比2元、5元、15元、30元的插件各有什么不同？

6-6 用Altium Designer软件画出常用接插件的封装，并将其独立定义成一个接插件封装库，便于设计电路板时使用。

6-7 当接触件放入外壳后，如果导线脱落，应怎样将接触件取出？

6-8 列举几种常见的电机，并说明其各自特点。

6-9 怎样控制5 V直流2线制电机、220 V交流电机、380 V交流电机的正反转？

6-10 怎样将电机的转动转换为直线运动？请设计出直线运动机构。

6-11 伺服电机的特点是什么？他与步进电机有什么不同？各应用在哪些场合？

6-12 简述舵机的特点和工作过程，试着用舵机构建一个舞蹈机器人。

6-13 在工作过程中，怎样进行电机过载保护？

6-14 在机械硬盘内驱动盘面运动的是什么类型电机？是怎样驱动的？

6-15 试着构建一个6自由度的机械手臂。

第7章　半导体分立元件

半导体器件的最大特点是体积小、重量轻、使用寿命长、输入功率小、功率转换效率高等，因此被广泛应用于电子产品和控制设备中。虽然集成电路飞速发展，并在不少领域取代了晶体管，但是晶体管有其自身的特点，在高频率、大功率的电路中，分立元件仍然是不可缺少的元件。下面简单地介绍晶体二极管、晶体三极管、场效应管、IGBT、晶闸管等常用的半导体分立元件。

7.1　二　极　管

晶体二极管(简称二极管)是应用最广的电子元器件之一。二极管的基本特性是单向导电，它是典型的非线性器件。晶体二极管的使用十分普遍，主要用于整流、检波、电子开关和限幅等。

7.1.1　二极管的分类

二极管是电子电路中的常用器件，它的分类方法有多种，图 7-1-1 列出了二极管的常见分类。

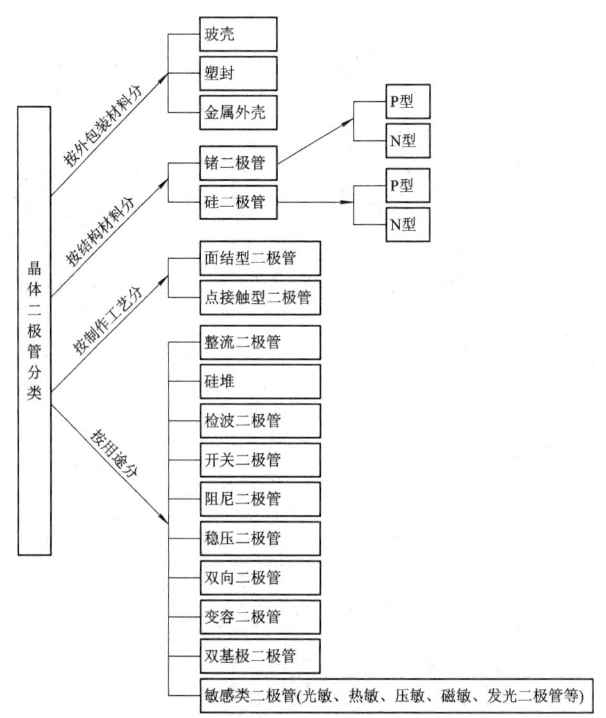

图 7-1-1　二极管的分类

7.1.2　常用二极管的外形、特点

1. 稳压二极管

稳压二极管是一种硅材料制成的面接触型晶体二极管，简称稳压管。稳压管在反向击穿时，在一定的电流范围内(或者说在一定的功率损耗范围内)端电压几乎不变，表现出稳压特性，因而广泛地用于稳压电源与限幅电路中。常见稳压二极管的外形如图 7-1-2 所示。

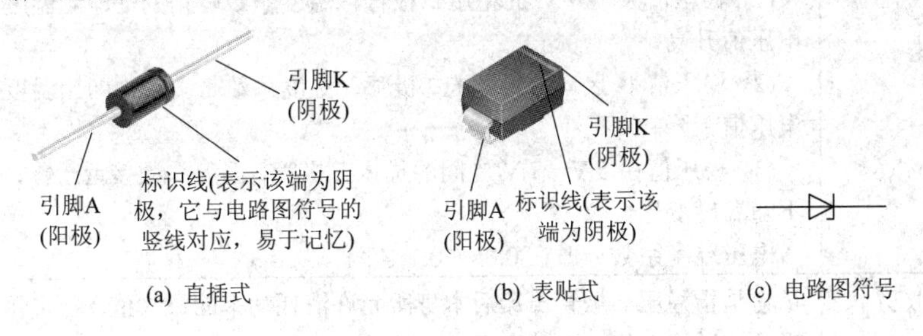

图 7-1-2　稳压二极管实物图

稳压管的工作原理如图 7-1-3 所示，图中，U_i 为待稳定的直流电源电压，一般由整流滤波电路提供；VD_Z 为稳压管；R 为限流电阻，它的作用是使电路有一个合适的工作状态，并限定电路的工作电流，负载 R_L 与稳压管两端并联，因而称为并联式稳压电路。

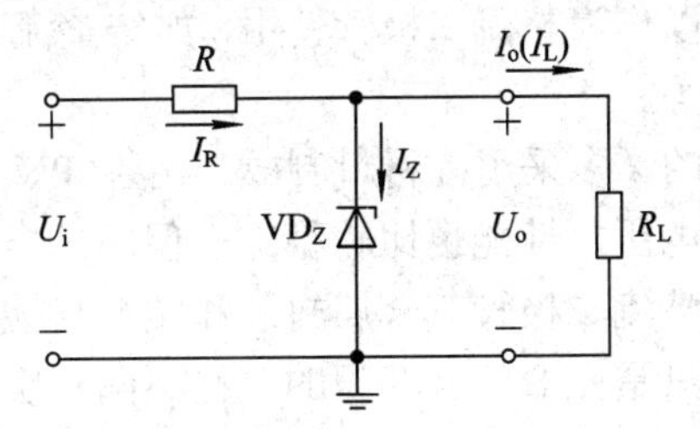

图 7-1-3　稳压二极管工作原理

这种稳压电路之所以能够稳定输出电压，是由稳压二极管的特性决定的，当 U_i 或 R_L 变化时，电路能自动地调整 I_Z 的大小，以改变 R 上的压降 U_R，达到维持输出电压 $U_o(U_Z)$ 基本恒定的目的。例如，当 U_i 恒定而 R_L 减小时，将产生如下的自动调整过程，$R_L\downarrow \rightarrow I_o\uparrow \rightarrow U_R\uparrow \rightarrow U_o\downarrow \rightarrow I_Z\downarrow \rightarrow I_R\downarrow \rightarrow U_o\uparrow$，可见 U_o 能基本维持恒定。同理，当 R_L 增大时，也可得出 U_o 基本维持恒定的结论。

只有了解稳压二极管的电气特性，才能更好的选择和使用它，表 7-1-1 对稳压二极管的主要电气参数做了说明。

表 7-1-1　稳压二极管的主要参数说明

参　数	说　　明
稳定电压 U_Z	稳定电压 U_Z 就是 U-I 特性曲线中的反向击穿电压，它是指稳压二极管进入稳压状态时二极管两端的电压大小。 由于生产过程中的离散性，手册中给出的稳定电压不是一个确定值，而是一个范围，例如 1N4370A 稳压二极管，其典型值为 2.4 V，最小值为 2.28 V，最大值为 2.52 V

续表

参　数	说　明
最大稳定电流 I_{ZM}	它是指稳压二极管长时间工作而不损坏时所允许流过的最大稳定电流值。稳压二极管在实际运用中，工作电流应小于最大稳定电流，否则会损坏稳压二极管
电压温度系数 C_{TV}	它是用来表征稳压二极管的稳压值受温度影响程度的一个参数。此系数有正、负之分，其值越小越好，有下列 3 种情况： (1) 稳压值大于 7 V 的稳压二极管，温度系数是正的，即当温度升高时，稳定电压值升高。 (2) 稳压值小于 5 V 的稳压二极管，温度系数是负的，即当温度升高时，稳定电压值下降。 (3) 稳压值在 5 V～7 V 之间的稳压二极管，温度系数接近于零，即稳定电压值不随温度变化。 电压温度系数一般在 0.05～0.1 之间
最大允许耗散功率 P_M	它是指稳压二极管击穿后本身所允许消耗功率的最大值。若实际使用中稳压二极管超过这一值，将被烧坏
动态电阻 R_Z	动态电阻 R_Z 越小，稳压二极管的稳压性能就越好，R_Z 一般为几欧姆到几百欧姆

2．整流二极管

多种性能的二极管都可以作为整流二极管使用，如结整流管(使用普通 PN 结制作)，肖特基二级管、快恢复二极管等。

整流二极管是面接触型的，多采用硅材料制成。由于 PN 结面较大，因此能够承受较大的正向电流和较高的反向电压，性能也比较稳定，但因结电容较大，不适宜在高频电路中应用，故不能用于检波。整流二极管有金属封装和塑料封装两种。常见的整流二极管的外形与稳压二极管的相同，只是元器件上标识的字符不同。字符直接标出元器件的名称，如 1N4007 表示最大整流电流为 1 A、耐压为 1000 V 的整流二极管。该二极管由于采用普通 PN 结制成，速度较慢，不能应用于较高频率场合(如开关电源)，只能用于低频率信号的整流，如将市电整成直流。如果需要在较高频率的整流场合中使用，则需要使用肖特基二级管或快恢复二极管。常见普通整流二极管实物如图 7-1-4 所示。

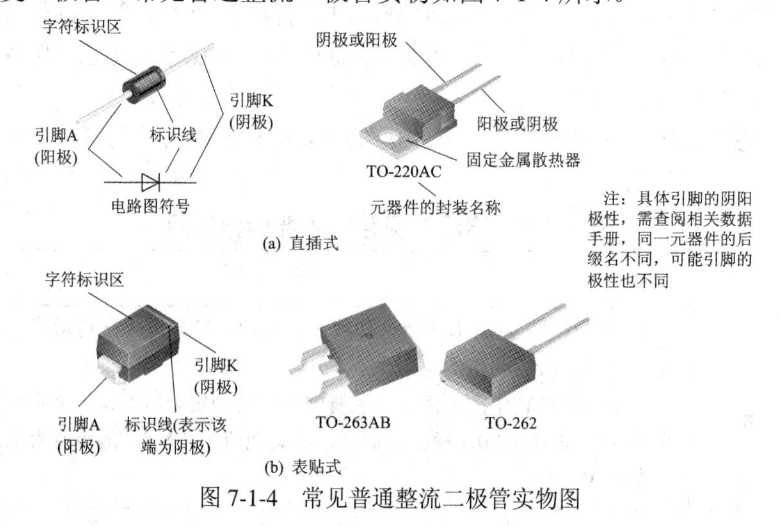

图 7-1-4　常见普通整流二极管实物图

3. 整流桥

除了常见的单个封装的整流二极管以外，还有将四个二极管封装在一起的全波整流桥(简称桥堆)。使用单个二极管只能将交流信号进行半波整流，使用四个二极管才能将交流信号进行全波整流，二极管整流电路如图 7-1-5 所示。桥堆实物及说明如表 7-1-2 所示。

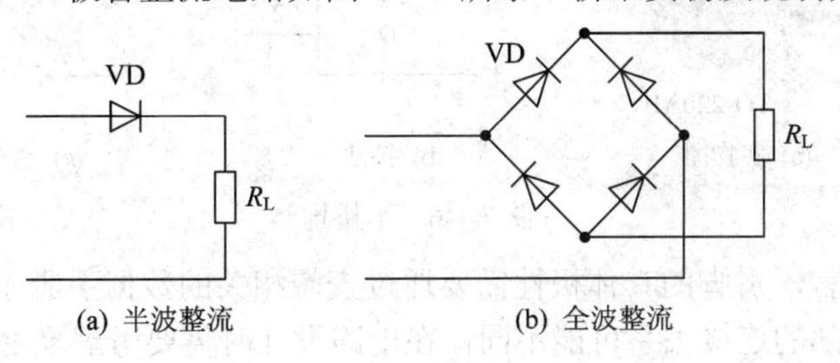

(a) 半波整流　　(b) 全波整流

图 7-1-5　二极管整流电路

表 7-1-2　桥堆实物及说明

实　物　图	说　　明
WOB ~ − ~ +	WOB(圆形桥堆)，在整流的上部会标出两个交流输入端(～)，整流正极性输出端(＋)，负极性输出端(－)，通过引脚可以看出正极性输出端引脚比其他三个引脚都长。该整流桥最大反向工作电压从 50 V～1000 V 不等，最大正向输出电流通常为几个安培，如常见的 2W10G，最大反向工作电压为 1000 V，最大正向输出电流为 2 A
DIP　SOIC	DIP 或 SOIC 形桥堆，该桥堆与一般的集成元器件外形相同，有直插式和贴片式两种，有利于机器化贴装，在元器件上端标注出交流输入端(～)、正极性输出端(＋)、负极性输出端(－)，该整流桥的最大反向工作电压从 50 V～1000 V 不等，最大正向输出电流通常为几个安培。常用于小功率整流场合
GBPC　底视图 GBPC-W　底视图	GBPC 形桥堆，该桥堆正极性输出端(＋)的一端有一斜角，用于标识，正极性(＋)端对角线的引脚为负极性输出端(－)，其他两个引脚为交流输入引脚(～)。 这种整流桥的正向输出电流大，通常为几十安培，甚至可达上百安培，常用于大电流整流场合。 由于输出电流大，故采用扁平状引脚或粗圆状引脚。对于扁平状的引脚可以通过专用接插件接插，通过引线接到电路板上，不用将元器件焊接于电路板上，这样有利于散热。 由于该类元器件整流输出的电流大、发热量大，在元器件的中心有一圆孔，用于将元器件的金属外壳通过螺丝固定到散热器上
+ ~ ~ −　KBPM + ~ ~ −　GBU	KBPM 和 GBU 形桥堆，这两种桥堆的外形都是扁平状，KBPM 中间无固定孔，一般不安装散热器，这两种整流桥最大反向工作电压通常为 1000 V 左右，最大正向输出电流通常为几安到十几安。常用于中功率整流场合。 该类元器件一端为斜角，表示其下端对应的引脚为正极性输出端(＋)(该引脚有时会长于其他引脚)，各引脚顺序依次为(＋)、(～)、(～)、(－)

除了桥堆外，还有一种桥堆为半桥堆，顾名思义，它内部二极管的数量是桥堆的一半，只有两个，如图 7-1-6 所示。

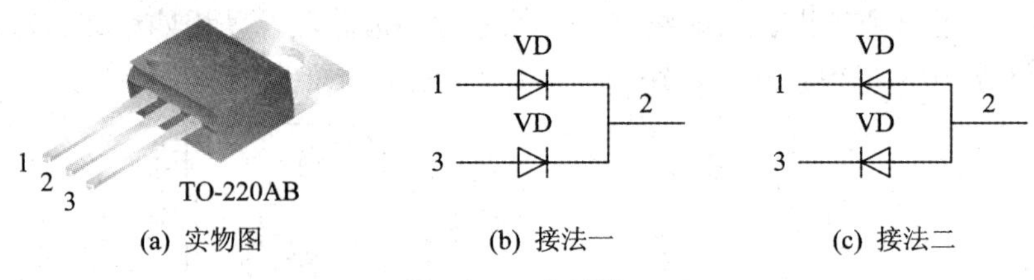

(a) 实物图　(b) 接法一　(c) 接法二

图 7-1-6　半桥堆

对于半桥堆而言，引脚的具体极性需要通过查阅相关的数据手册才可知，同一元器件的后缀名不同，内部的连接关系可能不同，在电路设计时需要考虑采用哪一种结构。

4．肖特基二极管

肖特基二极管的全称是肖特基势垒二极管(Schottky Barrier Diode，SBD)，它是近年才发展起来的一种二极管，其特点是低功耗、大电流、超高速，它的反向恢复时间极短(可以小到几纳秒)，正向导通压降仅为 0.4 V 左右，而整流电流可以达到几千安培。

肖特基二极管广泛地应用于开关电源、变频器、驱动器等电路，作为高频、低压、大电流整流二极管、续流二极管、保护二极管使用，或在微波通信等电路中作为整流二极管、小信号检波二极管等使用。

肖特基整流管的结构原理与 PN 结整流管有很大的区别，通常将 PN 结整流管叫做结整流管，而把金属-半导体整流管叫做肖特基整流管。

肖特基二极管分为有引线和表面安装(贴片式)两种封装形式。其外形与图 7-1-4 所示的普通整流二极管相同。

采用引线式封装的肖特基二极管有单管式和对管(双二极管)式两种封装形式，如图 7-1-7 所示。

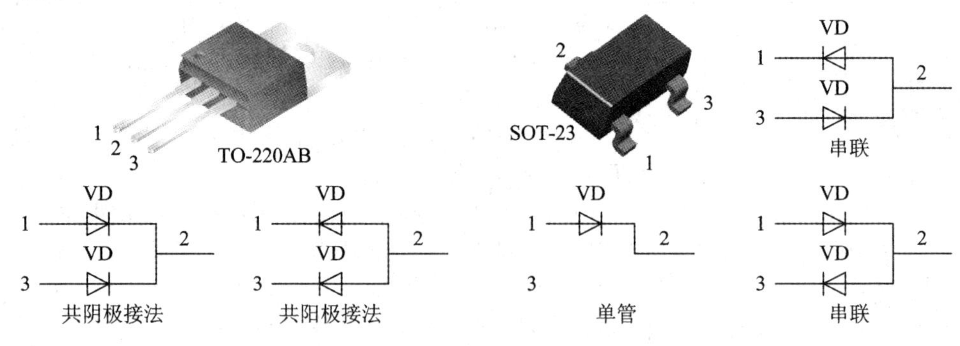

(a) 大功率直插式二极管实物及内部连接关系　(b) 小功率表贴式二极管实物及内部连接关系

图 7-1-7　肖特基对管

5．快恢复二极管和超快恢复二极管

快恢复二极管(Fast Recovery Diode，FRD)是一种新型半导体器件，具有开关特性好、反向恢复时间短、正向电流大、体积小、安装简便等优点。

超快恢复二极管(Superfast Recovery Diode，SRD)是在快恢复二极管的基础上发展而成的，其反向恢复时间 t_{rr} 值已接近于肖特基二极管的指标。

这两种二极管广泛地用于开关电源、脉宽调制器(PWM)、不间断电源(UPS)、交流电动机变频调速、高频加热等装置中，作为高频、大电流的续流二极管或整流管。

快恢复二极管和超快恢复二极管有单管和双管之分。双管的引脚引出方式又分为共阳和共阴，与肖特基二极管一样。常用的小功率快恢复二极管有 FR 系列和 PFR 系列等，常用的中、大功率快恢复二极管有 RC 系列、MUR 系列、CTL 系列等。常见实物如图 7-1-8 所示。

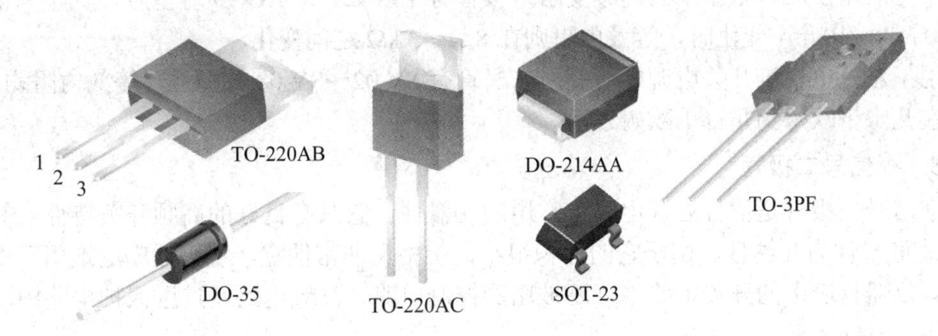

图 7-1-8　常见快恢复二极管和超快恢复二极管实物图

6. 瞬态电压抑制二极管(TVS)

瞬态电压抑制二极管(Transient Voltage Suppressor，TVS)是在稳压管工艺的基础上发展起来的一种新产品，其电路符号和普通稳压二极管相同，外形也与普通二极管无异。这种二极管在电路中和稳压管一样，也是反向使用的。

当这种二极管两端经受瞬间的高能量冲击时，它能以极高的速度使其阻抗骤然降低，同时吸收一个大电流，将其两端的电压钳位在一个预定的数值上，从而确保后面的电路元件免受瞬态高能量的冲击而损坏。如常见的 U 盘在插拔瞬间，会产生瞬时高电压，它会损毁 U 盘内的电子电路，为了保护 U 盘，则需要使用瞬态电压抑制二极管来抑制瞬时高电压。常见的瞬态电压抑制二极管如图 7-1-9 所示。

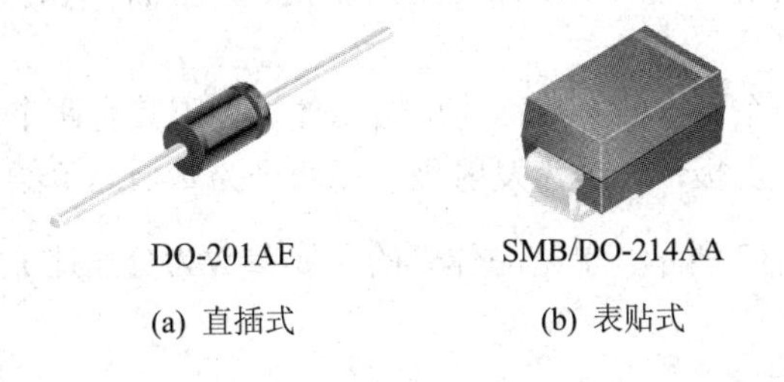

(a) 直插式　　(b) 表贴式

图 7-1-9　瞬间电压抑制二极管实物图

TVS 管按功率可以分为 500 W、600 W、1500 W 和 5000 W 四种；按极性分为单极性和双极性两种，双极性在尾标中缀以字母 C 表示；按 TVS 管击穿电压 U_{BR} 值对标称值的离散程度划分有两类，即离散程度为 ±5%和 ±10%，型号尾标中缀以 A，如 SA5.0CA。

7. 变阻二极管

变阻二极管一般采用轴向塑料封装，它的阴极标记的颜色为浅色，而普通二极管的阴极色标颜色一般为黑色，如图 7-1-10 所示。

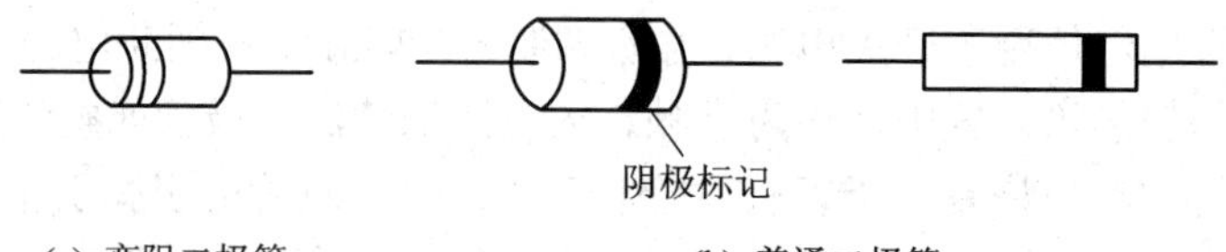

(a) 变阻二极管　(b) 普通二极管

图 7-1-10　变阻二极管与普通二极管的色标颜色

常见的用于高频电路中的高频变阻二极管有 1SV121 和 1SV99 等型号，其正向偏置电流在 0 mA～10 mA 变化时，等效内阻则在 8 Ω～3 kΩ 之间变化。

用于彩色电视机开关电源中的变阻二极管有 SV-02～SV-08 等型号，等效内阻均较大，通常在几十千欧姆到几百千欧姆之间。

8. 小信号二极管

小信号二极管是信号处理电路中常用的元器件，它具有良好的高频开关特性，其反向恢复时间 t_{rr} 仅为几纳秒。由于它的体积很小，价格又非常便宜，现已被广泛地用于电子计算机、仪器仪表中的开关电路中，还被用到控制电路、高频电路及过压保护电路中。其外形如图 7-1-11 所示。

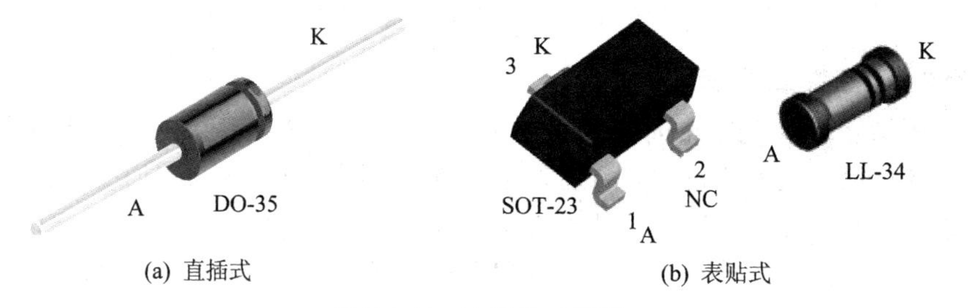

(a) 直插式　(b) 表贴式

图 7-1-11　小信号二极管

9. 单结晶体管

单结晶体管是由一个 PN 结和两只内电阻构成的三端半导体器件。单结晶体管被广泛地用于晶闸管的触发电路中，由单结晶体管组成的触发电路，具有电路简单、稳定性好等优点。

单结晶体管内只有一个 PN 结，故称为单结晶体管，因其有两个基极，又称为双基极二极管。单结晶体管有三个电极，一个为发射极，另两个为基极。单结晶体管的电路符号、内部结构和实物图如图 7-1-12 所示。单结晶体管的主要参数为分压比 η，$\eta=\frac{r_{b1}}{r_{bb}}=\frac{r_{b1}}{r_{b1}+r_{b2}}$，分压比 η 一般在 0.5～0.9 之间。

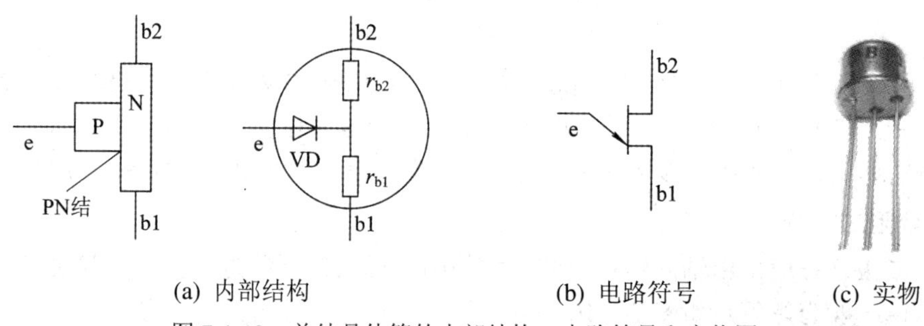

(a) 内部结构　(b) 电路符号　(c) 实物

图 7-1-12　单结晶体管的内部结构、电路符号和实物图

对单结晶体管的检测，可选用万用表 $R\times100\ \Omega$ 挡，分别测量发射极对两个基极的正、反向电阻，利用测得的正向电阻 r_{b1}、r_{b2} 可以非常方便地计算出该管的分压比 η。

10．双向二极管

双向二极管的外形、结构、电路符号和伏安特性曲线如图 7-1-13 所示。

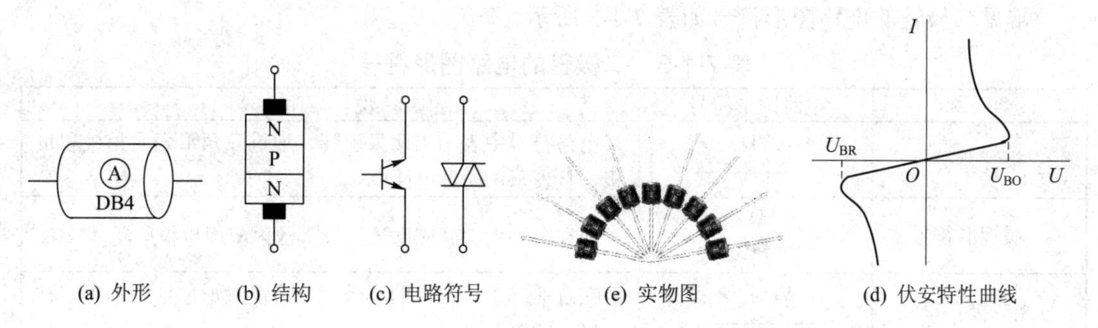

图 7-1-13　双向二极管的外形、结构、电路符号、实物图和伏安特性曲线

双向二极管属于三层对称性的二端器件，等效于基极开路、发射极与集电极对称的NPN晶体管。

双向二极管的伏安特性曲线的正、反向特征完全对称。U_{BO}、U_{BR} 分别为正、反向转折电压，当双向二极管两端的电压小于转折电压时，成断路状态；当它两端的电压大于转折电压时，成短路状态。外加电压可正可负，双向二极管只有导通和截止两种状态。

双向二极管的击穿值大致分为三个等级：20 V～60 V、100 V～150 V 及 200 V～250 V，在实际应用中，除了根据电路的要求选取适当的转折电压 U_{BO} 外，还应选取转折电流 I_{BO} 小、转折电压偏差ΔU_B 小的双向触发二极管。大家在购买、使用二极管时要注意型号的选择。

11．变容二极管

变容二极管是二极管中的一种，其他二极管都需要克服二极管 PN 结的结电容，唯独变容二极管是利用 PN 结的结电容随反向电压变化这一特性而制成的一种压控电抗器件，变容二极管的实物图、符号及结电容变化曲线如图 7-1-14 所示。

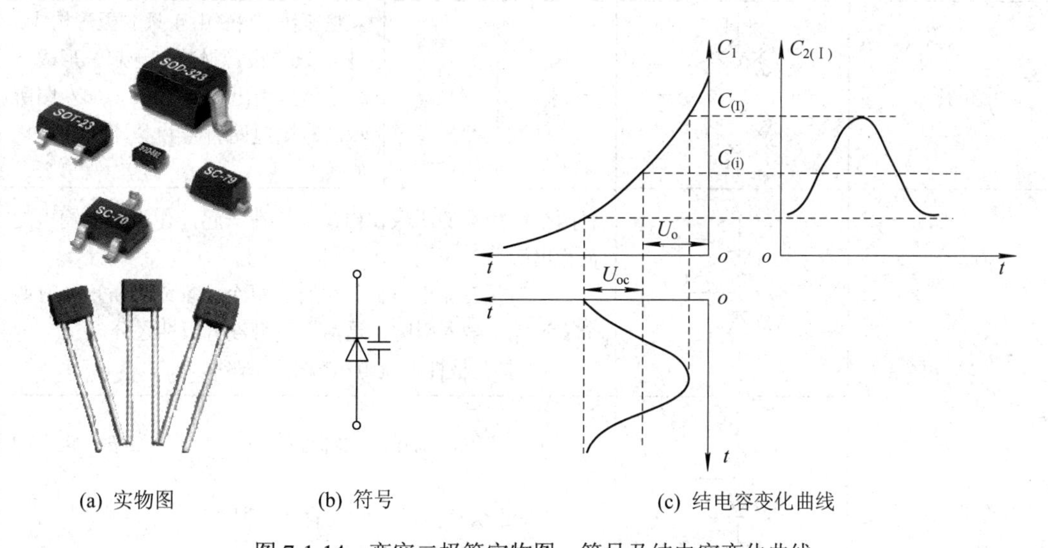

图 7-1-14　变容二极管实物图、符号及结电容变化曲线

变容二极管由于体积小(相对于电感线圈)、控制电路简单等原因，目前已被广泛地应用于无线电及电子仪器等设备中，例如调谐、振荡、频率跟踪、锁相和倍频等电路。

7.1.3　电路图形符号

常见二极管的电路图形符号如表 7-1-3 所示。

表 7-1-3　二极管的电路图形符号

名　称	电路图形符号	说　　明
二极管新符号	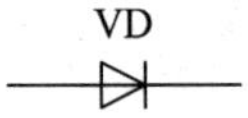 VD	电路符号中表示出两只引脚，通过三角形表明正极和负极，且表示单向导电性
二极管旧符号	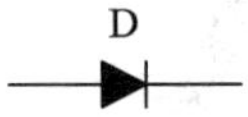 D	现在国外大部分应用该符号，国内应用也很广泛
发光二极管符号	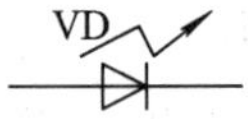 VD	在普通二极管符号的基础上，用箭头形象地表示了这种二极管能够发光
稳压二极管新符号	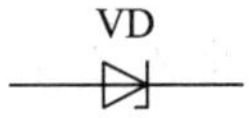 VD	它与普通二极管的电路符号不同之处是阴极的表示方式不同
稳压二极管旧符号	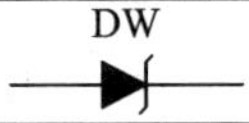 DW	这是过去采用的电路符号。用 DW 表示稳压二极管
特殊稳压二极管电路符号	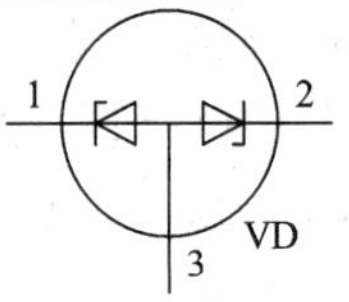 1　2　3　VD	3 只引脚的稳压二极管的电路符号。在内部有两只背靠背的稳压二极管，这种稳压二极管在电路中应用时，一只稳压二极管处于正向工作状态，另一只处于反向工作状态，具有温度互补特性
变容二极管新符号	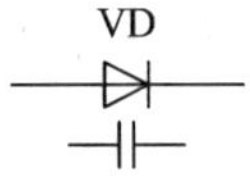 VD	图示为最新规定的变容二极管符号，其中用字母 V 或 VD 表示二极管。在二极管符号的基础上加上电容符号，以表示变容二极管
常用变容二极管符号	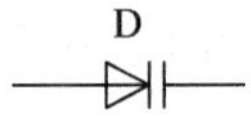 D	这是过去或国外常用的符号，它在普通二极管的基础上多加了一根竖线，与二极管阴极的一根竖线共同表示一个电容
全桥符号	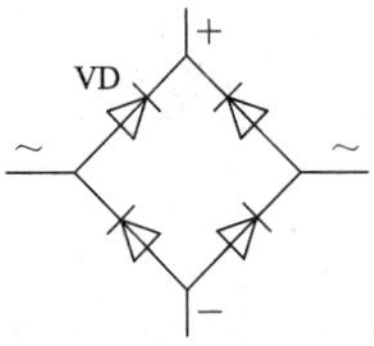 + VD ~ ~ −	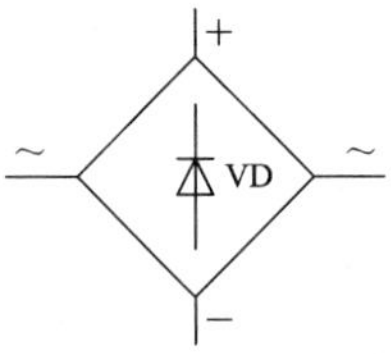 + ~ ~ VD −　整流桥(全桥)由 4 只二极管构成，将 4 只二极管封装在一起，形成一个整体，引出 4 只引脚，如左图所示。右图电路符号为整流桥的简化形式
半桥符号	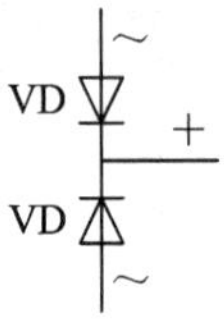 ~ VD + VD ~	两个二极管的阴极在内部连接在一起，作为整流输出的正输出端。 “～”是交流电压输入引脚。每个桥堆或半桥堆各有两个交流电压输入引脚，这两个引脚没有极性之分。 “+”是正极性直流电压输出引脚
	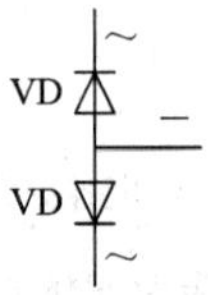 ~ VD − VD ~	两个二极管的阳极在内部连接在一起，作为整流输出的负输出端 “−”是负极性直流电压输出引脚

7.1.4　二极管的参数

二极管的型号不同，参数也不同，使用场合也不同。二极管的参数指标在使用时可查阅相关的晶体管手册。其常见参数如表 7-1-4 所示。

表 7-1-4　二极管常见参数

参　数	说　明
最大整流电流(I_F)	最大整流电流也叫直流电流，指二极管长期工作时，允许通过的最大正向平均电流值，该电流的大小与二极管的种类有关，不同类型的二极管电流差别较大，小的有十几毫安，大的有几千安培，此值是由 PN 结的面积和散热条件决定的。使用时不能超过此值，否则二极管会因发热而烧毁
最高反向工作电压(U_{RM})	是指二极管工作时所承受的最高反向电压，超过该值二极管可能被反向击穿。通常取击穿电压的一半为最高反向工作电压
反向电流(I_R)	反向电流也叫反向漏电流，指二极管未击穿时的反向电流。反向电流愈小，二极管的单向导电性越好。反向电流对温度非常敏感
最高工作频率(f_M)	指二极管工作频率的上限。超过此值时，由于结电容的作用，二极管将不能很好地体现单向导电性。该值主要由 PN 结电容的大小决定

7.1.5　二极管的使用

二极管广泛地应用于各种电子电路中，不同的封装、功率、特性的二极管使用的场合也不同，下面举例说明不同二极管的使用场合。

1．整流

整流是二极管最基本的用途，它利用了二极管的最基本性能——单向导电性，图 7-1-15 是用 TNY278 设计的一款开关电源，图中使用了整流堆、稳压管、整流二极管等二极管元件。

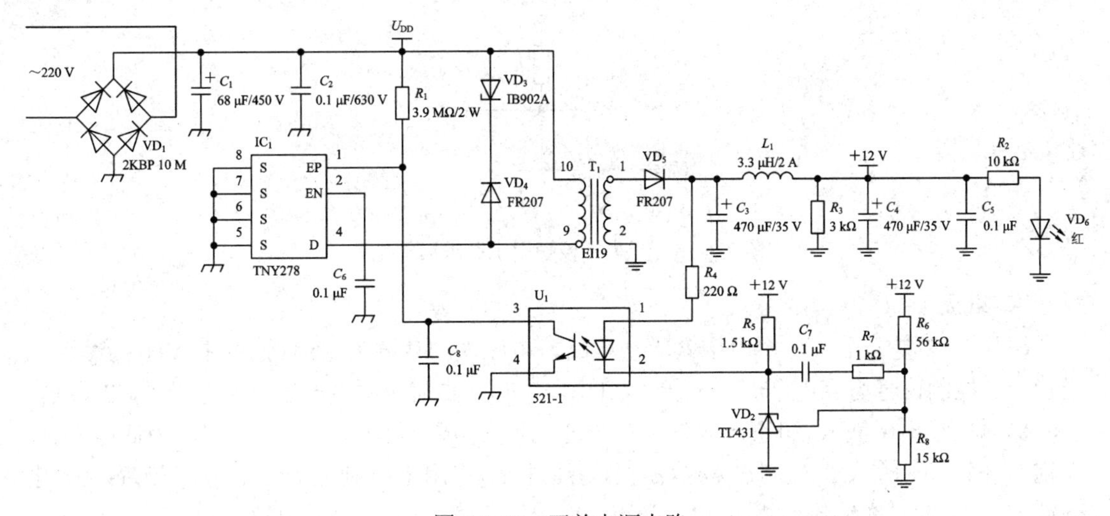

图 7-1-15　开关电源电路

在电路原理图中一般需要标注出二极管的三个参数：二极管序号(如 VD_1、VD_2、VD_3 等，同一电路原理图中不能有相同的二极管序号)、二极管名称(如 2KBP10M、IB902A、FR207 等)和二极管封装(如 DO-41、KBPM、TO-220AC 等，封装标注在参数选项内部，不直接显示在原理图上，具体参考电路设计软件书籍)。

图中 VD_1 为一整流堆 ZKBP10M，它将市电(220 VAC/50 Hz)整流成直流电压 U_{DD}，选择该整流堆时主要考虑的是：

(1) 最大反向工作电压，它应大于整流后输出直流电压的两倍左右，故可选 1000 V；

(2) 最大整流输出电流，该电源功率约为 15 W，转换后在市电端约需 0.005 A，可选择常见的 1 A；

(3) 外形可选择 DIP 或 SOIC 封装，但该处选择的 ZKBP10M 的最大输出电流较大，外形也较大，主要原因是考虑该处的 U_{DD} 还需要给其他设备提供动力(如驱动中功率直流电机)。

图中 VD_4 和 VD_5 为快恢复二极管，VD_4 是吸收浪涌电压，VD_5 是将开关电源变压器输出的交流电压整成直流，由于是半波整流，而且开关电源的工作频率较高(在变压器输出端输出的频率可达 132 kHz)，一般的结整流管无法整流如此高的频率，故该处不能使用结整流管(类似 ZKBP10M 内部的二极管，如 1N4007)，只能使用速度快的整流管，如快恢复二极管 FR107。

图中 VD_3 为 TVS 稳压二极管，它与 VD_4 共同组成箝位电路，防止变压器输入端电压过高时损毁电源功率模块。

图中 VD_6 为发光二极管，用于指示电源是否正常工作。

2．逻辑运算

在一些简单的逻辑运算场合中，可以利用二极管的单向导电性(正偏导通，反偏截止)进行逻辑设计，如图 7-1-16 所示，输出逻辑 F = A • B。通常在进行逻辑运算时采用开关二极管，因为从工艺上讲，开关二极管的反向恢复时间缩短，开关速度快，可以提高运算速度。

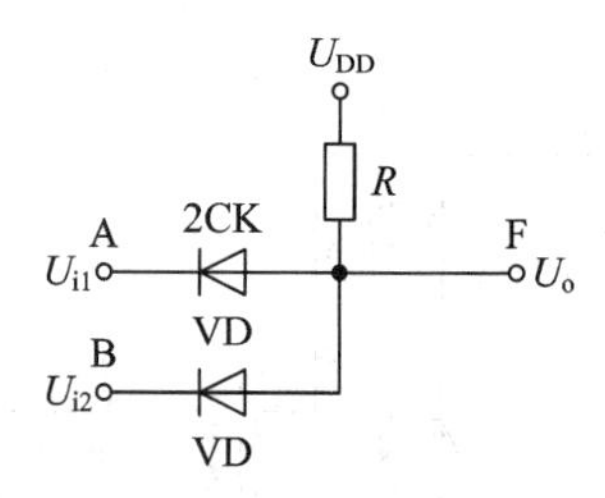

图 7-1-16　开关二极管用于逻辑运算电路

3．续流

图 7-1-17 是一个大功率电磁铁驱动电路，电磁铁的功率为 85 W，图中 VD_1 为续流二极管。当控制信号为高电平时，光耦 U_2 工作，VT_2 控制输入端(栅极)为高电平，VT_2 导通，+ 40 V 电压经电磁铁 K_1 和场效应管 VT_2 导通到地，形成一个回路。当控制信号为低电平时，光耦 U_2 停止工作，VT_2 控制输入端(栅极)为经过 R_{12} 电阻下拉到地的低电平，VT_2 截止，电磁铁 K_1 内部能量经续流二极管 VD_1 限流电阻 R_9，形成一个回路泄放掉。

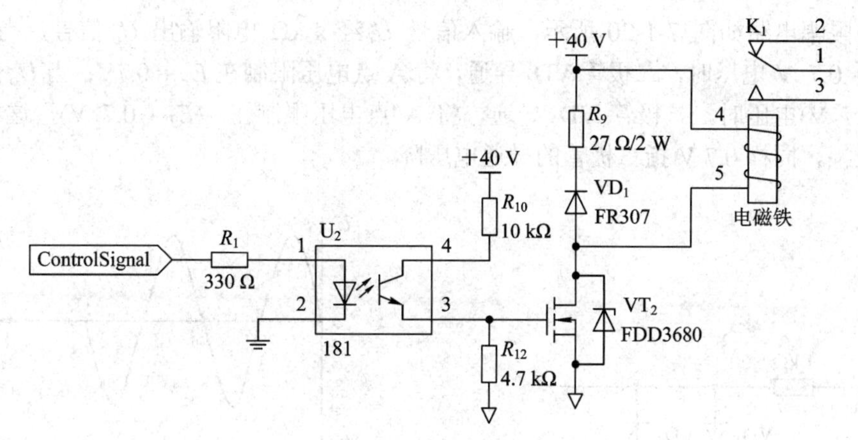

图 7-1-17　电磁铁驱动电路

4．检波

利用二极管的单向导电性检波。针对被调制的高频小信号，为了提高检波效率，一般在检测时选用锗管，常见的收音机检波电路如图 7-1-18 所示。

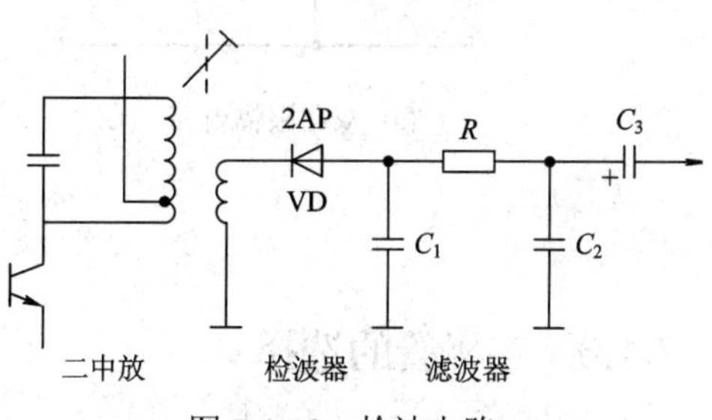

图 7-1-18　检波电路

5．限幅

单向限幅电路如图 7-1-19 所示，图(a)实现正幅度限幅，当 A 点电压(U_{in} 输入信号经 R_1 和 R_L 分压得到)大于 U_{BIAS} + 0.7 V 电压时，二极管导通，则将 A 点电压限制在 U_{BIAS} + 0.7 V；图(b)实现负幅度限幅，当 A 点电压小于 $-(U_{BIAS}$ + 0.7 V)电压时，二极管导通，则将 A 点电压限制在 $-(U_{BIAS}$ + 0.7 V)。需要注意的是，这里的 0.7 V 指二极管的导通电压降。

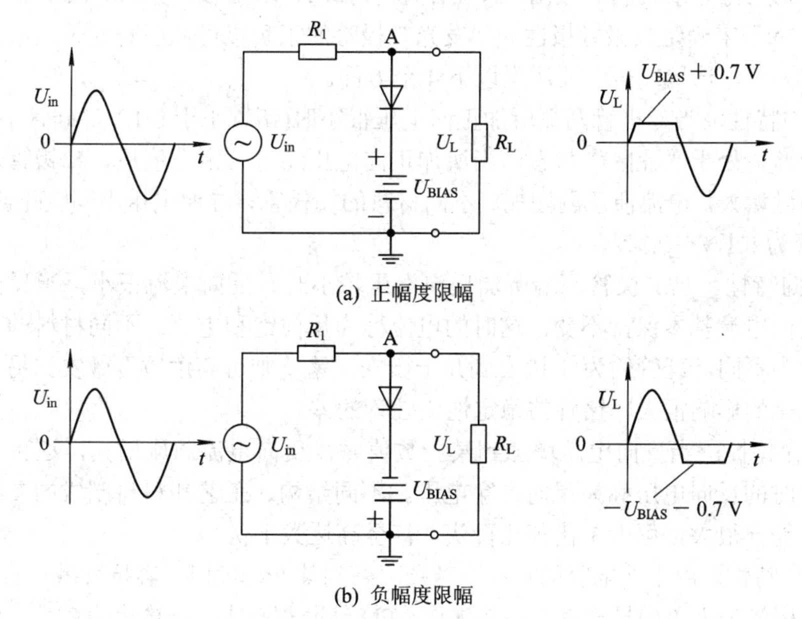

图 7-1-19　单向限幅电路

双向限幅电路如图 7-1-20 所示，输入信号 U_i 经 1 kΩ 电阻输出 U_o 信号，当 U_o 信号大于 $E_1 + 0.7$ V 电压时，二极管 VD_1 导通，将 A 点电压限制在 $E_1 + 0.7$V；当 U_o 信号小于 $-(E_2 + 0.7$ V)电压时，二极管 VD_2 导通，将 A 点电压限制在 $-(E_2 + 0.7$ V)，这样就实现了双向限幅，同样 0.7 V 指二极管的导通电压降。

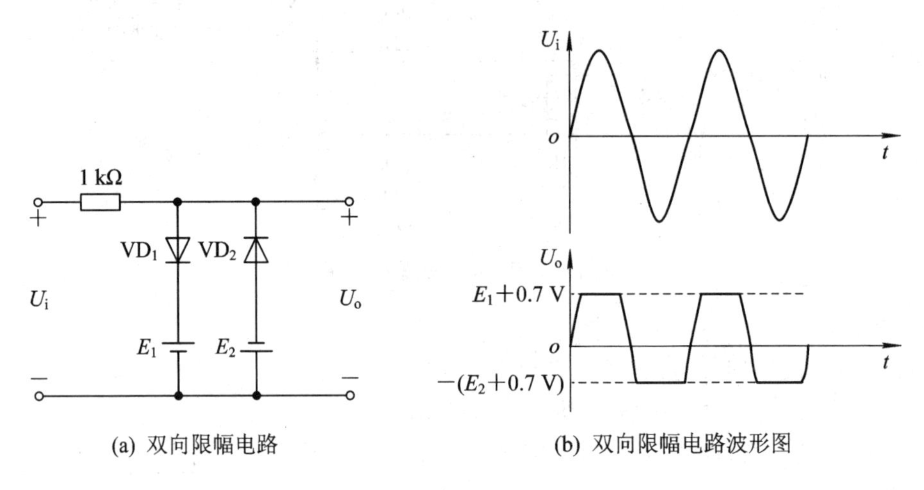

(a) 双向限幅电路　(b) 双向限幅电路波形图

图 7-1-20　双向限幅电路

7.1.6　二极管的选择

晶体二极管在电路中常用“V”或“VD”加数字表示，例如 VD_5 表示编号为 5 的二极管。二极管的识别很简单，在小功率二极管的负极侧外表大多采用一种色圈标出来；也有使用二极管专用符号来表示 P 极(阳极，也称正极)或 N 极(阴极，也称负极)；也有采用符号标志“P”、“N”来确定二极管极性的。发光二极管的正负极可从引脚的长短来识别，长脚为正，短脚为负。选用二极管要注意以下 4 个方面。

(1) 正向特性。当二极管两端所加正向电压很小时(锗管小于 0.1 V，硅管小于 0.5 V)，二极管不导通，处于“死区”状态。当所加正向电压超过一定数值后，二极管才导通，此后电压再稍微增大，电流便急剧增加。不同材料的二极管，导通电压不同，硅管为 0.5 V～0.7 V，锗管为 0.1 V～0.3 V。

(2) 反向特性。当二极管两端所加反向电压较小时，反向电流很小，当反向电压逐渐增加时，反向电流基本保持不变，这时的电流称为反向饱和电流。不同材料的二极管，反向电流的大小不同，硅管约为 1 微安到几十微安，锗管则可高达数百微安。另外，反向电流受温度变化的影响很大，锗管的稳定性比硅管的差。

(3) 击穿特性。当反向电压增加到某一数值时，反向电流急剧增大，这种现象称为反向击穿，这时的反向电压称为反向击穿电压。不同结构、工艺和材料制成的二极管，反向击穿电压值差异很大，可由 1 伏到几百伏，甚至高达数千伏。

(4) 频率特性。由于结电容的存在，当频率高到某一程度时，容抗会减小直至 PN 结短路，导致二极管失去单向导电性，不能工作。PN 结面积越大，结电容也越大，因此更不能在高频情况下工作。

7.2 三 极 管

晶体三极管(简称三极管)是电子电路中的基础元件，虽然三极管的主要功能是放大电信号，但电子电路中的许多三极管并不是用来放大电信号的，而是起信号控制、处理等作用，这样的三极管电路更难分析。

7.2.1 三极管的分类

三极管是电子电路中的常用器件，它的分类方法有多种，图 7-2-1 列出了三极管的常见分类。

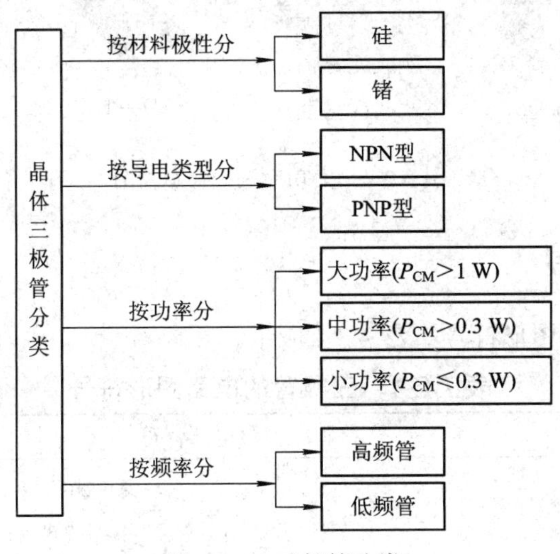

图 7-2-1　三极管分类

7.2.2 常用三极管的外形、特点

1. 小功率三极管

小功率三极管是电子电路中用得最多的三极管，它的具体形状有多种，常见的有 TO-92 封装和 SOT-23 封装，3 只引脚定义不同，即使是同一名称的三极管，其引脚定义也不尽相同，具体请参考元器件数据手册。

小功率三极管在电子电路中主要用来放大电压信号和做各种控制电路中的控制器件，如图 7-2-2 所示。

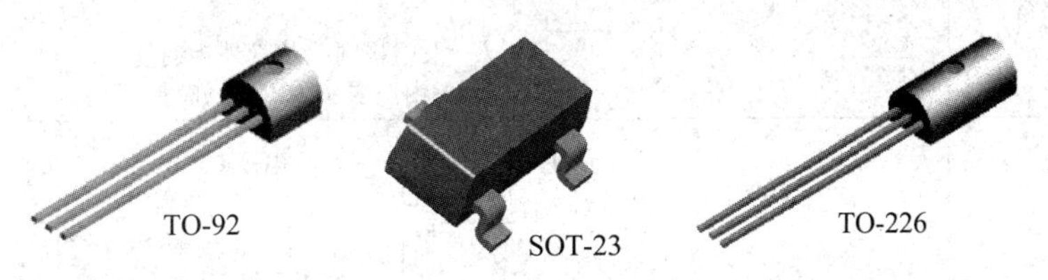

图 7-2-2　小功率三极管实物图

2. 中功率三极管

中功率三极管的外形有很多种，常见的有如图 7-2-3 所示的几种。

图 7-2-3　中功率三极管实物图

3. 大功率三极管

大功率三极管是指输出功率比较大的三极管，主要用来对信号进行功率放大。通常情况下，三极管输出的功率越大，体积越大，常见的有如图 7-2-4 所示的几种。

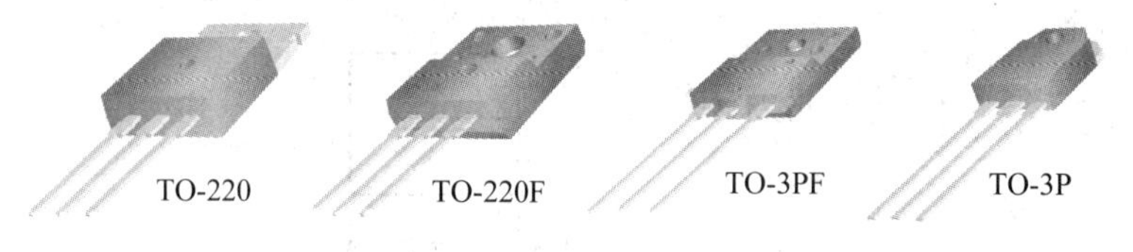

图 7-2-4　大功率三极管实物图

7.2.3　电路图形符号

常见三极管的电路图形符号如表 7-2-1 所示。

表 7-2-1　三极管的电路图形符号

名　称	电 路 符 号
NPN 三极管旧符号	基极(B)；集电极(C)；用T表示三极管；T；用圆圈表示三极管管芯；发射极箭头从管内指向管外，表示为NPN三极管；发射极(E)
NPN 三极管新符号	VT；新符号用VT表示三极管；新符号无圆圈
带电阻的三极管	VT (a)　VT (b)　VT (c)
PNP 三极管旧符号	T；发射极箭头从管外指向管内，表示为PNP三极管
PNP 三极管新符号	基极(B)；集电极(C)；VT；发射极(E)

续表

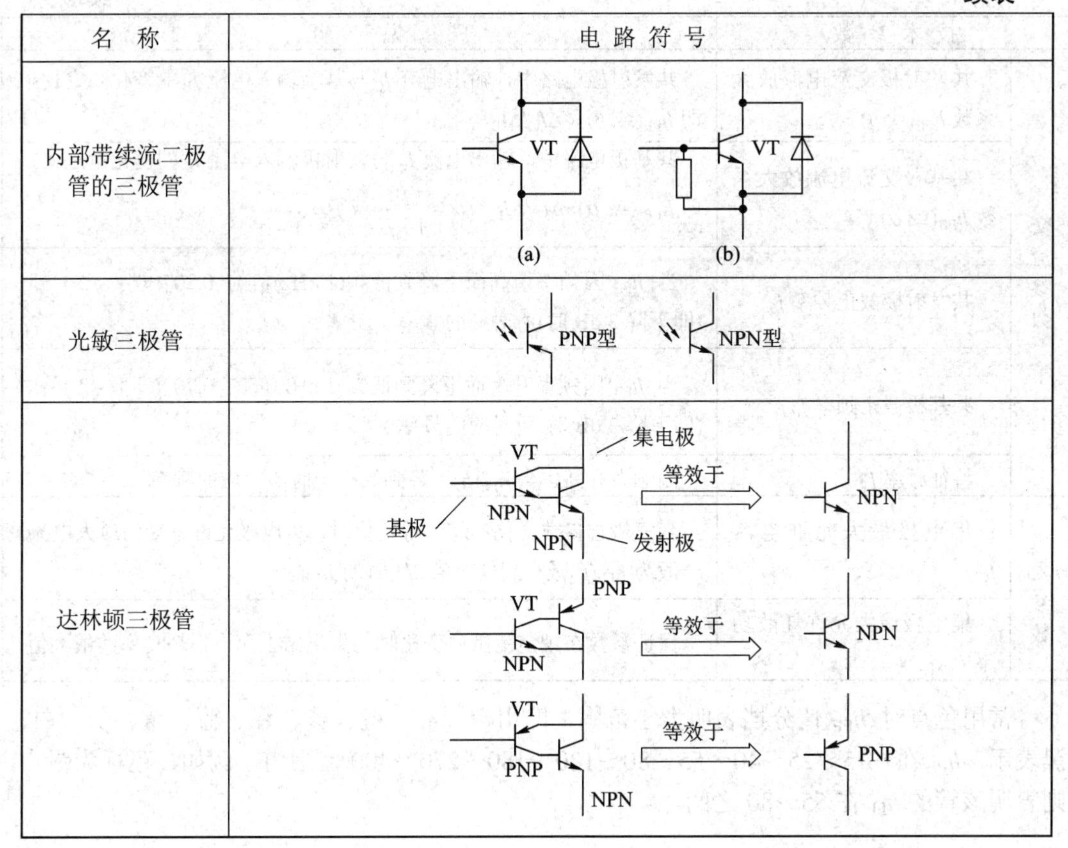

7.2.4　三极管的参数

三极管的型号不同，参数也不同，使用场合也不同。三极管的参数指标在使用时可查阅相关的晶体管手册。其主要技术参数如表 7-2-2 所示。

表 7-2-2　三极管的主要技术参数

技 术 参 数		说　明
直流参数	共发射极电路直流电流放大系数 h_{FE}(或$\overline{\beta}$)	共发射极电路中，没有电流信号输入时，集电极电流 I_C 与基极电流 I_B 之比，即 $h_{FE} = I_C/I_B$。三极管外壳上常以不同的颜色标明 h_{FE} 的大小
	集电极-发射极反向截止电流 I_{CEO}(又称为穿透电流)	基极开路($I_B = 0$)时，集电极-发射极的反向截止电流，即 $I_{CEO} = (1 + \beta)I_{CBO}$
	集电极-基极反向截止电流 I_{CBO}	发射极开路($I_E = 0$)时，集电极-基极间加规定反向电压时的集电极电流。室温下，小功率的硅管 $I_{CBO} < 1\ \mu A$，锗管 $I_{CBO} \approx 10\ \mu A$
	集电极-发射极反向击穿电压 BV_{CEO}	基极开路($I_E = 0$)时，集电极与发射极间最大允许的反向电压
	集电极-基极反向击穿电压 BV_{CBO}	基极开路($I_\beta = 0$)时，集电极与基极间最大允许的反向电压

续表

技术参数		说　明
交流参数	共发射极交流电流放大系数 h_{FE}(或β)	共发射极电路中，输出电流 I_C 与基极输入电流 I_B 的变化量之比，即 h_{FE}(或β) = $\Delta I_C/\Delta I_B$
	共基极交流电流放大系数 h_{FB}(或α)	共基极电路中，输出电流 I_C 与发射极输入电流 I_E 的变化量之比，即 h_{FB} (或α)=$\Delta I_C/\Delta I_E$，$\alpha=\dfrac{\beta}{1+\beta}$ 或 $\beta=\dfrac{\alpha}{1-\alpha}$
	共发射极截止频率 f_β	当 h_{FE} 因频率增高而下降到低频(1 kHz)值的 0.707(即$1/\sqrt{2}$)倍时(即下降 3 dB 时)所对应的频率
	共基极截止频率 f_α	当 h_{FB} 因频率升高而下降到低频(1 kHz)值的 0.707(即$1/\sqrt{2}$)倍时(即下降 3 dB 时)所对应的频率
	特征频率 f_T	因频率升高，当 $h_{FE}(\beta)$下降到等于 1 时所对应的频率
极限参数	集电极最大允许电流 I_{CM}	当三极管参数变化不超过规定值时，集电极允许承受的最大电流，一般为 $h_{FE}(\beta)$减小到规定值 2/3 时的 I_C 值
	集电极最大允许耗散功率 P_{CM}	保证参数在规定范围内变化时，集电结上允许损耗功率的最大值

常用色点对 h_{FE} 值分挡表明大小范围，即用棕、红、橙、黄、绿、蓝、紫、灰、白、黑表示，h_{FE} 在～15～25～40～55～80～120～180～270～400 范围内，例如，色标为绿点，则表明该管的 h_{FE} 在 55～80 之间。

7.2.5　晶体管的选择

晶体管的选用是一个很复杂的问题，它要根据电路的特点、晶体管在电路中的作用、工作环境与周围元器件的关系等多种因素进行选取，这是一个综合设计问题。选用晶体管要注意以下几个方面：

(1) 选用的晶体管工作时切勿使电压、电流、功率超过手册中规定的极限值，应根据设计原则留取一定的余量，以免烧坏管子。

(2) 对于大功率管，特别是外延型高频功率管，应注意使用中的二次击穿会使功率管损坏。为了防止二次击穿，必须大大降低管子的使用功率和电压，其安全工作区应由厂商提供，或由使用者通过一些必要的检测而得到。

(3) 选择晶体管的频率，使它在设计电路的工作频率范围中。

(4) 对设计电路的特殊要求，如稳定性、可靠性、穿透电流、放大倍数等，均应进行合理选择。

7.3　场 效 应 管

场效应管(Field Effect Transistor，FET)是一种电压型控制元件。与一般半导体三极管相比，它只有一种载流子参与导电，所以通常被称为“单极性”器件。它具有输入阻抗高、温度稳定性好、噪声低和抗辐射能力强等特点，近年来发展很快，除了作为分立元件使用外，还广泛地应用于大规模和超大规模集成电路中。

7.3.1　场效应管分类

常见的场效应管分类如图 7-3-1 所示。

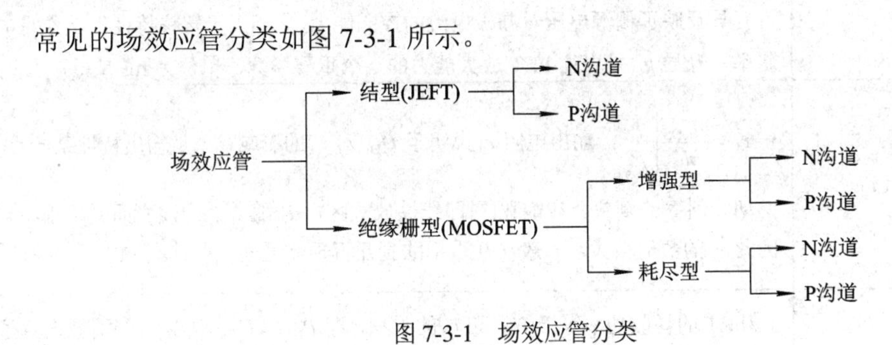

图 7-3-1　场效应管分类

7.3.2　常用场效应管的外形、特点

1. 结型场效应管

结型场效应管(JFET)是一种电压控制器件，与 MOS 型场效应管相比，在 $U_{GS}=0$ 时，器件导通，只有在 $U_{GS}<0$ 时(N 型 JFET)，器件才可能截止。图 7-3-2 为常见的小功率 JFET。JFET 的主要参数如表 7-3-1 所示。

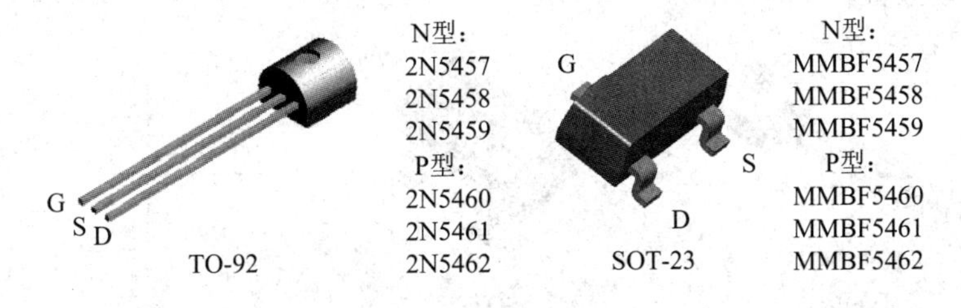

图 7-3-2　小功率 JFET

表 7-3-1　JFET 的主要参数

主 要 参 数	说　明
夹断电压 U_P	当 $U_{GS}=0$ 时，$-U_{DS}=U_P$。但在实际测试时，通常令 U_{DS} 为某一固定值(例如 10 V)，使 i_D 等于一个微小的电流(例如 50 μA)时栅源之间所加的电压称为夹断电压
饱和漏电流 I_{DSS}	在 $U_{GS}=0$ 的情况下，当 $U_{GS}>\|U_P\|$时的漏极电流称为饱和漏电流 I_{DSS}
最大漏源电压 $U_{(BR)DS}$	$U_{(BR)DS}$ 是指发生雪崩击穿、i_D 开始急剧上升时的 U_{DS} 值。由于加到 PN 结上的反向偏压与 U_{DS} 有关，因此 U_{DS} 愈负，$U_{(BR)DS}$ 越小
最大栅源电压 $U_{(BR)GS}$	$U_{(BR)GS}$ 是指输入 PN 结反向电流开始急剧增加时的 U_{DS} 值
直流输入电阻 R_{GS}	在漏源之间短路的条件下，栅源之间加一定电压时的栅源直流电阻就是直流输入电阻 R_{GS}

续表

主要参数	说明
低频互导(跨导)g_m	当 U_{DS} 等于常数时，漏极电流的微变量和引起这个变化的栅源电压的微变量之比称为互导(也称跨导)，即 $g_m = \left.\dfrac{\partial i_D}{\partial U_{GS}}\right\|_{U_{DS}}$。 互导反映了栅源电压对漏极电流的控制能力，它相当于转移特性上工作点的斜率。互导 g_m 是表征 FET 放大能力的一个重要参数，单位为 ms 或 μs
输出电阻 r_d	$r_d = \left.\dfrac{\partial U_{DS}}{\partial i_D}\right\|_{U_{GS}}$，输出电阻 r_d 说明了 U_{DS} 对 i_D 的影响，r_d 是输出特性某一点的切线斜率的倒数。在饱和区(即线性放大区)，i_D 随 U_{DS} 的改变而变化很小，因此 r_d 的数值很大，一般在几十千欧到几百千欧之间
最大耗散功率 P_{DM}	JFET 的耗散功率等于 U_{DS} 和 i_D 的乘积，即 $P_{DM} = U_{DS} \cdot i_D$，这些消耗在管子中的功率将变为热能，使管子的温度升高。为了限制它的温度不能升得太高，就要限制它的耗散功率不能超过最大数值 P_{DM}

2. 增强型 MOS 场效应管

增强型 MOS 场效应管只需要同相电压的控制(如 N 型，U_{GS} 的电压极性与 U_{DS} 相同，都为正电压)，控制简单，在电路中得到了广泛的应用(比 JFET 应用广)，小到几十毫安、大到上百安培都有相应的元器件，且外形多种多样，图 7-3-3 给出了几种常见的小功率增强型 MOS 场效应管。

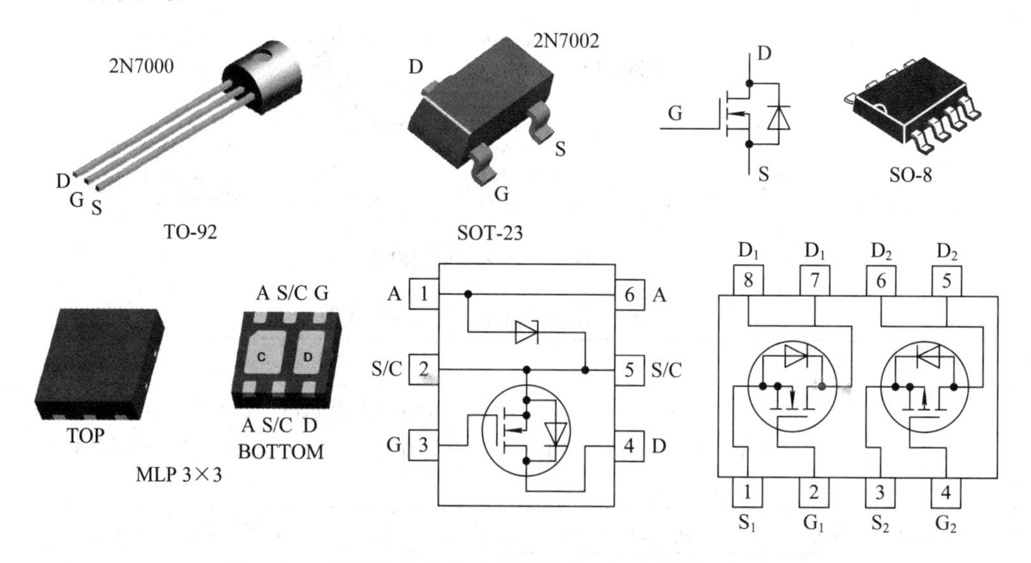

图 7-3-3　几种常见的小功率增强型 MOS 场效应管

3. 场效应管的特点

场效应管也属于由 PN 结组成的半导体器件，它除了具有体积小、噪声低、热稳定性好、可靠性高的特点以外，还有如表 7-3-2 所示的特点。

表 7-3-2　场效应管的特点

特　点	说　明
电场控制型	其工作原理类似于电子管，是通过电场作用来控制半导体中多数载流子的运动，从而控制其导电能力，故称之为“场效应”
单极型导电方式	在场效应管中，参与导电的多数载流子仅为电子(N 沟道)或空穴(P 沟道)，在电场作用下由漂移运动形成电流，故也称为单极型晶体管。而不像晶体管，参与导电的同时有电子与空穴，属于双极型晶体管
输入阻抗很高	场效应管输入端的 PN 结为反向偏置(结型场效应管)或绝缘层隔离(MOS 场效应管)，因此其输入阻抗远远超过晶体三极管。通常，结型场效应管的输入阻抗为 $10^7\ \Omega \sim 10^{10}\ \Omega$，尤其是绝缘栅型的场效应管，输入阻抗可达 $10^{12}\ \Omega \sim 10^{13}\ \Omega$，而普通的晶体三极管的输入阻抗仅为 1 kΩ 左右
抗辐射能力强	它比晶体三极管的抗辐射能力强千倍以上，所以场效应管能在核辐射和宇宙射线下正常工作
便于集成	场效应管在集成电路中所占的体积比晶体三极管小，另外它制造简单，特别适于大规模集成电路
容易产生静电击穿损坏	由于输入阻抗相当高，当带电物体一旦靠近金属栅极时很容易造成栅极静电击穿，特别是 MOSFET，其绝缘层很薄，更易击穿损坏，故应注意对栅极的保护，应用时不得让栅极“悬空”；储存时应将场效应管的三个电极短路，并放在屏蔽的金属盒内；焊接时电烙铁外壳应接地，或断开电烙铁电源利用其余热进行焊接，防止电烙铁的微小漏电损坏场效应管

7.3.3　场效应管电路图形符号识别

常见场效应管的电路图形符号如表 7-3-3 所示。

表 7-3-3　常见场效应管电路图形符号

名　称	电路图形符号	
	N 沟道	P 沟道
JFET 新符号	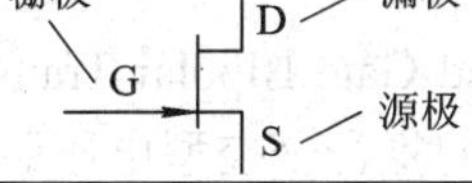 栅极 G D 漏极 S 源极	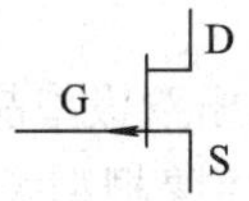 D G S
JFET 旧符号	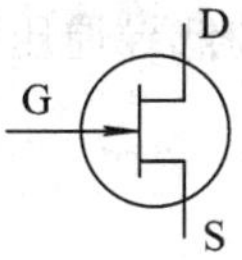 D G S	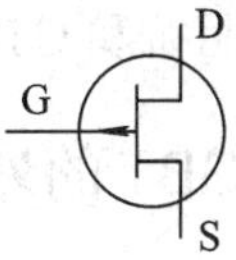 D G S
耗尽型 MOSFET 新符号	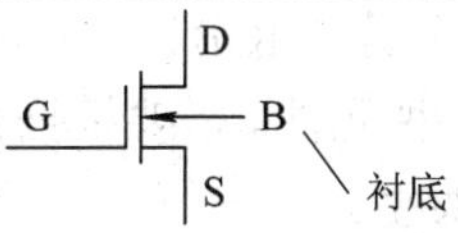 D G B S 衬底	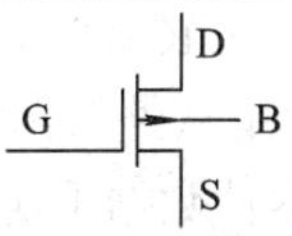 D G B S

续表

名　称	电路图形符号	
	N 沟道	P 沟道
增强型 MOSFET 新符号	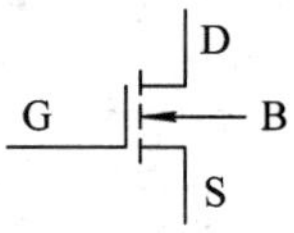 D G B S	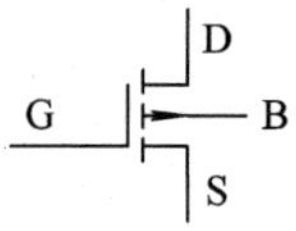 D G B S
增强型 MOSFET 旧符号	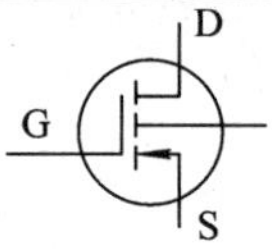 D G S	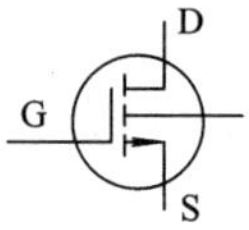 D G S
衬底与源极连接在一起的增强型 MOSFET 符号	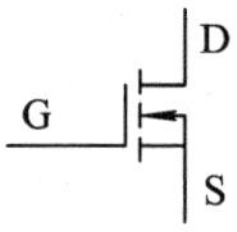 D G S	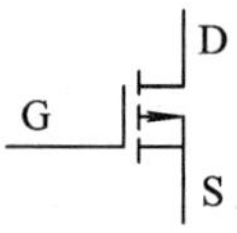 D G S
带续流二极管的增强型 MOSFET 符号	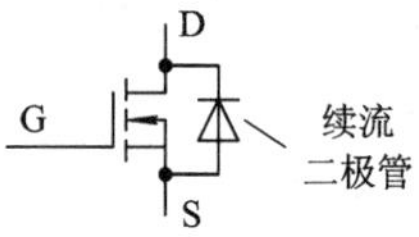 D G S 续流二极管	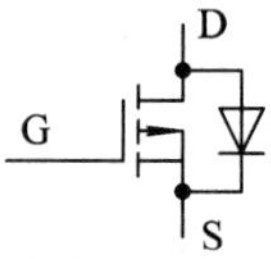 D G S
栅极、源极带稳压二极管的增强型 MOSFET 符号	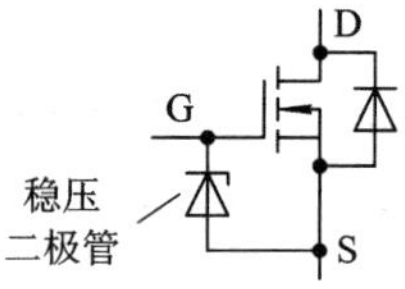 D G 稳压二极管 S	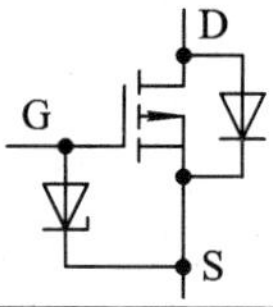 D G S
栅极、源极带电阻的增强型 MOSFET 符号	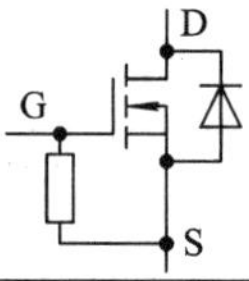 D G S	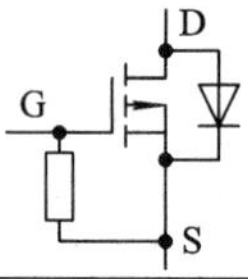 D G S
耗尽型双栅 N 沟道绝缘栅场效应管符号	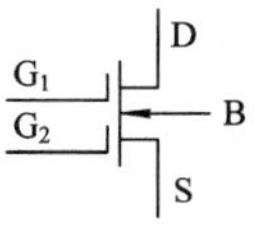 D G_1 G_2 B S	

7.4　绝缘栅双极型晶体管

绝缘栅双极型晶体管(Insulated Gate Bipolar Transistor，IGBT)是由 BJT(双极型三极管)和 MOS(绝缘栅型场效应管)组成的复合全控型电压驱动式功率半导体器件，兼有 MOSFET 的高输入阻抗和 GTR(大功率晶体管)的低导通压降两方面的优点。

7.4.1　IGBT 的外形、特点

常见的 IGBT 外形如图 7-4-1 所示。IGBT 与三极管、场效应管的外形一样，有多种封装形式，单从外形无法判断是哪一种元件。需要根据器件上的字符(元器件上刻的器件名称)查找元器件数据手册，找出器件类型。

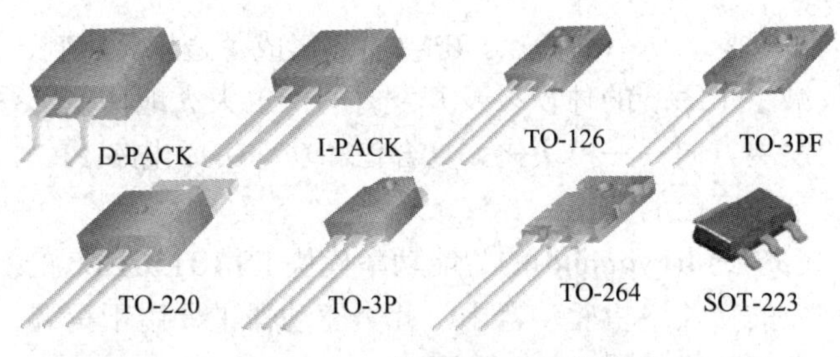

图 7-4-1　常见的 IGBT 外形

7.4.2　电路图形符号

常见 IGBT 的电路图形符号如表 7-4-1 所示。

表 7-4-1　IGBT 的电路图形符号

名　　称	电路图形符号
N-Channel IGBT 符号	集电极(C) 栅极(G) 射极(E) C G E (a) 有圈画法　(b) 无圈画法
NPT IGBT 符号	集电极(C) 栅极(G) 射极(E) C G E (a) 有圈画法　(b) 无圈画法
内部集成二极管和电阻的 N-Channel IGBT 符号	C G E
内部集成反向二极管的 IGBT 符号	C G E　C G E

7.5　智能功率模块

智能功率模块(Intelligent Power Module，IPM)是一种先进的功率开关器件，具有 GTR(大功率晶体管)高电流密度、低饱和电压和耐高压，以及 MOSFET(场效应晶体管)高输入阻抗、高开关频率和低驱动功率的优点。IPM 内部集成了逻辑、控制、检测和保护电路，使用起来方便，不仅减小了系统的体积以及开发时间，也大大地增强了系统的可靠性，适应了当今功率器件的发展方向——模块化、复合化和功率集成电路(PIC)，在电力电子、电机驱动领域得到了越来越广泛的应用。

图 7-5-1 给出了飞兆公司(Fairchild)的智能功率模块 FSBB15CH60 的实物图，它用于设计结构紧凑、性能高效的交流电机驱动器中，此类驱动器主要用于空调、洗衣机等低压逆变驱动设备。该器件内部结构如图 7-5-2 所示。

(a) 顶视图　　(b) 底视图

图 7-5-1　FSBB15CH60 实物图

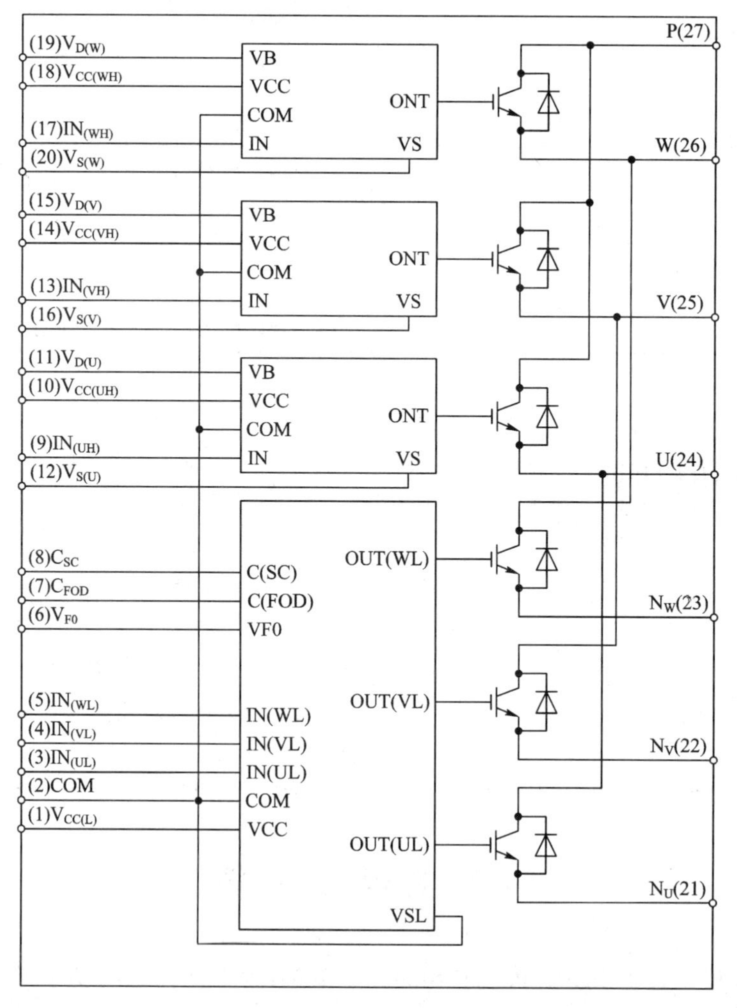

图 7-5-2　FSBB15CH60 内部结构

由图中可以看出，该器件内部含有 6 个 IGBT 和驱动保护电路。FSBB15CH60 组合了优化的电路保护和驱动功能，与低损耗的绝缘栅极双极型晶体管(IGBT)相匹配。另外该器件集成了欠压闭锁和短路保护功能，进一步提升了系统的可靠性。此外内置的高速高压集成电路(HVIC)提供了无需光耦的单电源 IGBT 门极驱动能力，进一步缩小了逆变器系统的整体尺寸。由于采用了分立的负端子，从而可独立检测逆变器的每一相电流。

7.6 可 控 硅

可控硅也称晶闸管，其显著特点是不仅能在高电压、大电流的条件下工作，其工作过程还可以控制。可控硅常用于可控整流、无触点开关、变频调速等自动控制方面。

7.6.1 可控硅的分类

图 7-6-1 列出了可控硅的常见分类。

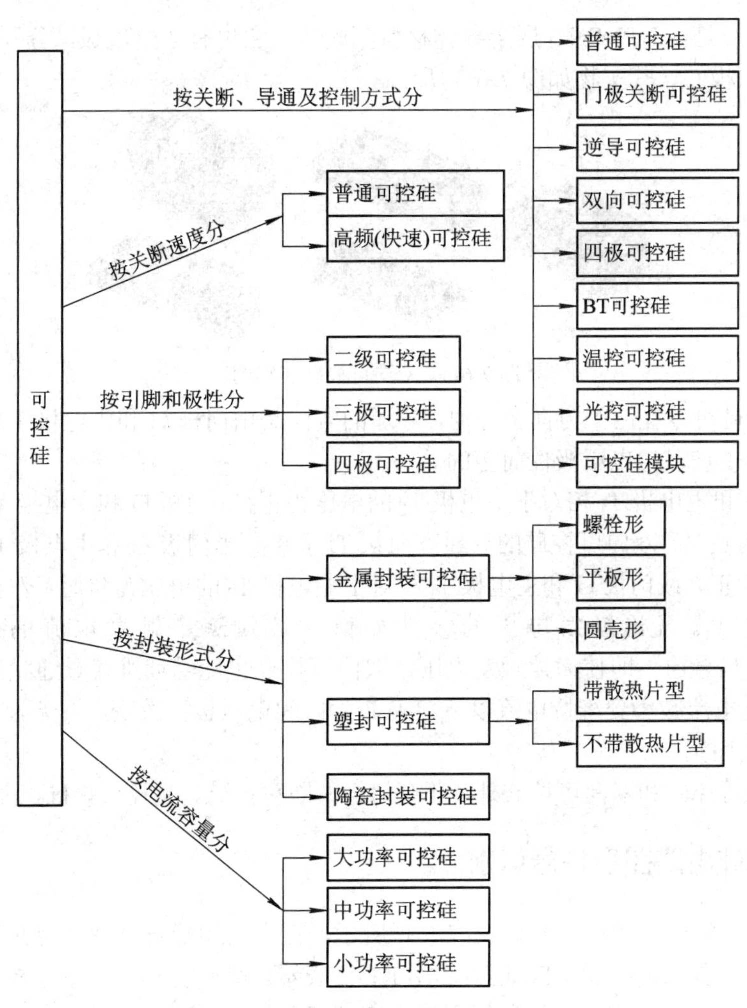

图 7-6-1　可控硅的常见分类

7.6.2　常用可控硅的外形、特点

1. 普通可控硅(SCR)

普通可控硅是由 PNPN 4 层半导体材料构成的三端半导体器件，三端分别为阳极(A)、阴极(K)和门极(G)，实物如图 7-6-2 所示。

图 7-6-2　普通可控硅实物图

普通可控硅具有单向导电性，只有当可控硅正接(阳极接正电源，阴极接负电源)、门极有正向触发电压时，可控硅才导通，呈现低阻状态。一旦导通，外部信号就无法使其关断，只能靠去除负载或降低其两端电压的方式使其关断。单向可控硅是由三个 PN 结组成的四层三端半导体器件，与具有一个 PN 结的二极管相比，单向可控硅的正向导通受控制极电流控制；与具有两个 PN 结的三极管相比，单向可控硅对控制极电流没有放大作用。

2. 双向可控硅(TRIAC)

双向可控硅是由 NPNPN 5 层半导体材料制成的，它也有 3 个电极，分别为主电极 T_1、主电极 T_2 和门极 G。其实物如图 7-6-3 所示。

图 7-6-3　双向可控硅实物图

双向可控硅可以在两个方向上导通，导通的方向是由门极 G 和主电极 T_1(或 T_2)相对于另一个主电极 T_2(或 T_1)电压极性而定的。

当门极 G 和主电极 T_1 相对于主电极 T_2 的电压为正，或门极 G 和主电极 T_2 相对于主电极 T_1 的电压为负时，双向可控硅的导通方向从 T_1 至 T_2；当门极 G 和主电极 T_2 相对于主电极 T_1 的电压为正，或门极 G 和主电极 T_1 相对于主电极 T_2 的电压为负时，双向可控硅的导通方向从 T_2 至 T_1。无论触发电压的极性如何，必须满足触发电流的要求，才能使其导通。一旦导通，即使撤掉触发电压，双向可控硅也能继续维持导通状态。只有当主电极 T_1、T_2 的电流减小到维持电流以下，或 T_1、T_2 间电压极性改变、且无触发电压时，双向可控硅才能阻断。

除了普通可控硅和双向可控硅外，还有门极关断可控硅、光控可控硅、温控可控硅等。

7.6.3　可控硅电路图形符号识别

常见可控硅的电路图形符号如表 7-6-1 所示，在电路图形符号中，现在规定可控硅用字母 VS 表示，过去是用字母 T，还有的用 KP 等表示。晶闸管共有三个电极：阳极用字母 A 表示，阴极用字母 K 表示，控制极用字母 G 表示。

表 7-6-1 常见可控硅电路图形符号、结构与等效电路

名 称	电路图形符号、结构与等效电路
普通可控硅	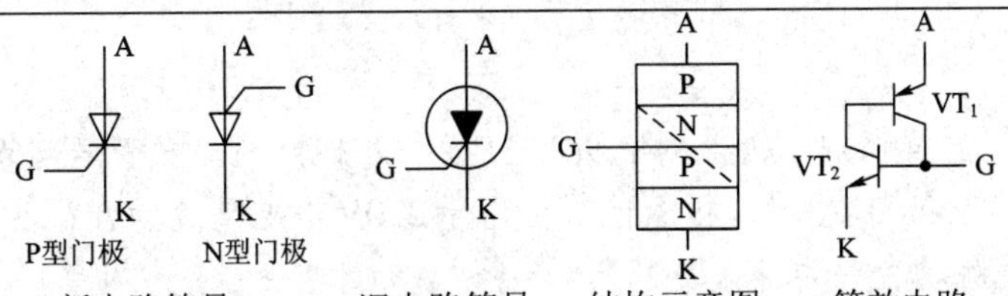 P型门极 N型门极 新电路符号；旧电路符号；结构示意图；等效电路
双向可控硅	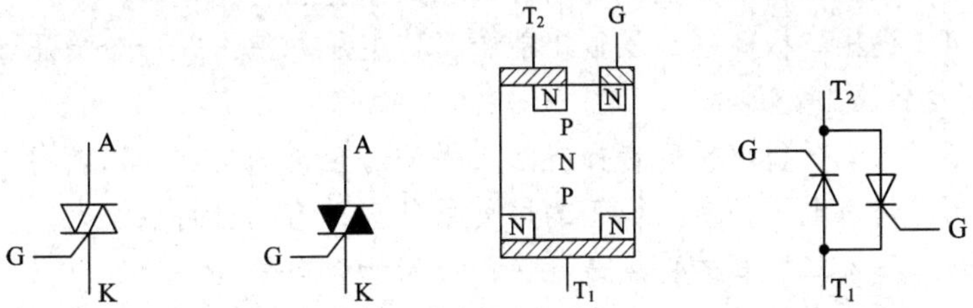 新电路符号；旧电路符号；结构示意图；等效电路
光控可控硅	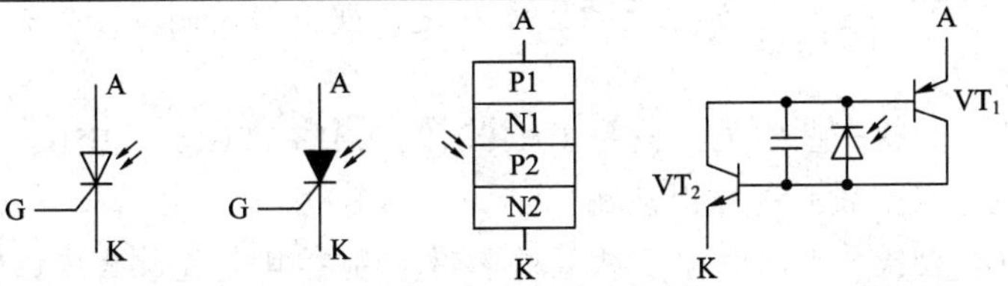 新电路符号；旧电路符号；结构示意图；等效电路

7.6.4 可控硅的参数

可控硅的主要参数如表 7-6-2 所示。

表 7-6-2 可控硅的主要参数

参 数	说 明
正向平均电流(I_T)	在规定条件下，可控硅正常工作时，A、K(或 T_1、T_2)极间所允许通过电流的平均值
正向转折电压(U_{BO})	是指在额定结温为 100℃、门极 G 开路的条件下，阳极 A 与阴极 K 之间加正弦波正向电压、使其由关断状态转为导通状态时所对应的峰值电压
正向阻断峰值电压(U_{FRM})	是指可控硅在控制极开路及正向阻断条件下，可以重复加在可控硅上的正向电压的峰值，其值为正向转折电压减去 100 V 后的电压值
反向击穿电压(U_{VBR})	是指在额定结温下，可控硅阳极与阴极之间施加正弦半波反向电压、当其反向漏电电流急剧增加时所对应的峰值电压
反向阻断峰值电压(U_{RRM})	是指在控制极断路和额定结温下，可以重复加在主器件上的反向峰值电压，其值为反向击穿电压减去 100 V 后的电压值
维持电流(I_H)	是指维持可控硅导通的最小电流
触发电压(U_{GT})	在一定条件下，从阻断转变为导通状态时，门极上所加的最小直流电压
触发电流(I_{GT})	在一定条件下，阳极与阴极之间加 6 V 直流电压时，使晶闸管完全导通所必需的最小门极直流电流

习　题

7-1　怎样识别二极管的P极和N极，怎样判别二极管是硅管还是锗管？

7-2　1N4007整流二极管能否应用于220V市电整流场合？能否应用于开关电源变压器输出的整流场合？为什么？

7-3　检波二极管和整流二极管的区别是什么？

7-4　稳压二极管的稳压输出能否当作电压源使用？一个稳压5V的稳压二极管与7805的区别是什么？

7-5　试说明整流桥的选择方法、半桥与全桥的差别，以及各自的使用场合。

7-6　瞬态电压抑制二极管的用处是什么？有什么特点？

7-7　变容二极管的特点是什么？应用场合有哪些？

7-8　试列举出一些常用的二极管，画出其电路符号和封装图。

7-9　NPN型和PNP型三极管的导通、截止的控制方法分别是什么？画出其各自的简单放大电路。

7-10　查找一些常见三极管（如9012、9013、9014、8050、8550等）的参数，记住主要的参数，便于设计电路时应用。

7-11　查找一些大功率三极管的参数，观察其电流最大值、散热方式、固定安装方式等，便于设计电路时应用。

7-12　简述在进行电路设计时选择三极管的方法。

7-13　三极管和场效应管的区别是什么？画出各自的控制电路。

7-14　三极管、场效应管、IGBT各自的特点是什么？在工程设计时应怎样选择使用？

7-15　简述可控硅的特点及其应用场合。

7-16　在一些大电流应用场合中，应怎样选择功率器件？多管并联输出时，应考虑哪些问题？

第 8 章　半导体集成元件

半导体集成元件的种类很多，在此难以一一讲解，本章将简要讲解几种常见的半导体集成元件，读者如需要详细了解某一元器件，请查阅该元器件的数据手册。

8.1　集成电路分类

常用集成电路分类如表 8-1-1 所示。

表 8-1-1　常用集成电路分类

分类方法	分　类	说　明
按功能结构分类	模拟集成电路	模拟集成电路用来产生、放大和处理各种模拟信号(指幅度随时间变化的信号，例如半导体收音机的音频信号、录放机的磁带信号等)
	数字集成电路	数字集成电路用来产生、放大和处理各种数字信号(指在时间和幅度上离散取值的信号，例如 VCD、DVD 重放的音频信号和视频信号)
按集成度高低分类	小规模集成电路	集成度为 100 个元件以内或 10 个门电路以内
	中规模集成电路	集成度为 100 个～1000 个元件或 10 个～100 个门电路
	大规模集成电路	集成度为 1000 个～10 000 个元件或 100 个门电路以上
	超大规模集成电路	集成度为 10 万个元件以上或 1 万个门电路以上
按导电类型分类	双极型集成电路	双极型集成电路的制作工艺复杂，功耗较大，有 TTL、ECL、HTL、LST-TL、STTL 等类型
	单极型集成电路	单极型集成电路的制作工艺简单，功耗也较低，易于制成大规模集成电路，有 CMOS、NMOS、PMOS 等类型
按用途分类	音频、视频集成电路	如音频放大器、音频/射频信号处理器、视频电路、彩色电视电路、音频数字电路等
	数字集成电路	如触发器、门电器、解码器、延时器、计数器、时钟/多谐振荡器、分频器、加法器、乘法器、幅值比较器、算术逻辑单元等
	线性集成电路	如放大器、模拟信号处理器、电机控制电路、运算放大器、锁相环、电源管理器件、射频/中频放大器、传感器电路、通信器件、定时器、晶体管矩阵、电压比较器、电压基准器件、宽带放大器等
	微处理器	如微处理器、控制器、单片机电路、数字信号处理器(DSP)、一般支持芯片、专用支持芯片、特殊微处理器电路等
	存储器	如读写存储器 RAM、只读存储器 ROM、字符发生器、可编程逻辑集成电路、代码转换器、移位寄存器、动态存储器和控制器等
	接口电路	如缓冲器/驱动器、线路驱动器/发射器、存储器/时钟驱动器、外设/电源驱动器、显示驱动器、开关驱动器、A/D 转换器、D/A 转换器、电平转换器、线路接收器、读出放大器、取样/保持器、施密特触发器、特殊器件即奇偶解码器、数据采集系统等
	光电器件	如光电通信/传送器件、发光器件、光电接收器件、光电耦合器、光电开关器件等

8.2 运　放

集成运算放大器(简称运放)是模拟集成电路中应用极为广泛的一种器件，它常用于信号的运算、处理、变换、测量和产生电路中。运算放大器作为基本的电子器件，虽然本身具有非线性的特性，但在很多情况下，它作为线性电路的器件，很容易用来设计各种应用电路。

8.2.1 运放的外形

运放的外形与常见的集成芯片外形一致，如表8-2-1所示。

表8-2-1 常见运放外形

外　形	内部结构图	说　明
SOT23-5	OUT 1, $-V_S$ 2, +IN 3, 4 −IN, 5 $+V_S$	对于运放而言，最基本的结构必须有两个输入端，一个输出端，再加上两个电源端，则一个运放最少有五个引脚，如SOT23-5封装的元件
SOT23-6 SC70-6	OUT 1, $-V_S$ 2, +IN 3, 4 −IN, 5 SD, 6 $+V_S$	为了降低功耗，常常在不需要使用运放的时候关闭运放，因此需要一个引脚控制运放的工作，如SOT23-6、SC70-6封装的元件
DIP-8 SO-8 Micro8	OUT 1, −IN1 2, +IN1 3, $-V_S$ 4, 5 +IN2, 6 −IN2, 7 OUT2, 8 $+V_S$ OFFSET NULL 1, −IN1 2, +IN1 3, $-V_S$ 4, 5 OFFSET NULL, 6 OUT, 7 $+V_S$, 8 NC	一些运放为了减小在工作时产生的零点漂移，需要增加调零端，常见的有DIP-8、SO-8、TSSOP-8封装元件，当然，在这些封装的元件内部可能封装了两个运放
DIP-14 SO-14 TSSOP-14	OUT1 1, −IN1 2, +IN1 3, VCC 4, +IN2 5, −IN2 6, OUT2 7, 8 OUT3, 9 −IN3, 10 +IN3, 11 VEE, 12 +IN4, 13 −IN4, 14 OUT4	常将四个运放封装在一起，组成DIP-14、SO-14、TSSOP-14封装的形式

8.2.2　运放的参数

常见运放参数如表 8-2-2 所示。

表 8-2-2　运 放 参 数

参　数	说　明
电源电压范围 $\pm U_{CC}$	允许所加电源电压的范围
最大输出电压 $\pm U_{OPP}$	能使输出电压与输入电压保持不失真关系的最大输出电压。此值与实际所加的正负电源电压有关，实际所加的正负电源电压越大，$\lvert \pm U_{OPP} \rvert$ 也越大
电压增益 A_{uo}	不加反馈时的电压放大倍数，一般为 100 dB 左右
差模输入电阻 r_{id}	不加反馈时两个输入端的动态电阻，一般为几兆欧以上
输出电阻 r_o	不加反馈时输出端的对地等效电阻，一般为几十欧姆左右
输入失调电压 U_{IO}	为了使输出电压为零而在输入级所加的补偿电压值。其值越小越好，一般为毫伏级
失调电压温度系数 $\Delta U_{IO}/\Delta T$	指温度变化时所产生的失调电压的大小，它直接影响集成运算放大器的精确度，一般为几十微伏/度
共模抑制比 K_{CMR}	开环差模电压增益与开环共模电压增益之比，一般为 70 dB 以上

此外还有输入偏置电流、输出电阻、输入失调电流、失调电流温度系数、输入差模电压范围、输入共模电压范围、最大输出电压、静态功耗等参数。

8.2.3　运放的选择

当前市场上的运放种类、型号非常多，根据用途的不同可以分为比较器、低电压运放、低功耗运放、低失真运放、低噪声运放、高输出电流高驱动能力运放、高速运放、精密运放、可编程运放、宽频带运放、通用运放等。选择运放时通常要考虑的性质和参数有：

(1) 增益带宽积。根据电路工作带宽和所需要的增益选择运放，在选择时要有适当的余量。在一些元器件厂商提供的仿真软件中选择的运放已经考虑了该项，因此如果选择的运放在仿真时无法实现所需的功能，则在实际中肯定无法应用。

(2) 工作电压。在某些场合可能要求运放的工作电压较低或较高，这时需要选择特定的运放。

(3) 功耗。在一些要求低功耗供电的设备中，如手持设备，应选择低功耗运放或带关断功能的运放。

(4) 失真和噪声。在一些放大微弱信号的场合下，需要选择低失真度、低噪声的运放。

(5) 增益可控。在一些场合下，可能信号的大小会实时发生变化，如热能表回波信号，这时需要对运放的增益进行控制，使其最终输出始终维持一定的大小。

(6) 通用性。在满足要求的情况下应选择通用运放，即市场上常见的运放，这样方便生产时的购买(或替换)。

(7) 性价比。在满足性能要求的情况下，选择价格低廉的运放。

(8) 封装。一般来说，每一款运放均提供了多种封装形式以供选择。使用时需要根据电路板的面积等因素，选择合适的封装。

8.3 电源芯片

电源芯片是每个电子产品中所必须使用的元器件，如在使用市电的设备中，必须使用开关 AC/DC 电源或线性电源，则需要使用开关电源芯片或稳压芯片；如在使用电池供电的设备中，必须使用电池管理芯片和电压管理芯片。

8.3.1 线性稳压芯片的外形、应用

线性稳压芯片常见的有固定式线性稳压芯片、可调式线性稳压芯片和可关断式线性稳压芯片。对于固定式线性稳压芯片常见的有 78xx 系列(79xx 系列)和 LC1117 系列。可调式线性稳压芯片常见的有 LM317 系列(LM337 系列)和 LC1117ADJ 系列。这些芯片的外形一样，常见的有 TO220、TO252、SOT23 等，购买时认清标识名称即可，如图 8-3-1 所示。

图 8-3-1 常见线性稳压芯片实物

8.3.2 电源用转换芯片的外形、应用

电压转换芯片是电源电压变换管理中常用的芯片，分为 AC-DC 和 DC-DC 两种，AC-DC 一般只需先将 AC(交流电压)整流变成 DC(直流电压)即可，只是 AC 一般为市电，整流后的 DC 为 300 V 左右，电压比较高，还需要通过变压器隔离转换为低压 DC 输出。DC-DC 是将 DC(直流电压)转换为 DC(直流电压)输出，有降压和升压两种形式，一般输入和输出的电压都比较低，可以用变压器隔离输出，也可不用变压器。常见芯片如图 8-3-2 所示。

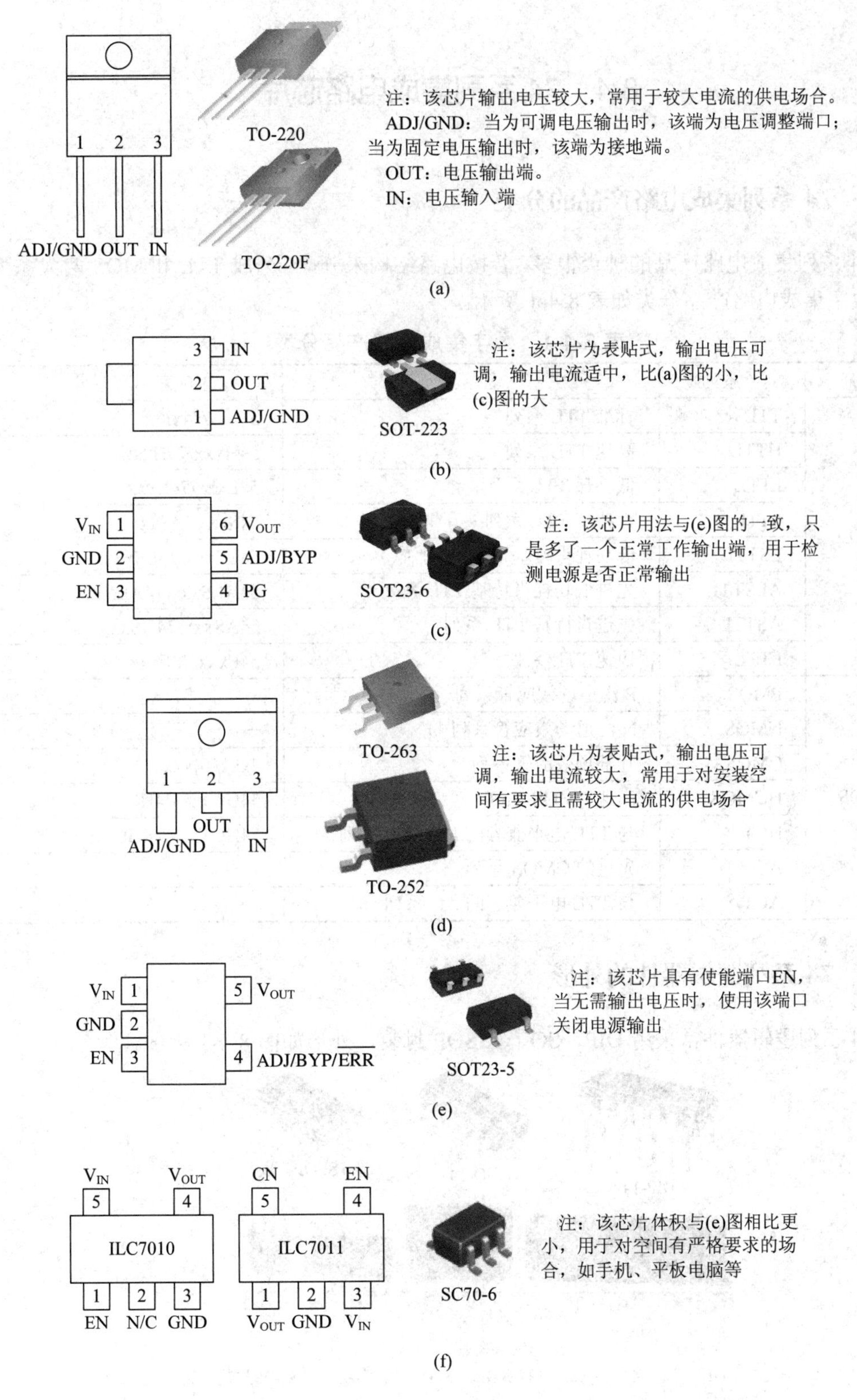

1 2 3
ADJ/GND OUT IN
TO-220
TO-220F
注：该芯片输出电压较大，常用于较大电流的供电场合。
ADJ/GND：当为可调电压输出时，该端为电压调整端口；当为固定电压输出时，该端为接地端。
OUT：电压输出端。
IN：电压输入端
(a)
3 IN
2 OUT
1 ADJ/GND
SOT-223
注：该芯片为表贴式，输出电压可调，输出电流适中，比(a)图的小，比(c)图的大
(b)
V_IN 1
GND 2
EN 3
6 V_OUT
5 ADJ/BYP
4 PG
SOT23-6
注：该芯片用法与(e)图的一致，只是多了一个正常工作输出端，用于检测电源是否正常输出
(c)
1 2 3
OUT
ADJ/GND IN
TO-263
TO-252
注：该芯片为表贴式，输出电压可调，输出电流较大，常用于对安装空间有要求且需较大电流的供电场合
(d)
V_IN 1
GND 2
EN 3
5 V_OUT
4 ADJ/BYP/ERR
SOT23-5
注：该芯片具有使能端口EN，当无需输出电压时，使用该端口关闭电源输出
(e)
V_IN V_OUT
5 4
ILC7010
1 2 3
EN N/C GND
CN EN
5 4
ILC7011
1 2 3
V_OUT GND V_IN
SC70-6
注：该芯片体积与(e)图相比更小，用于对空间有严格要求的场合，如手机、平板电脑等
(f)

图 8-3-2　电压转换芯片

8.4 74系列集成电路芯片

8.4.1 74系列集成电路产品的分类

74系列集成电路产品的种类很多，若按电路结构来分，可分成TTL和MOS两大系列。常见数字集成电路产品分类如表8-4-1所示。

表8-4-1 数字集成电路产品分类

系列	子系列	名 称	国家标准型号
TTL	TTL	标准TTL系列	54xxx/74xxx
	HTTL	高速TTL系列	54Hxxx/74Hxxx
	LTTL	低功耗TTL系列	54Lxxx/74Lxxx
	STTL	肖特基TTL系列	54Sxxx/74Sxxx
	LSTTL	低功耗肖特基TTL系列	54LSxxx/74LSxxx
	ALSTTL	先进低功耗肖特基TTL系列	54ALSxxx/74ALSxxx
	ASTTL	先进肖特基TTL系列	54ASxxx/74ASxxx
	FTTL	快速TTL系列	54Fxxx/74Fxxx
MOS	PMOS	P沟道场效应管系列	—
	NMOS	N沟道场效应管系列	—
	CMOS	互补场效应管系列	4xxx/14xxx
	HCMOS	高速CMOS系列	54HCxxx/74HCxxx
	HCT	与TTL电平兼容的HCMOS系列	54HCTxxx/74HCTxxx
	AC	先进的CMOS系列	—
	ACT	与TTL电平兼容的AC系列	—

8.4.2 74系列逻辑器件的外形

74系列逻辑器件常采用DIP、SO、TSSOP封装，外形如图8-4-1所示。

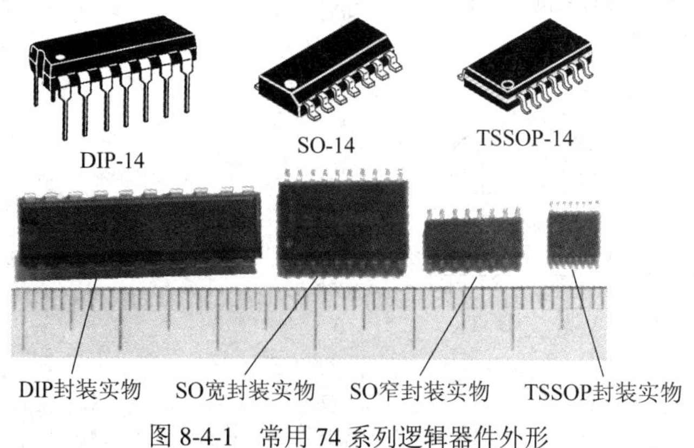

图8-4-1 常用74系列逻辑器件外形

在一些场合，往往只需要使用一个简单的逻辑门(如非门)，而一般的非门器件(如74HC04)，内部有 6 个独立的非门，这不但增大了体积，而且增加了功耗，故在要求小体积、低功耗的场合(如手机电路板)，必须使用单逻辑门器件，常见的单逻辑门器件如图 8-4-2 所示，其封装都为 SOT-25。

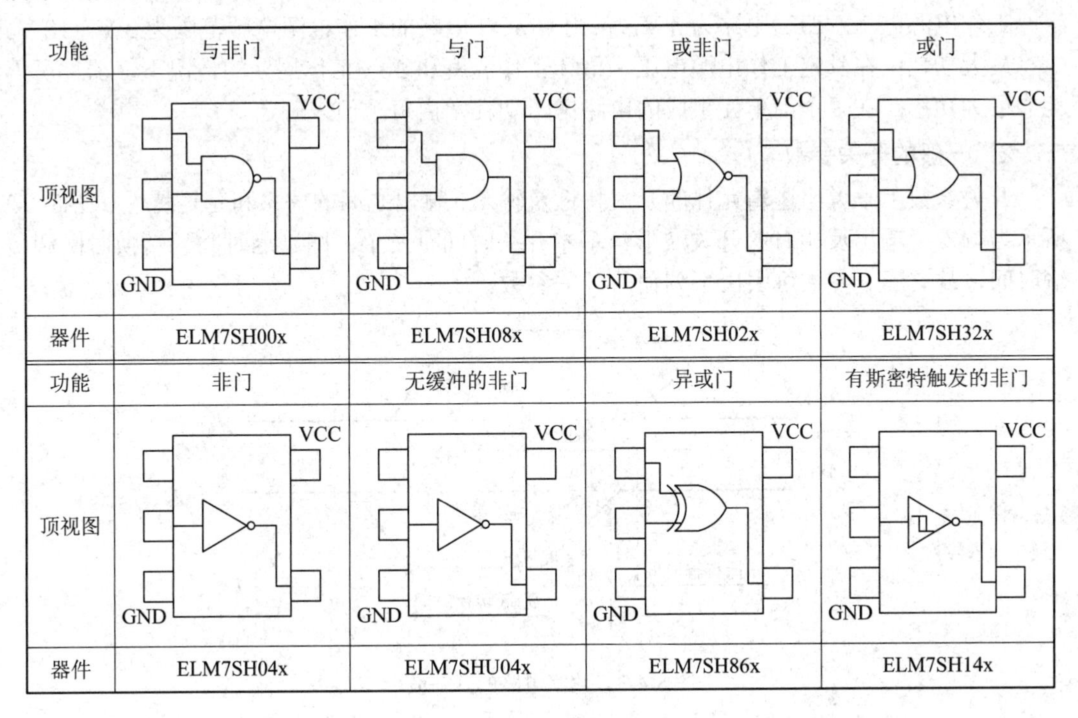

图 8-4-2　单逻辑门器件

8.4.3　74 系列的参数

1. 一般的直流参数

低电平最大输入电压：是为了保证输入为低电平时所允许的最高输入电压，TTL 电路为 0.8 V，CMOS 电路为电源电压的 40%。

高电平最小输入电压：是为了保证输入为高电平时所允许的最小输入电压，TTL 电路为 2 V，CMOS 电路为电源电压的 60%。

低电平输入电流：当符合规定的低电平电压送入某一输入端时，流入该输入端的电流，TTL 电路为 1.6 mA，CMOS 电路为 0.1 mA。

高电平输入电流：当符合规定的高电平电压送入某一输入端时，流入该输入端的电流，TTL 电路为 0.04 mA，CMOS 电路为 0.1 μA。

最高输入电压：允许接到输入端的最高电压。

低电平最高输出电压：输出仍可为低电平的最高电压(即输出低电平的上限)，TTL 电路为 0.4 V，CMOS 电路为电源低端电压。

高电平最低输出电压：输出仍可为高电平的最低电压(即输出高电平的下限)，TTL 电路为 2.4 V，CMOS 电路为电源高端电压。

最大低电平输出电流：输出为低电平时，输出端所能提供(吸入)的最大电流。

最大高电平输出电流：输出为高电平时，输出端所能提供的最大电流。

输出负载能力(扇出)：输出端的最大输出电流与被选作参考负载的某一专门集成电路的输入电流之比(也就是输出端最多能带同类门的个数)。

工作电源电压：TTL 电路为 5 V，常用 CMOS 电路的工作电源电压范围为 3 V～18 V。

最大功耗：在额定工作电源电压、最坏工作温度和 50%工作周期的情况下，器件所消耗的最大功率。在多个门单元组成的电路中，功耗常由每个门来确定。

2. 一般的开关参数

开关参数用来说明逻辑元件的开关特性及输入、输出之间的关系和延迟特性。图 8-4-3 所示为输入、输出反相时的开关波形。基本开关时间有三个，即延迟时间、转换时间和传输时间，从这三个参数可引出下列输入开关参数。

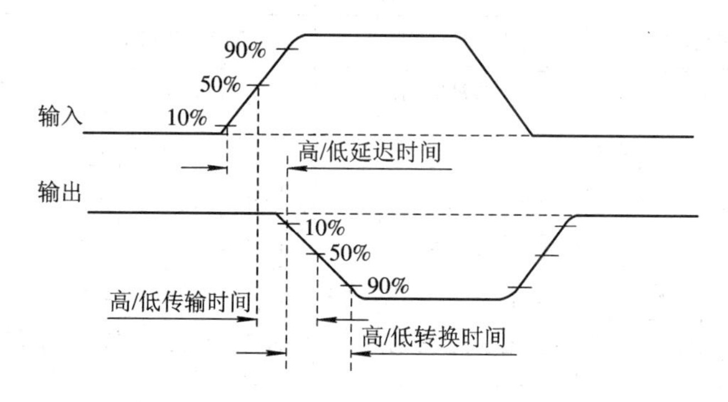

图 8-4-3　数字电路的开关波形

延迟时间：输入信号在幅度为 10%和输出信号达到 10%之间的时间间隔，分为高/低延迟时间和低/高延迟时间(高/低和低/高输出波形的变化过程)。

转换时间：输出信号幅度由 10%达到 90%的时间间隔，有高/低和低/高两种转换时间。

传输时间：输入信号幅度在 50%到输出信号幅度达到 50%的时间间隔，有高/低和低/高两种传输时间。

导通时间：为高/低延迟时间和转换时间之和。

截止时间：为低/高延迟时间和转换时间之和。

平均开关时间：为导通时间和截止时间的平均值。

平均传输延迟时间：为低/高和高/低传输时间的平均值。

3. 用于触发器的特殊开关参数

触发器除了用一般的开关参数描述以外，还要用到以下几个开关参数。

最大时钟频率：在各种工作条件下都能保证正常工作的时钟最高重复频率。

最小时钟脉冲宽度：在各种工作条件下都能保证正常工作的时钟脉冲最小宽度。

时钟脉冲的最大上升时间和下降时间：为了保证正常触发所允许的时钟脉冲的最大上升时间和下降时间。

最小置位脉冲宽度：在各种工作条件下都能保证完成置位作用所需的置位脉冲最小持续时间。

4. 噪声参数

这类参数表明逻辑元件对来自电源、地线及信号线上的干扰的灵敏度。

低电平抗干扰度：最大低电平输入电压和最大低电平输出电压之间的差值。

高电平抗干扰度：最小高电平输入电压和最小高电平输出电压之间的差值。

噪声容限：高、低电平抗干扰度的平均值。

8.5 智能器件

智能器件主要有 MCU、CPLD、FPGA、ARM、DSP，它们共同的特点是需要设计人员编程，而芯片根据程序运行，故使用相对较复杂，本书不讲解该类器件的应用。

8.5.1 MCU

微控制器(Micro-Controller Unit，MCU)是将微型计算机的主要部分集成在一个芯片上的单芯片微型计算机。它诞生于 20 世纪 70 年代中期，经过 40 多年的发展，其成本越来越低，而性能越来越强大，这使其应用已经无处不在，遍及各个领域，例如电机控制、条码阅读器/扫描器、消费类电子、游戏设备、电话、HVAC、楼宇安全与门禁控制、工业控制与自动化和白色家电(洗衣机、微波炉)等。因其使用量大，几乎只要有研发能力的芯片生产商都生产 MCU，故 MCU 芯片种类繁多，系列齐全，在此无法一一列出，图 8-5-1 给出了笔者使用过的几种 MCU 芯片。

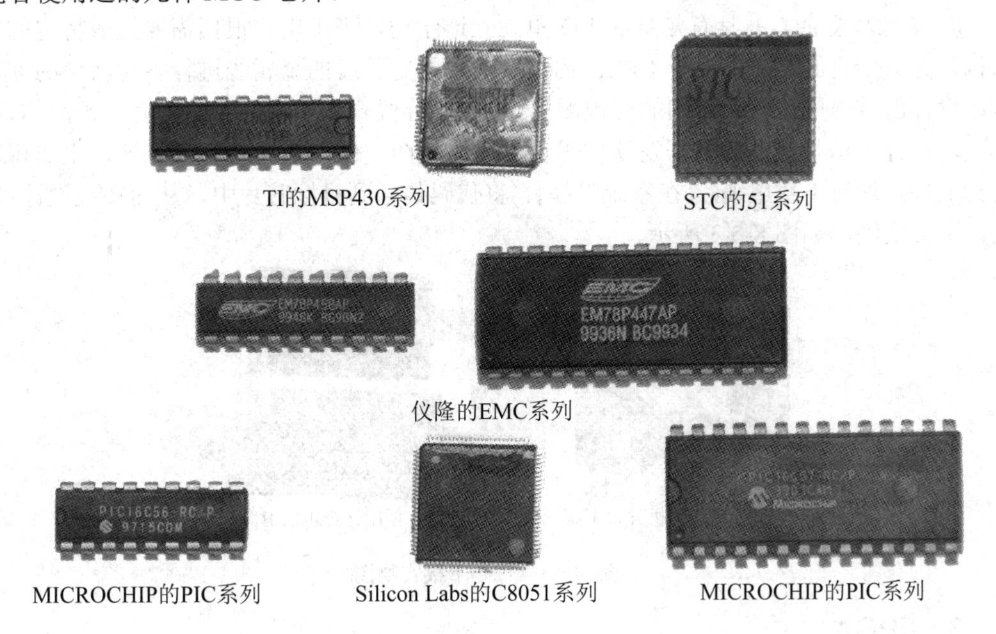

图 8-5-1　几种常见的 MCU 芯片实物图

微控制器可从不同的方面进行分类：根据数据总线宽度可分为 8 位、16 位和 32 位机；根据存储器结构可分为 Harvard 结构和 Von Neumann 结构；根据内嵌程序存储器的类别可分为 OTP、掩膜、EPROM/EEPROM 和闪存 FLASH；根据指令结构又可分为 CISC(Complex Instruction Set Computer)和 RISC(Reduced Instruction Set Computer)微控制器。

8.5.2 CPLD

复杂可编程逻辑器件(Complex Programmable Logic Device，CPLD)是从 PAL 和 GAL 器件发展而来的器件，相对而言，其规模更大、结构更复杂。CPLD 属于大规模集成电路的范畴，是一种用户根据各自需要而自行构造逻辑功能的数字集成电路。图 8-5-2 给出了几种常见的 CPLD 芯片实物图。

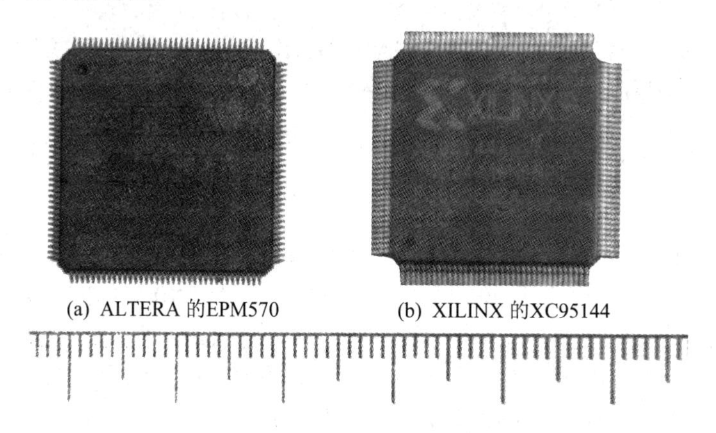

(a) ALTERA 的EPM570　　(b) XILINX 的XC95144

图 8-5-2　几种常见的 CPLD 芯片实物图

CPLD 主要是由可编程逻辑宏单元 MC(Macro Cell)和可编程互连矩阵单元组成的。其中 MC 结构较复杂，并具有复杂的 I/O 单元互连结构，可由用户根据需要生成特定的电路结构，完成一定的功能。由于 CPLD 内部采用了固定长度的金属线进行各逻辑块的互连，所以设计的逻辑电路具有时间的可预测性，避免了分段式互连结构时序不完全预测的缺点。其基本设计方法是借助集成开发软件平台，用原理图、硬件描述语言等方法，生成相应的目标文件，通过下载电缆(“在系统”编程)将代码传送到目标芯片中，从而实现设计目的，代码下载实物图如图 8-5-3 所示。

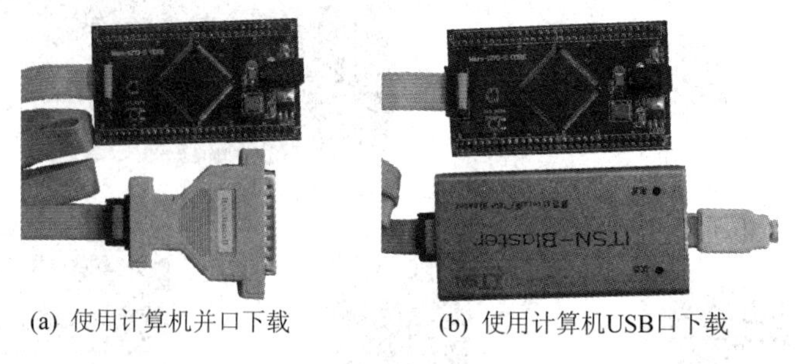

(a) 使用计算机并口下载　　(b) 使用计算机USB口下载

图 8-5-3　代码下载实物图

8.5.3 FPGA

现场可编程门阵列(Field-Programmable Gate Array，FPGA)是在 PAL、GAL、CPLD 等可编程器件的基础上进一步发展的产物。它是作为专用集成电路(ASIC)领域中的一种半定制电路而出现的，既解决了定制电路的不足，又克服了原有可编程器件门电路数有限的缺点。常见 FPGA 芯片实物图如图 8-5-4 所示。

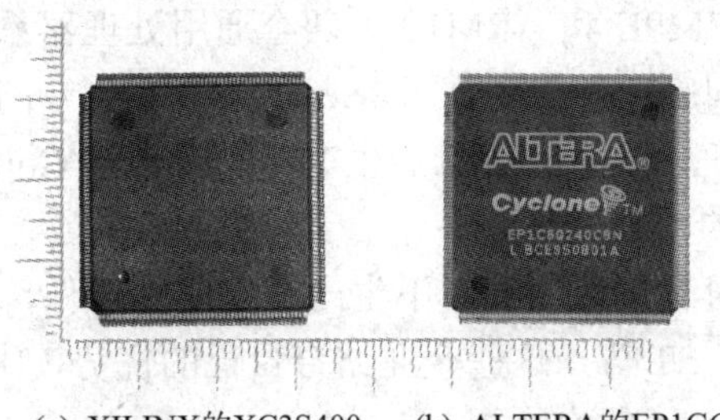

(a) XILINX的XC3S400　(b) ALTERA的EP1C6

图 8-5-4　常见 FPGA 芯片实物图

以硬件描述语言(Verilog 或 VHDL)所完成的电路设计，可以经过简单的综合与布局，快速地烧录至 FPGA 上进行测试，这是现代 IC 设计验证的技术主流。这些可编辑元件可以被用来实现一些基本的逻辑门电路(比如 AND、OR、XOR、NOT)或者一些更复杂的组合功能(比如解码器或数学方程式)。在大多数的 FPGA 里，这些可编辑的元件也包含记忆元件，例如触发器(Flip-flop)或者其他更加完整的记忆块。

系统设计师可以根据需要通过可编辑的连接把 FPGA 内部的逻辑块连接起来，就好像把一个电路试验板放在了一个芯片里。一个出厂后的成品 FPGA 的逻辑块和连接关系可以按照设计者的要求而改变，所以 FPGA 可以完成所需要的逻辑功能。

对于 CPLD 和 FPGA 而言，它们都可以按照设计者的要求完成相对应的逻辑功能，那是不是在设计中随便使用哪一种都可以？下面列出两者的差异，供读者在选择使用这两类芯片时参考。

(1) CPLD 和 FPGA 都包括了大量的可编辑逻辑单元。CPLD 逻辑单元的数量在几千到几万个之间，而 FPGA 通常是在几万到几百万个。

(2) CPLD 和 FPGA 的主要区别是它们的系统结构。CPLD 的结构是有限制性的。这个结构由一个或者多个可编辑的结果之和的逻辑阵列和一些相对少量的锁定的寄存器组成。这样的结果是缺乏编辑的灵活性，但是却有可以预计的延迟时间和逻辑单元对连接单元高比率的优点。而 FPGA 虽有很多的连接单元，可以更加灵活地编辑，但是结构却复杂得多。

(3) CPLD 和 FPGA 的另外一个区别是大多数的 FPGA 含有高层次的内置模块(比如加法器和乘法器)和内置的记忆体，因此很多新的 FPGA 支持完全的或者部分的系统内重新配置，允许设计随着系统升级或者动态重新配置而改变。一些 FPGA 可以让设备的一部分重新编辑而其他部分继续正常运行。

(4) CPLD 和 FPGA 还有一个区别：CPLD 下电之后，原有烧入的逻辑结构不会消失；而 FPGA 下电之后，再次上电时，需要重新加载 FLASH 里面的逻辑代码，需要一定的加载时间。

8.5.4　ARM

ARM 处理器是 Acorn 计算机有限公司面向低预算市场设计的第一款 RISC 微处理器，更早被称做 Acorn RISC Machine。ARM 处理器本身是 32 位设计，但也配备 16 位指令集，一般来讲比等价 32 位节省代码达 35%，却能保留 32 位系统的所有优势。常见的 ARM 有 ARM7 系列、ARM9 系列、ARM9E 系列、ARM10E 系列、SecurCore 系列、ARM11 系列，其中，ARM7、ARM9、ARM9E 和 ARM10 为四个通用处理器系列，每一个系列提供一套相对独特的性能来满足不同应用领域的需求。SecurCore 系列专门为安全要求较高的应用而设计。ARM 公司在经典处理器 ARM11 以后生产的产品改用 Cortex 命名，并分成 A、R 和 M 三类，旨在为各种不同的市场提供服务。

Acorn 计算机有限公司只设计内核，不生产具体的元器件，它将内核授权给其他元器件设计生产商如 TI、三星、ST 等，这些企业结合自己的优势，生产出不同特点的 ARM 器件。图 8-5-5 给出了几种 ARM 的实物图。

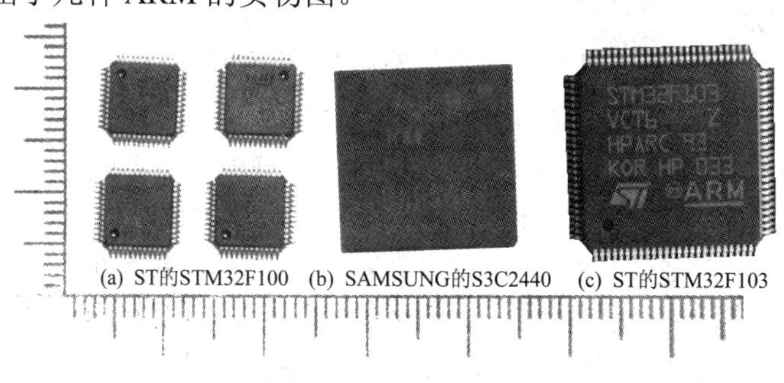

(a) ST的STM32F100　(b) SAMSUNG的S3C2440　(c) ST的STM32F103

图 8-5-5　ARM 实物图

8.5.5　DSP

DSP(Digital Signal Processing)芯片，也称数字信号处理器，是一种具有特殊结构的微处理器。DSP 芯片的内部采用程序和数据分开的哈佛结构，具有专门的硬件乘法器，广泛采用流水线操作，提供特殊的 DSP 指令，可以用来快速地实现各种数字信号的处理算法。

全球生产 DSP 的厂商很多，如 TI、OKI 电气、AD、Motorola 等，但市场份额最大的是 TI，图 8-5-6 给出了两种常见的 TI 的 DSP 元器件。

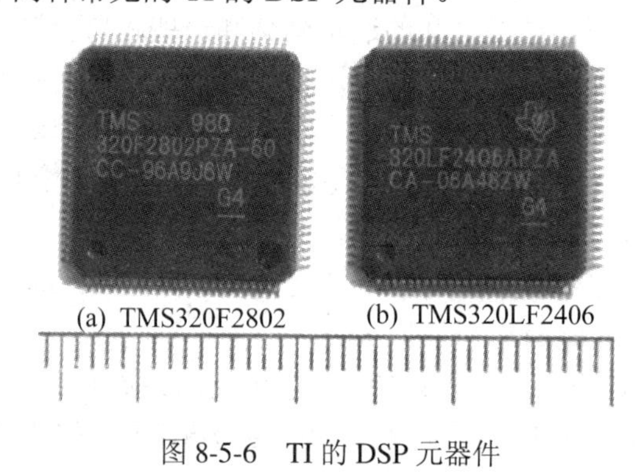

(a) TMS320F2802　(b) TMS320LF2406

图 8-5-6　TI 的 DSP 元器件

8.6　其他常见集成元件

半导体集成元件非常多，各大半导体元件生产商每个季度都会推出新的元器件，笔者无法一一列出，在此再讲解几种其他常见的集成元件，以便读者学习。

8.6.1　A/D 转换器

A/D 转换就是模/数转换，顾名思义，就是把模拟信号转换成数字信号。目前，市场上有很多种 A/D 转换器，以体积小、功能强、误差小、功耗低、可靠性高等优点而得到了广泛的应用，表 8-6-1 给出了 A/D 转换器的分类。

表 8-6-1　A/D 转换器的分类

分　类	说　明
积分型	积分型 A/D 工作原理是将输入电压转换成时间(脉冲宽度信号)或频率(脉冲频率)，然后由定时器/计数器获得数字值。其优点是用简单电路就能获得高分辨率，但缺点是由于转换精度依赖于积分时间，因此转换速率极低。初期的单片 A/D 转换器大多采用积分型，现在逐次比较型已逐步成为主流
逐次比较型	逐次比较型 A/D 由一个比较器和 D/A 转换器通过逐次比较逻辑构成，从 MSB 开始，顺序地对每一位将输入电压与内置 D/A 转换器输出进行比较，经 n 次比较而输出数字值。其电路规模属于中等。其优点是速度较高、功耗低，在低分辨率(< 12 位)时价格便宜，但高精度(> 12 位)时价格很高
并行比较型	并行比较型 A/D 采用多个比较器，仅作一次比较而实行转换，又称 FLASH(快速)型。由于转换速率极高，n 位的转换需要 $2n-1$ 个比较器，因此电路规模极大，价格高，只适用于视频 A/D 转换器等速度特别高的领域
串并行比较型	串并行比较型 A/D 结构上介于并行型和逐次比较型之间，最典型的是由 2 个 $n/2$ 位的并行型 A/D 转换器配合 D/A 转换器组成，用两次比较实行转换，所以称为 Half FLASH(半快速)型。还有分成三步或多步实现 A/D 转换的叫做分级型 A/D，而从转换时序角度看又可称为流水线型 A/D，现代的分级型 A/D 中还加入了对多次转换结果作数字运算而修正特性等功能。这类 A/D 速度比逐次比较型高，电路规模比并行型小
Σ-Δ(Sigma-delta)调制型	Σ-Δ 型 A/D 由积分器、比较器、一位 D/A 转换器和数字滤波器等组成。原理上近似于积分型，将输入电压转换成时间(脉冲宽度)信号，用数字滤波器处理后得到数字值。电路的数字部分基本上容易单片化，因此容易做到高分辨率。主要用于音频和测量
电容阵列逐次比较型	电容阵列逐次比较型 A/D 在内置 D/A 转换器中采用电容矩阵方式，也可称为电荷再分配型。一般的电阻阵列 D/A 转换器中多数电阻的值必须一致，而在单芯片上生成高精度的电阻并不容易，如果用电容阵列取代电阻阵列，可以用低廉的成本制成高精度单片 A/D 转换器。最近的逐次比较型 A/D 转换器大多为电容阵列式的
压频变换型	压频变换型是通过间接转换方式实现模/数转换的。其原理是首先将输入的模拟信号转换成频率，然后用计数器将频率转换成数字量。从理论上讲这种 A/D 的分辨率几乎可以无限地增加，只要采样的时间能够满足输出频率分辨率要求的累积脉冲个数的宽度。其优点是分辨率高、功耗低、价格低，但是需要外部计数电路共同完成 A/D 转换

不同的 A/D 转换器具有不同的性能，在选择使用 A/D 转换器时，需要了解 A/D 转换器的相关性能指标及技术参数。表 8-6-2 列出几个关键的技术参数，供读者参考。

表 8-6-2　A/D 转换器的技术指标

参　数	说　明
分辨率	分辨率是指数字量变化一个最小量时模拟信号的变化量，定义为满刻度与 2^n 的比值。分辨率又称精度，通常以数字信号的位数来表示。分辨率越高，A/D 转换过程中对输入量的微小变化的反应越灵敏
量程	量程是 A/D 转换器所测量的模拟量的范围。对于电压型 A/D 转换器，典型的量程范围如 0 V～5 V、0 V～10 V、−5 V～5 V、−10 V～10 V 等
转换速率	转换速率是指完成一次从模拟转换到数字的 A/D 转换所需的时间的倒数。积分型 A/D 的转换时间是毫秒级，属低速 A/D，逐次比较型 A/D 是微秒级，属中速 A/D，全并行/串并行型 A/D 可达到纳秒级。采样时间则是另外一个概念，是指两次转换的间隔。为了保证转换的正确完成，采样速率(Sample Rate)必须小于或等于转换速率。因此有人习惯上将转换速率在数值上等同于采样速率，这也是可以接受的，常用单位是 ks/s 和 Ms/s
量化误差	由 A/D 的有限分辨率而引起的误差，即有限分辨率 A/D 的阶梯状转移特性曲线与无限分辨率 A/D(理想 A/D)的转移特性曲线(直线)之间的最大偏差。通常是一个或半个最小数字量的模拟变化量，表示为 1LSB、1/2LSB
偏移误差	输入信号为零时输出信号不为零的值，可外接电位器调至最小
满刻度误差	满度输出时对应的输入信号与理想输入信号值之差
线性度	实际转换器的转移函数与理想直线的最大偏移，不包括以上三种误差
温度系数	温度系数是 A/D 转换器的温度表现能力。A/D 转换器很容易受环境温度的影响，其温度系数主要有失调(零点)温度系数和增益温度系数。温度系数一般用每摄氏度温度变化所产生的相对误差来衡量，以 ppm/℃为单位。一般 A/D 转换器均标有工作温度范围，也就是说在该温度范围内，可以确保给出的 A/D 转换性能指标
对电源电压变化的抑制比	对电源电压变化的抑制比(PSRR)是指 A/D 转换器对电源电压的依赖性。一般用改变电源电压使数据发生±1LSB 变化时，所对应的电源电压变化范围来表示

A/D 转换器除了有多种类型外，还具有不同的输出方式，常见的有并行和串行输出，其外形与其他集成元件一样，常见的有 DIP、SO、TSSOP、QFP 等封装形式。

8.6.2　D/A 转换器

一般来说，能够提供数字量转换为模拟量的器件，称为 D/A 转换器或数/模转换器。使用 D/A 转换技术可以利用成熟方便的数字处理技术，来产生和精确控制各种模拟量。随着半导体工艺的发展，各种类型的 D/A 转换器层出不穷。这些 D/A 转换芯片在精度、转换速度、可靠性和方便性等方面都日趋成熟，并且其特有的数字接口可以方便地和单片机相连，便于控制，从而更好地满足了各种测控系统的需求。表 8-6-3 给出了 D/A 转换器的分类。

表 8-6-3　D/A 转换器的分类

分　类	说　　明
电压输出型	电压输出型 D/A 转换器虽然有直接从电阻阵列输出电压的能力，但一般采用内置输出放大器以低阻抗的方式输出。直接输出电压的器件仅用于高阻抗负载，由于无输出放大器部分的延迟，故常作为高速 D/A 转换器使用
电流输出型	电流输出型 D/A 转换器很少直接利用电流输出，大多外接电流-电压转换电路得到电压输出，后者有两种方法可以实现：一是只在输出引脚上接负载电阻而进行电流-电压转换；二是外接运算放大器。用负载电阻进行电流-电压转换的方法，虽然可以在电流输出引脚上出现电压，但必须在规定的输出电压范围内使用，而且由于输出阻抗高，所以一般外接运算放大器使用。此外，大部分 CMOS D/A 转换器当输出电压不为零时不能正常工作，所以必须外接运算放大器。当外接运算放大器进行电流-电压转换时，则电路构成基本上与内置放大器的电压输出型相同，这时由于在 D/A 转换器的电流建立时间上加入了运算放大器的延迟，响应会变慢。此外，这种电路中运算放大器因输出引脚的内部电容而容易起振，有时必须作相位补偿
乘算型	D/A 转换器中有使用恒定基准电压的，也有在基准电压输入上加交流信号的，后者由于能输出数字输入和基准电压输入相乘的结果，因而称为乘算型 D/A 转换器。乘算型 D/A 转换器一般不仅可以进行乘法运算，而且可以作为能使输入信号数字化衰减的衰减器及对输入信号进行调制的调制器使用
一位 D/A 转换器	一位 D/A 转换器与前述转换方式全然不同，它将数字值转换为脉冲宽度调制或频率调制的输出，然后用数字滤波器作平均化而得到一般的电压输出(又称位流方式)，用于音频等场合

与 A/D 转换器一样，不同的 D/A 转换器具有不同的性能，在选择使用 D/A 转换器时，需要了解 D/A 转换器的相关性能指标及技术参数。表 8-6-4 列出几个关键的技术参数，供读者参考。

表 8-6-4　D/A 转换器的技术指标

参　数	说　　明
分辨率	分辨率是 D/A 转换器对输入数字量变化的敏感程度，指当输入的数字量发生单位数字变化时，即 LSB 位产生一次变化时，所对应的输出模拟量(电压或电流)的变化量。分辨率与输入数字量的位数有关。数字量的位数越多，分辨率就越高
精度	在理想情况下，D/A 转换器的精度与分辨率有关，即相当于分辨率的大小。 其实 D/A 转换器的转换精度是一个比较复杂的问题，不仅与 D/A 转换芯片的内部结构有关，还与接口电路的配置有关。当外电路中的接口器件或电源有比较大的误差时，会造成比较大的 D/A 转换误差，D/A 转换的精度也就相应地降低了
标称满量程(NFS)	标称满量程(NFS)是指 D/A 转换器中，相应于数字量的标称值 2^n 的模拟输出量
实际满量程(AFS)	实际满量程(AFS)是指实际输出的模拟量。D/A 转换器的实际数字量为 2^n-1，要比标称值小一个 LSB，即实际满量程(AFS)要比标称满量程(NFS)小一个 LSB 的增量
转换建立时间	转换建立时间是描述 D/A 转换器运行快慢的一个参数，其值为从数字量输入到模拟量输出至终值误差 ±(1/2)LSB(最低有效位)时所需要的时间。转换建立时间表明了 D/A 转换器的数字-模拟转换速度。 电流输出型的 D/A 转换器的转换建立时间比较短，而对于电压输出型 D/A 转换器，由于内部的运算放大器需要有一定的延迟时间，故转换建立时间要长一些
尖峰	尖峰指的是 D/A 转换器的数字量输入端的数字信号发生变化的时刻，在输出端产生的瞬间误差

D/A 转换器除了有多种类型外，还具有不同的输出方式，常见的有并行和串行输出，其外形与其他集成元件一样，常见的有 DIP、SO、TSSOP、QFP 等封装形式。

8.6.3 半导体存储器

半导体存储器(semi-conductor memory)是一种以半导体电路作为存储媒介的存储器，计算机内存就是由称为存储器芯片的半导体集成电路组成，其常见分类如图 8-6-1 所示，图 8-6-2 给出了几种半导体存储器实物图。

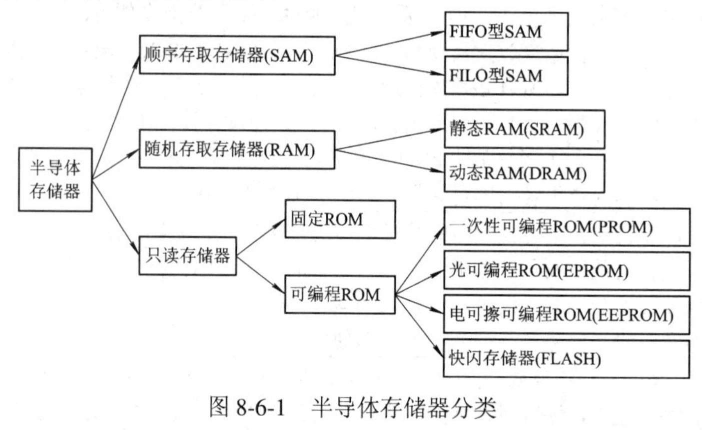

图 8-6-1 半导体存储器分类

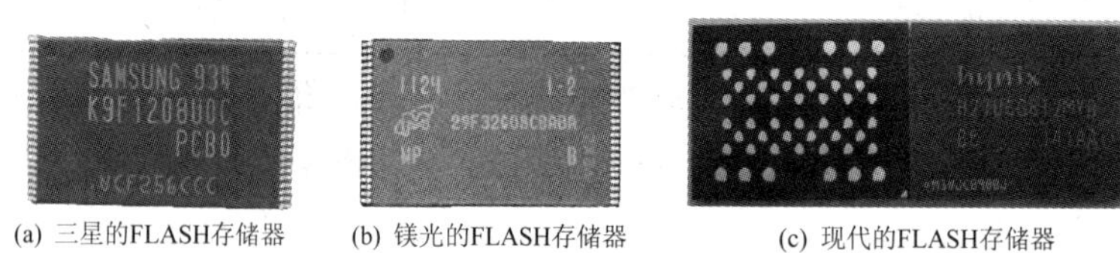

(a) 三星的FLASH存储器 (b) 镁光的FLASH存储器 (c) 现代的FLASH存储器

图 8-6-2 半导体存储器实物图

8.6.4 通信芯片

随着技术的发展和人们对产品的智能控制、数据交换的需求增大，数据通信已广泛应用于人们的日常生活中，数据通信的实现方法较多，总体归纳起来有无线和有线两种，无线通信主要有红外、蓝牙、ZigBee、Wi-Fi 等，有线通信主要有 RS232、USB、M_BUS、CAN 等。图 8-6-3 给出了几种常见通信模块和芯片实物图。

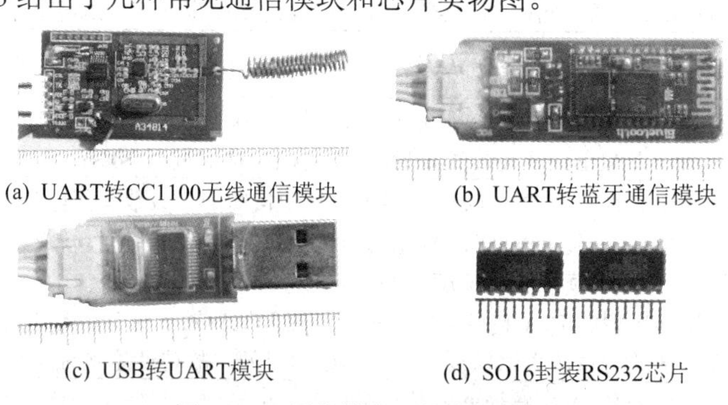

(a) UART转CC1100无线通信模块 (b) UART转蓝牙通信模块

(c) USB转UART模块 (d) SO16封装RS232芯片

图 8-6-3 通信模块和芯片实物图

8.6.5　语音芯片

随着科技的发展和产品的集成化，语音芯片已经逐渐替代了多种语音设备，应用在各场合。语音芯片的主要特性是功耗低，抗干扰能力强，外围器件少，控制简单，语音保存时间久(某些语音芯片中的内容可以保存 100 年)，掉电不丢失语音，部分芯片还可以重复擦写语音内容。如汽车倒车雷达、公交车报站器、银行排队机、语音玩具、防盗系统等设备都装备了语音芯片。图 8-6-4 给出了笔者使用过的一款 eSH170 语音芯片，它是台湾仪隆公司生产的内部带 4 位微控制器和 512 K 字语音存储空间的单次可写语音芯片，在 6 kHz 采样率的情况下可写入 170 s 的语音。

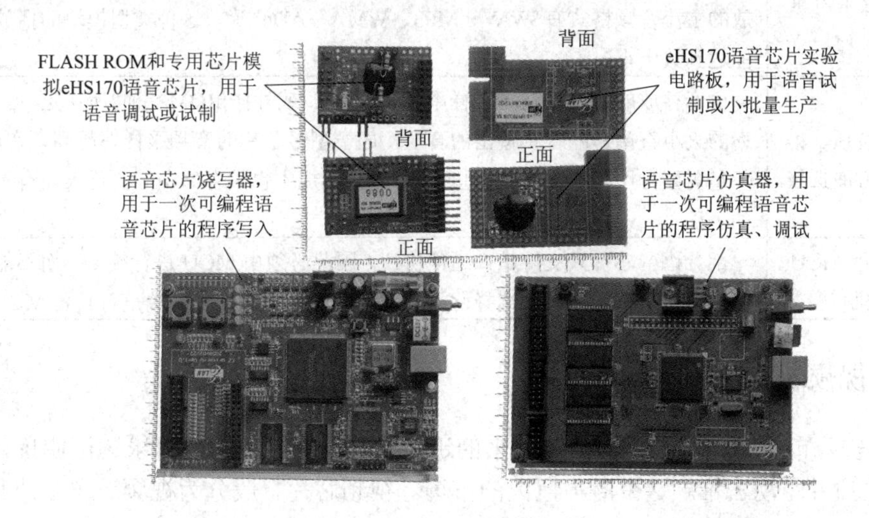

图 8-6-4　eSH170 语音芯片

由于芯片种类众多，功能各异，初次使用语音芯片的工程师在选用语音芯片时会有些彷徨无策，表 8-6-5 给初涉语音行业的工程师提供了一些语音芯片供选择参考。

表 8-6-5　语音芯片的选择

选择方式	说　明
录音芯片及放音芯片的选择	语音芯片从使用功能上，基本可以划分为录音语音芯片和放音语音芯片。设计一个使用语音芯片的产品，首先要考虑是否需要录制现场语音，如需要录制语音则选用带有录音功能的语音芯片，否则就选用只有放音功能的语音芯片。通常带有录音功能的语音芯片都具有回放语音的功能，但是在播放语音时，音质都没有专门的放音语音芯片好，所以在选择语音芯片时要权衡功能及音质等方面的因素
OTP ROM、FLASH ROM 和 EEPROM 的选择	OTP 是指一次性可编程语音芯片，语音只能烧写一次，适合应用在不需要修改语音、语音长度短的场合，从放音的长度上可以分为 10 s、20 s、40 s、80 s、170 s、340 s。OTP 语音芯片的特点是采用单芯片方案，因此价格便宜，适合中小型批量生产，即便是小数量生产也可以及时拿货。 FLASH ROM 和 EEPROM 的共性是可重复擦写、存储空间大，可随意更换控制方式和语音内容，能存储更大的语音文件。EEPROM 通常都会集成在芯片中，此种类型语音芯片价格比较昂贵，如 ISD1700、ISD2500 等。一般可以外挂的 FLASH ROM 有 1 Mb～32 Mb，因需要用“语音芯片 + FLASH”模式才能工作，因此价格比 OTP 的稍高，但整体售价比 EEPROM 的低，适合制样或者中小型批量投产

续表

选择方式	说　明
MASK(掩膜)	MASK 的投产使得整个语音芯片方案在保持性能、功能不变的情况下成本降低将近一半，且多数语音芯片在 MASK 投产后不需要更改外围电路。但 MASK 投产需要订单数量超过 2 万～7 万，否则厂家会收取高额的光罩费，MASK 生产时间大概要用 1 个月左右。其语音时间在 5 s～340 s，是大批量投产的最佳选择
可以存储更多语音的 SD 卡方案	SD 卡已经成为当前市场上一大主流存储载体，以其价格便宜，存储空间大，可移植性强等优点得到了大部分厂家的青睐。语音芯片也同样向外置 SD 卡的方向发展，厂家根据主控芯片的特性设计出可以播放各种音频格式的 SD 卡播放器，可播放的主流音频格式有 WAV、MP3、WMA、AD4 等。这种类型模块的播放时间均能达到数十小时
从语音音质、语音长度方面选择	语音存放的长度由音频采样率及芯片内部(或外挂)ROM 空间所决定，音频采样率的大小直接影响音频输出的音质，同一型号芯片的音频采样率越高，音质越好，但是需要占用的 ROM 空间也更多。芯片的成本也因存储空间的增大而有不同幅度的上涨
是否选用 MCU 控制	部分语音芯片只支持串口通信协议，因此必须由 MCU 进行控制，而不能利用脉冲或者电平来控制，在选择此类芯片的时候要考虑到控制端是否具备 MCU

8.6.6　视频芯片

随着安防市场和电子产品消费近年来的迅速增长，视频芯片的需求逐渐明确，芯片厂家开始关注并主动去推广这个潜力巨大的市场。视频芯片一般分为视频编码芯片和视频解码芯片，视频编码芯片用于采集视频信号，即用于与摄像头配合得到视频数据。视频解码芯片用于播放显示场合，即用于与显示器配合，将视频数据转换为视频图像信息。图 8-6-5 给出了几种视频编解码芯片。

(a) TECHWELL的TW9903　(b) NXP的SAA7113　(c) TI的TVP5154

图 8-6-5　视频编解码芯片

8.7　数字集成电路的应用要点

8.7.1　数字集成电路使用中的注意事项

在使用集成电路时，为了不损坏器件、充分发挥集成电路的应有性能，应注意以下问题。

1．仔细认真查阅使用器件型号的资料

对于要使用的集成电路，首先要根据手册查出该型号器件的资料，注意按器件的管脚排列图接线，按参数表给出的参数规范使用器件，在使用中，不得超过最大额定值(如电源电压、环境温度、输出电流等)，否则将损坏器件。

2．注意电源电压的稳定性

为了保证电路的稳定性，供电电源的质量一定要好，且要稳压。应在电源的引线端并联大的滤波电容，以避免由于电源通断的瞬间而产生的冲击电压。更应注意不要将电源的极性接反，否则将会损坏器件。

3．采用合适的方法焊接集成电路

在需要弯曲管脚引线时，不要从靠近根部的位置弯曲。焊接前不允许用刀刮去引线上的镀金层，焊接所用的烙铁功率不应超过 25 W，焊接时间不应过长。焊接时最好选用中性焊剂。焊接后严禁将器件连同印制线路板放入有机溶液中浸泡。

4．注意设计工艺，增强抗干扰措施

在设计印刷线路板时，应避免引线过长，以防止窜扰和对信号传输延迟。此外要把电源线设计得宽一些，地线要进行大面积接地，这样可以减少接地噪声干扰。

另外，由于电路在转换工作的瞬间会产生很大的尖峰电流，此电流峰值超过功耗电流的几倍到几十倍，这会导致电源电压不稳定，产生干扰造成电路误动作。为了减少这类干扰，可以在集成电路的电源端与地端之间，并接高频特性好的去耦电容，一般在每片集成电路的电源引脚并接一个，电容的取值为 30 pF～0.01 μF；此外在电源的进线处，还应对地并接一个低频去耦电容，最好用 10 pF～50 pF 的钽电容。

8.7.2　TTL 集成电路使用中应注意的问题

1．正确选择电源电压

TTL 集成电路的电源电压允许变化的范围比较窄，一般在 4.5 V～5.5 V 之间。在使用时不能将电源与地颠倒接错，否则将会因为电流过大而造成器件损坏。

2．对输入端的处理

TTL 集成电路的各个输入端不能直接与高于 +5.5 V 和低于 −0.5 V 的低内阻电源连接。对多余的输入端最好不要悬空，虽然悬空相当于高电平，并不影响“与门”、“与非门”的逻辑关系，但悬空容易遭受干扰，有时会造成电路的误动作。因此，多余的输入端要根据实际需要作适当处理。例如“与门”、“与非门”的多余输入端可以直接接到电源 V_{CC} 上；也可以将不同的输入端通过一个共用电阻连接到 V_{CC} 上；或将多余的输入端并联使用。对于“或门、或非门”的多余输入端应直接接地。

对于触发器等中规模集成电路来说，不使用的输入端不能悬空，应根据逻辑功能接入适当的电平。

3．对于输出端的处理

除了“三态门”、“集电极开路门”外，TTL 集成电路的输出端不允许并联使用。如果

将几个“集电极开路门”电路的输出端并联，实现“线与”功能时，应在输出端与电源之间接入一个计算好的上拉电阻。

集成门电路的输出不允许与电源或地短路，否则可能造成器件损坏。

8.7.3 CMOS集成电路使用中应注意的问题

1．正确选择电源

由于CMOS集成电路的工作电源电压的范围比较宽(CD4000B/4500B的电源电压范围为3 V～18 V)，选择电源电压时首先考虑要避免超过极限电源电压；其次要注意电源电压的高低将影响电路的工作频率，降低电源电压会引起电路工作频率下降或增加传输延迟时间，例如CMOS触发器，当电源V_{CC}由+15 V下降到+3 V时，其最高频率将从10 MHz下降到几十千赫兹。

此外，提高电源电压可以提高CMOS电路的噪声容限，从而可以提高电路系统的抗干扰能力。但电源电压选的越高，电路的功耗越大。不过由于CMOS电路的功耗较小，功耗问题不是主要考虑的设计指标。

2．防止CMOS电路出现可控硅效应的措施

当CMOS电路输入端施加的电压过高(大于电源电压)或过低(小于0 V时)，或者电源电压突然变化时，电源电流可能会迅速增大，烧坏器件，这种现象称为可控硅效应。

预防可控硅效应的措施主要有以下几个方法：

(1) 输入端的信号幅度不能大于V_{CC}和小于0 V。

(2) 要消除电源上的干扰。

(3) 在条件允许的情况下，尽可能降低电源电压。如果电路的工作频率比较低，用+5 V电源供电最好。

(4) 对使用的电源加限流措施，使电源电流被限制在30 mA以内。

3．对输入端的处理

在使用CMOS电路器件时，对输入端一般要求如下：

(1) 应保证输入信号的幅值不超过CMOS电路的电源电压，即满足$V_{SS} \leqslant V_i \leqslant V_{CC}$，一般$V_{SS} = 0$ V。

(2) 输入脉冲信号的上升和下降时间一般应小于数微秒，否则电路工作会不稳定，容易损坏器件。

(3) 所有不用的输入端不能悬空，应根据实际要求接入适当的电压(V_{CC}或0 V)。由于CMOS集成电路输入阻抗极高，一旦输入端悬空，极易受到外界噪声的影响，从而破坏了电路的正常逻辑关系；也可能感应静电，造成栅极被击穿。

4．对输出端的处理

(1) CMOS电路的输出端不能直接连到一起，否则导通的P沟道MOS场效应管和导通的N沟道MOS场效应管形成低阻通路，造成电源短路。

(2) 在CMOS逻辑系统设计中，应尽量减少电容负载。电容负载会降低CMOS集成电路的工作速度和增加功耗。

(3) CMOS 电路在特定条件下可以并联使用。当同一芯片上两个以上的同样器件并联使用(例如各种门电路)时，可增大输出灌电流和拉电流的负载能力，同样也提高了电路的工作速度。但器件的输出端并联，输入端也必须并联。

从 CMOS 器件输出驱动电流的大小来看，CMOS 电路的驱动能力比 TTL 电路要差很多，一般 CMOS 器件的输出只能驱动一个 LS-TTL 负载。但从驱动和它本身相同的负载来看，CMOS 的扇出系数比 TTL 电路大的多(CMOS 的扇出系数≥500)。CMOS 电路驱动其他负载时，一般要外加一级驱动器接口电路。

习　题

8-1　在电路设计时，怎样选择运放？低噪声放大器、低温漂放大器、轨至轨放大器、差分放大器、电压反馈型放大器、电流反馈型放大器等各种放大器各自的特点是什么？应用于哪些场合？

8-2　试用 LM324 接成一个差分放大器电路结构，比较其与 AD620 的差别。

8-3　试着选择几种性价比较高且常用的运放，仔细阅读其数据手册。

8-4　怎样选择放大电路中的电阻值？其放大倍数应怎样设定？当一个电路需要多级放大时，应考虑哪些问题？

8-5　7805、7905、LM317、ASM1117 等电源元器件的各种特点是什么？

8-6　当输入电压是 28 V 时，需要 5 V 的输出电压，能不能使用 7805 进行稳压，为什么？

8-7　通过 DC-DC 降压的方式实现的 5V 输出和 7805 稳压的 5 V 输出，这两种电路有什么差别？

8-8　简述 74 系列元器件中各个子系列的特点，在选择芯片时，应怎样考虑？

8-9　怎样计算 74 系列元器件的扇入扇出数，当一个逻辑门的灌电流或拉电流不足以驱动后级电路时应怎样处理？

8-10　单片机的种类较多，在工程设计时，应怎样选择？

8-11　试着全面学习一种单片机，能简单编写该单片机的程序，并学会调试。

8-12　简述 CPLD 和 FPGA 各自的特点和应用场合，试着全面学习一种 CPLD 和 FPGA，能简单用硬件描述语言编写程序。

8-13　ARM 处理器应用越来越广泛，选择一种 ARM 芯片，试画出其最小系统板，并用软件编程驱动它。

8-14　选择几种常见的 ADC、DAC 芯片，仔细阅读其数据手册，试着控制这些器件，学会怎样运用。

8-15　串行输出型 ADC 与并行输出型 ADC 有什么差别？在选择使用时应考虑哪些问题？

8-16　在 ADC、DAC 芯片选型时，应考虑哪些指标？

8-17　不同类型的半导体存储器，各有什么优缺点？在选择使用时应考虑哪些问题？

8-18　购买几种常见的通信模块并学习使用。

8-19　在使用集成元器件时，应注意哪些事项？如何进行静电防护？

第9章 其他常用元件

在电子系统设计时，使用的元器件种类很多，除了常见的电抗元件、电声元件、检测元件、显示元件、机电元件、半导体分立元件、半导体集成元件以外，还有晶体振荡器、散热器、滤波器等元器件，本章将简单介绍它们的功能。

9.1 晶体振荡器

石英晶体谐振器是由天然或人工生成的石英晶体切片制成的。石英是二氧化硅，在自然界中以六角锥体出现。常用的石英晶体是压电石英，它是一种各向异性的结晶体，振荡器中所用的石英片或石英棒都是按一定的方位从石英晶体中切割出来的。在晶体的两面制作金属电极，并与底座的插座相连，最后以金属壳或玻璃壳封装，这样就制成了晶体谐振器。

9.1.1 晶体振荡器的分类

晶体振荡器的分类如图9-1-1所示。

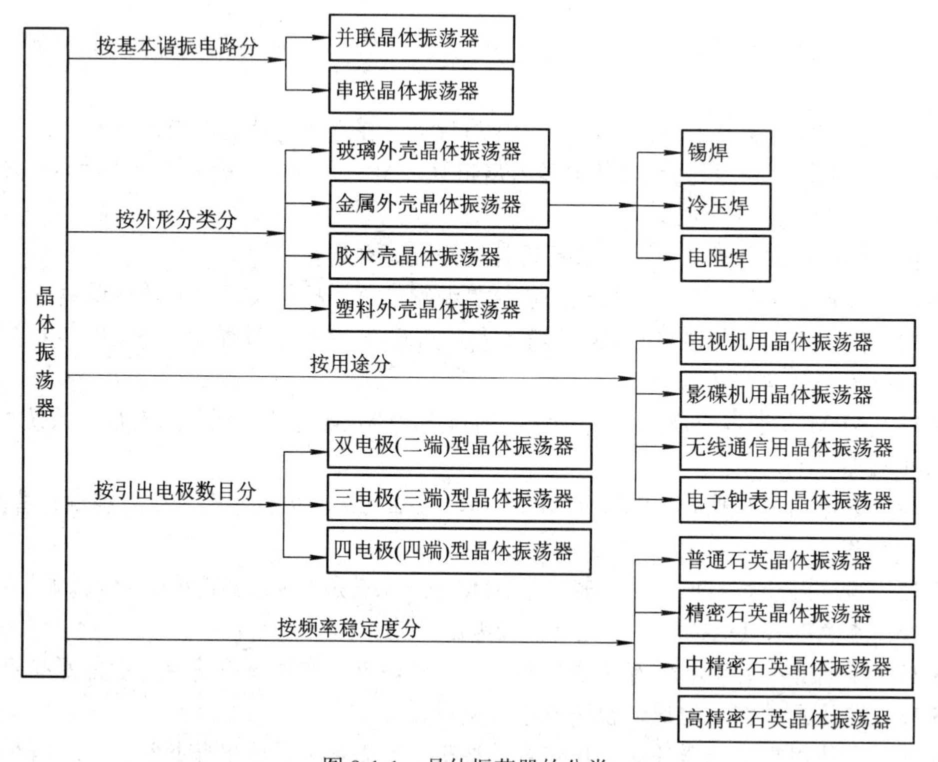

图9-1-1 晶体振荡器的分类

9.1.2　晶体振荡器的外形

1．晶体

石英晶体振荡器一般由外壳、晶片、支架、电极板、引线等组成。晶体振荡器的外形如图 9-1-2 所示。晶体振荡器需要加上交变电压才能振荡，使用时需要外加振荡电路，当然，有一些元器件在内部加上了振荡电路，使用者只需要将晶体振荡器焊接在特定的引脚上即可(如单片机上有晶体振荡器输入、输出引脚)。

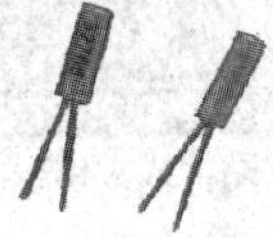

注：晶体振荡器采用圆柱体结构，体积小，32.768 kHz是晶体中振荡频率最低的

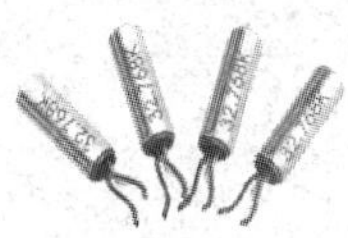

注：为了便于贴片化安装，将晶体振荡器的引脚制成便于贴装的形式，一般情况下，会将晶体振荡器的频率标注在元器件上

注：这是晶体振荡器最常见的一种外形，同样，常将晶体振荡器的频率标注在元器件上，该晶体振荡器安装的高度较高，为了降低高度，常采用卧式安装

注：这是陶瓷振荡器，该振荡器相比于晶体振荡器的优点是成本低，缺点是频率稳定度差，常用于一些对频率稳定度要求不高的低成本场合，如遥控器

注：这种外形的晶体振荡器亦是最常见的一种，它安装的高度较低，常采用立式安装。为了便于贴装，常将元器件引脚向两边分开，如图所示

图 9-1-2　常见晶体振荡器

2．晶振

在一些场合，需要输入一定频率的信号，这时就需要使用晶振，晶振是在晶体振荡器的基础上加上一定的电路实现的，如图 9-1-3 所示，常见的晶振外形如图 9-1-4 所示。

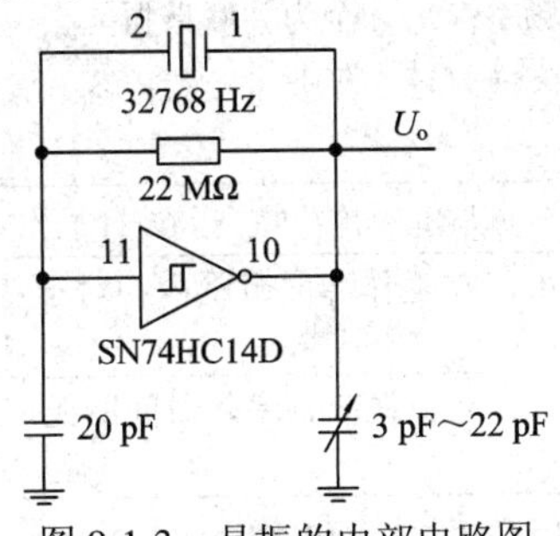

图 9-1-3　晶振的内部电路图

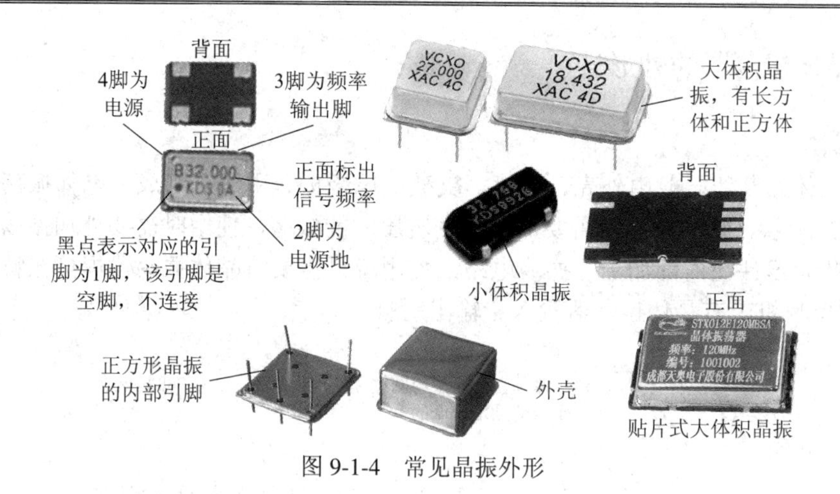

图 9-1-4　常见晶振外形

9.1.3　晶体振荡器的主要参数

晶体振荡器的主要参数如表 9-1-1 所示。

表 9-1-1　晶体振荡器的主要参数

参　数	说　　明
标称频率 f_L	在规定的负载电容下，晶振元件的振荡频率即为标称频率。标称频率是晶体技术条件中规定的频率，通常标识在产品外壳上。需要注意的是，晶体外壳所标注的频率，既不是串联谐振频率也不是并联谐振频率，而是在外接负载电容时测定的频率，数值介于串联谐振频率与并联谐振频率之间，所以即使两个晶体外壳所标注的频率是一样的，其实际频率也会有些小的偏差。 常用普通晶振标称频率有 48 kHz、500 kHz、503.5 kHz、1 MHz～40.50 MHz 等，对于有特殊要求的，晶振频率可达到 1000 MHz 以上
负载电容	晶振元件相当于电感，组成振荡电路时需要配接外部电容，此电容为负载电容。负载电容是与晶体一起决定负载谐振频率 f_L 的有效外界电容，通常用 C_L 表示。设计电路时必须按产品手册中规定的 C_L 值选择，才能使振荡频率符合晶振的 f_L。在应用晶体时，负载电容 C_L 的值直接由厂家所提供，无需再去计算。常见的负载电容为 8 pF、12 pF、15 pF、20 pF、30 pF、50 pF、100 pF。 负载频率不同决定了振荡器的振荡频率也不同。标称频率相同的晶振元件，负载电容却不一定相同。因为石英晶体振荡器有两个谐振频率：一个是串联谐振晶振的低负载电容晶振频率；另一个为并联谐振晶振的高负载电容晶振频率。所以，标称频率相同的晶振互换时还必须要求负载电容一致，不能冒然互换，否则会造成电器工作不正常
调整频差	在规定的条件下，基准温度(25℃±2℃)时工作频率相对于标称频率所允许的偏差
温度频差	在规定的条件下，在工作温度范围内相对于基准温度(25℃±2℃)时工作频率的允许偏差
老化率	在规定的条件下，晶体振荡频率随时间所允许的相对变化。以年为时间单位衡量时称为年老化率
静电容	等效电路中与串联臂并接的电容

续表

参　数	说　明
负载谐振频率	在规定的条件下，晶体与一个负载电容相串联或相并联时，其等效阻抗呈现为电阻性时的两个频率中的一个频率。在串联负载电容时，负载谐振频率是两个频率中较低的一个；在并联负载电容时，则是两个频率中较高的一个
动态电阻	串联谐振频率下的等效电阻
负载谐振电阻	在负载谐振频率时呈现的电阻值
激励电平	驱动晶振工作的电源电压。在振荡回路中，激励电平应大小适中，既不能过激励(容易振到高次谐波上)，也不能欠激励(不容易起振)。常见的激励电平有 2 mW、1 mW、0.5 mW、0.2 mW、0.1 mW 等。选择晶体时至少应考虑负载谐振频率、负载电容、激励电平、温度频差及长期稳定性等情况
频率精度和频率稳定度	由于普通晶振的性能基本都能达到一般电器的要求，故对于高档设备还需要有一定的频率精度和频率稳定度。频率精度从 10^{-4}～10^{-10} 量级不等。稳定度从 ±1 ppm～±100 ppm 不等。要根据具体的设备需要来选择合适的晶振，如通信网络、无线数据传输等系统就需要更高要求的石英晶体振荡器。因此，晶振的参数决定了晶振的品质和性能。在实际应用中要根据具体要求选择适当的晶振，因不同性能的晶振，其价格不同。要求越高，价格也越贵，一般选则满足要求的即可

9.2 滤 波 器

9.2.1 陶瓷滤波器

陶瓷滤波器按幅频特性分为带阻滤波器(又称陷波器)、带通滤波器(又称滤波器)两类。陶瓷滤波器主要利用陶瓷材料的压电效应实现电信号→机械振动→电信号的转化，从而取代了部分电子电路中的 LC 滤波电路。它具有体积小、重量轻、可靠性高、不需要调整和不受外部磁场的干扰等特点，在家用电器和其他电子设备中得到越来越广泛的应用。陶瓷滤波器有两端和三端两种，其外形、电路符号如图 9-2-1 所示。

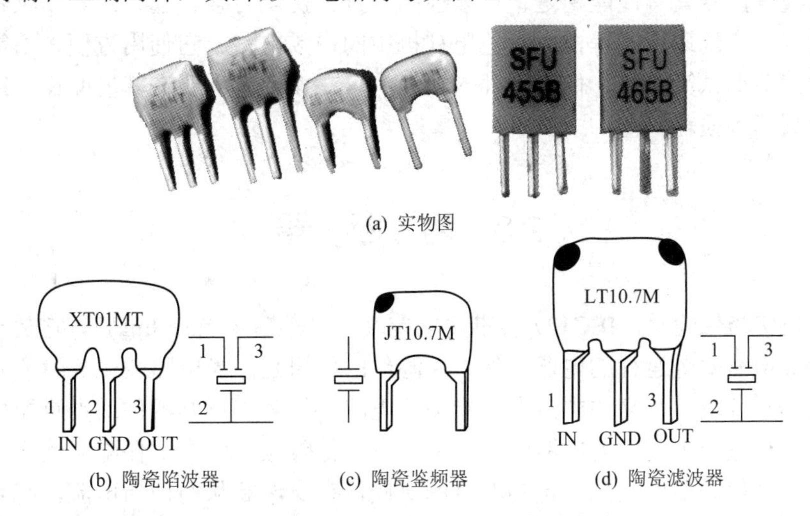

图 9-2-1　陶瓷滤波器的外形、电路符号

9.2.2 声表面波滤波器

声表面波滤波器的电路符号、外形及结构示意图如图 9-2-2 所示。在输入端叉指换能器的压电材料的电极上输入交流电信号后，由于压电效应，在电极材料表面将产生与外加输入信号相同频率的机械振动波，该振动波沿着压电材料基片表面以声音的速度传播，故称为声表面波。当此机械振动波传到输出端叉指换能器时，由于压电逆效应，又通过输出叉指换能器将机械振动波转换为交流信号，再由输出电极输出，从而实现电-声-电的转换。不同频率的输入信号在声表面波滤波器中换能的能力不同，从而形成了对不同频率的输入信号的滤波作用。

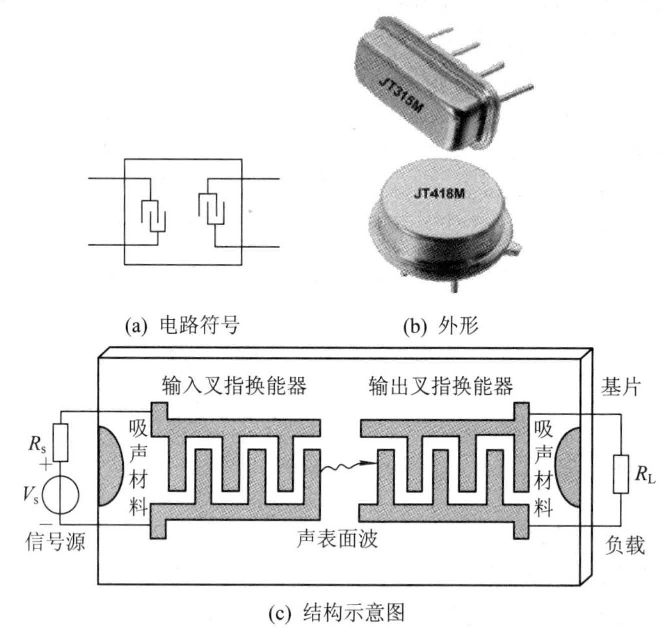

图 9-2-2 声表面波滤波器的电路符号、外形及结构示意图

声表面波滤波器具有性能稳定、可靠性高、抗干扰能力强、选择性好、频带宽、动态范围大等特点，广泛地用于黑白或彩色电视机中的中频电路。它使用方便，不需要作任何调整，使电路的调试简单化。但由于插入损耗大，在使用时需要在其前面加一级宽带放大器，以补偿其插入损耗。

9.3 熔 断 器

熔断器也称为保险丝，IEC127 标准将它定义为“熔断体(fuse-link)”。它是一种安装在电路中、保证电路安全运行的电器元件。保险丝的作用是：当电路发生故障或异常时，伴随着电流的不断升高，升高的电流有可能损坏电路中的某些重要器件或贵重器件，也有可能烧毁电路甚至造成火灾。若电路中正确地安置了保险丝，那么，保险丝就会在电流异常升高到一定的数值和温度达到一定的温度的时候，自身熔断从而切断电流，起到保护电路安全运行的作用。

9.3.1　常用熔断器的外形

熔断器内部熔断丝的直径和所使用的材料决定了熔断器电流的大小，为了能在高压大电流的场合下安全使用，常将熔断器外壳用陶瓷制作。常用熔断器如表 9-3-1 所示。

表 9-3-1　常 用 熔 断 器

名　称	外　形	说　明
插入式熔断器	静触点；熔体加载于两动触点之间；瓷插件；瓷座；动触点	它常用于 380 V 及以下电压等级的线路的末端，作为配电支线或电气设备的短路保护器件
螺旋式熔断器	瓷帽；瓷座；熔体，它加载于瓷帽与瓷座内部	熔体上的上端盖有一个熔断指示器，一旦熔体熔断，指示器马上弹出(可透过瓷帽上的玻璃孔观察到)，它常用于机床电气控制设备中。螺旋式熔断器的分断电流较大，可用于电压等级 500 V 及其以下、电流等级 200 A 以下的电路中，作短路保护器件
封闭式熔断器	小电流；大电流；置于卡座上的熔断器	封闭式熔断器分有填料熔断器和无填料熔断器两种。有填料熔断器一般采用方形瓷管，内装石英砂及熔体，这种熔断器的分断能力强，用于电压等级 500V 以下、电流等级 1 kA 以下的电路中。无填料密闭式熔断器将熔体装入密闭式圆筒中，其分断能力稍小，用于 500 V 以下、600 A 以下的电力网或配电设备中
快速熔断器	CHNT RS14 20 A	它主要用于半导体整流元件或整流装置的短路保护。由于半导体元件的过载能力很低，只能在极短的时间内承受较大的过载电流，因此要求短路保护具有快速熔断的能力。快速熔断器的结构和有填料封闭式熔断器的基本相同，但熔体材料和形状不同，它是以银片冲制的有 V 形深槽的变截面熔体
自复熔断器	100A；F-030L；F-075L；F250L；F150；F50；F10	采用金属钠作熔体，在常温下具有高电导率。当电路发生短路故障时，短路电流产生的高温使钠迅速汽化，汽态钠呈现高阻态，从而限制了短路电流。当短路电流消失后，温度下降，金属钠恢复了原来良好的导电性能。自复熔断器只能限制短路电流，不能真正地分断电路，其优点是不必更换熔体，能重复使用

9.3.2　熔断器的参数

熔断器主要参数如表 9-3-2 所示，在选择使用熔断器时需考虑这些参数。

表 9-3-2　熔断器主要参数

参　数	说　　明
额定电流 (I_n)	又称熔断器的公称工作电流，熔断器的额定电流是由制造部门在实验室的条件下所确定的。额定电流值通常有 100 mA、200 mA、315 mA、400 mA、500 mA，630 mA、800 mA、1 A、1.6 A、2 A、2.5 A、3.15 A、4 A、5 A、6.3 A 等，但也可根据设计要求向厂家定制 熔断器的电流额定值通常要减少 25%使用以避免有害熔断。大多数传统的熔断器采用的材料具有较低的熔化温度，因此，该种熔断器对环境温度的变化比较敏感。例如一个电流额定值为 10 A 的熔断器通常不能在 25℃环境温度下以大于 7.5 A 的电流运行
额定电压 (U_N)	熔断器的公称工作电压，一般熔断器的标准电压额定值为 32 V、60 V、125 V、250 V、300 V、500 V、600 V。熔断器可以在不大于其额定电压的场合下使用，但一般不可使用在电路电压大于熔断器额定电压的电路中
电压降 (U_d)	使用额定电流流过熔断器，当熔断器达到热平衡即温度稳定下来时所测得的其两端的电压。由于熔断器两端的电压降对电路会有一定的影响，因此在欧规里有对电压降的明确规定
电阻	通常分为冷态电阻和热态电阻，冷态电阻是熔断器在 25℃的条件下，通过小于额定电流的 10%的测试电流所测得的电阻值。热态电阻则是以全额额定电流值为测试电流所测得的电压降计算得来的，其计算公式为 $R_{热} = U_d/I_N$。通常热电阻比冷电阻要大。 熔断器的电阻在整个电路中并不十分重要。但是安培数小于 1 的熔断器的电阻会有几个欧姆，所以在低电压电路中采用保险丝时应考虑这个问题。大部分的熔断器是用正温度系数材料制成的
过载电流	过载电流是指在电路中流过的高于正常工作电流的电流。如果不能及时切断过载电流，则有可能会给电路中的其他设备带来破坏。短路电流则是指电路中局部或全部短路而产生的电流，短路电流通常很大，且比过载电流要大
熔断特性	即时间/电流特性(也称为安-秒特性)。通常有两种表达方法，即 I-T 图和测试报告。I-T 图是以负载电流为 x 坐标、熔断时间为 y 坐标构成的坐标系，由保险丝在不同电流负载下的平均熔断时间构成的坐标点连成的曲线。每一种型号规格的保险丝都有一条相应的曲线可以代表它的熔断特性，这条曲线可在选用保险丝时参考。测试报告是按照标准要求的测试项目所做的测试数据记录
熔断额定容量	也称为致断容量。熔断额定容量是熔断器在额定电压下能够确实熔断的最大许可电流。短路时，熔断器中会多次通过比正常工作电流大的瞬间过载电流。安全运行时要求熔断器保持完整的状态(无爆裂或断裂)
熔断器性能	熔断器的性能是指熔断器对各种电流负荷做出反应的迅速程度。熔断器按性能常分为正常响应、延时断开、快动作和电流限制四种类型

续表

参　数	说　明
分断能力 (I_r)	又称额定短路容量，即在额定电压下，保险丝能够安全分断的最大电流值(交流电为有效值)。它是保险丝重要的安全指针
熔化热能值(I_t)	即保险丝熔化所需要的能量值。它是使保险丝在 8 ms 或更短的时间内断开时其对应的电流的平方与熔断时间的乘积，限制时间在 8 ms 以内是为了使熔丝产生的热量全部用来熔断而来不及散热。它对于每一种不同的熔丝部件来说是个常数，它是熔丝本身的一个参数，由熔丝的设计所决定
环境温度	熔断器的电流承载能力，其实验是在环境温度为 25℃情况下进行的，这种实验受环境温度变化的影响。环境温度越高，熔断器的工作温度就越高，其熔断器的电流承载能力就越低，寿命也就越短。相反，较低的温度会延长熔断器的寿命

9.3.3 熔断器的选择

熔断器的各项额定值及其性能指标是根据实验室条件及验收规范测定的。国际上有多家权威的测试和鉴定机构，如美国的保险商实验公司的 UL 认证，加拿大标准协会的 CSA 认证、日本国际与贸易工业部的 MTTI 认证和国际电气技术委员会的 ICE 认证。

熔断器的选择涉及下列因素：

(1) 正常工作电流。

(2) 施加在熔断器上的外加电压。

(3) 要求熔断器断开的不正常电流。

(4) 允许不正常电流存在的最短和最长时间。

(5) 熔断器的环境温度。

(6) 脉冲、冲击电流、浪涌电流、启动电流和电路瞬变值。

(7) 是否有超出熔断器规范的特殊要求。

(8) 安装结构的尺寸限制。

(9) 要求的认证机构。

(10) 熔断器座件，即熔断器夹、安装盒、面板的安装等。

选用熔断器时，除了考虑前面所说的正常工作电流值，减小额定值、环境温度外，还要考虑熔化热能值。另外还要注意：由于大多数的熔断器有焊接接头，因此在焊接这些熔断器时要特别小心。因为焊接热量过高会使保险丝内的焊料回流而改变它的额定值。熔断器类似于半导体的热敏元件，因此，在焊接熔断器时最好采用吸热装置。

9.4 散　热　器

电子器件的工作温度直接决定了其使用寿命和稳定性，要让各部件的工作温度保持在合理的范围内，除了要求各元件工作环境的温度在合理范围之外，还必须对其进行散热处理，执行该任务的元件即为散热器。

9.4.1　散热器的外形

1．金属散热片

金属散热片是电子元器件中最常见的散热设备，它通过热传导特性，将电子元器件产生的热量传送给金属，再由金属通过空气对流，向环境中散热，常见的金属散热器如图 9-4-1 所示。

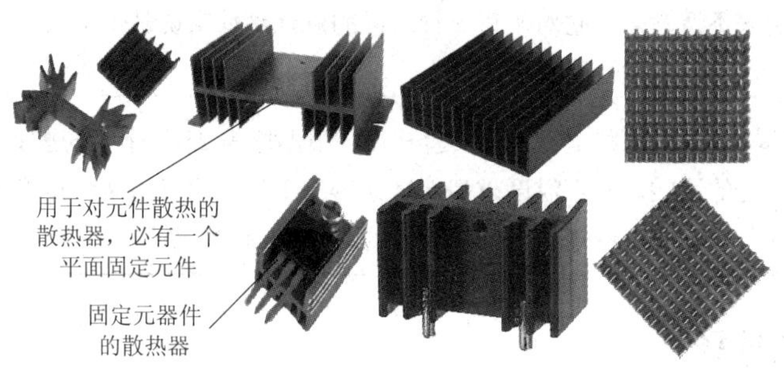

图 9-4-1　常见金属散热器外形

2．风冷散热

风扇是散热器上常用的配件，在电子元器件发热较大时，如果只使用金属散热片(如铝片或铜片)，则需要散热片的面积非常大，为了加快散热，减小散热片体积，通常在散热片上加装风扇，使用风冷散热。风冷散热是最常见的散热方式，相比较而言，也是较廉价的方式。常见风扇散热器如图 9-4-2 所示。

图 9-4-2　常见风扇散热器外形

3．半导体制冷

半导体制冷就是利用一种特制的半导体制冷片在通电时产生温差来制冷，只要高温端的热量能有效地散发掉，则低温端就不断地被冷却。在每一个半导体颗粒上都会产生温差，一个制冷片由几十个这样的颗粒串联而成，从而在制冷片的两个表面上形成一个温差。利用这种温差现象，配合风冷/水冷对高温端进行降温，能得到优秀的散热效果。半导体制冷具有制冷温度低、可靠性高等优点，冷面温度可以达到零下 10℃以下，但是成本太高，而且可能会因温度过低导致结露而造成短路。半导体制冷片如图 9-4-3 所示。

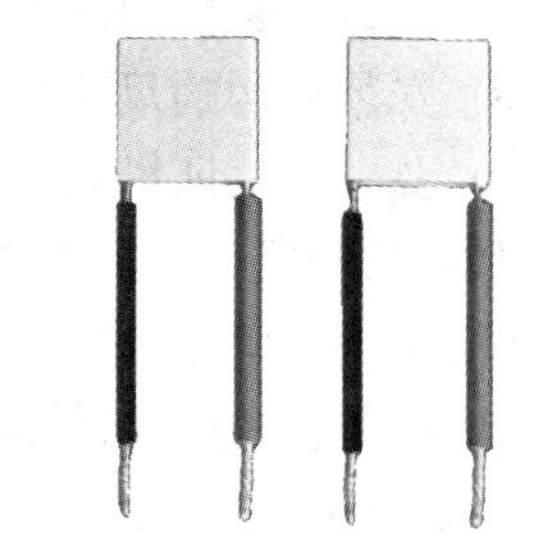

图 9-4-3　常见半导体制冷片外形

9.4.2　散热器的主要参数

散热器主要由散热片、风扇、扣具(将需要散热的元器件与散热器紧密连接在一起的卡具)和导热介质(需要散热的元器件与散热器之间的绝缘垫片和导热硅脂)组成，表 9-4-1 分别给出其性能参数。

表 9-4-1　散热器的性能参数

部件	参　数	说　明
散热片	导热系数	导热系数由散热片的材料决定。导热系数越大，热传量越大。纯铝的导热系数为 273 W/m·K，纯铜的导热系数为 398 W/m·K。但是铜的比重比铝大，不符合散热片重量限制的要求；红铜的硬度不如 6063 型铝合金，某些机械加工(如剖沟等)性能不如铝；铜的熔点比铝高很多，不利于挤压成形等问题，所以一般不采用纯铜散热器。通常我们把铜、铝结合应用，既保证其重量不超标，又可大量生产，也取得了一定的效能提升。目前市面上充斥着各种各样的铜铝结合的散热器，采用不同的工艺将铜与铝结合在一起，常用的有扦焊、螺丝锁合，热胀冷缩结合，机械式压合等方式。以上方法都必须保证铜与铝的热接触面的结合品质，否则还不如全铝合金散热片的散热效果
	底部厚度、接触面积	底部厚度、接触面积决定了散热片的瞬间吸热量，底部厚度越厚，越平整，接触面积越大，瞬间吸热量就越多
	对流换热面积	对流换热面积越大，热量扩散越快，散热效果越好。它是指散热片鳍片部分的总面积
	挤型	挤型决定了空气在散热片内的流动，是决定散热效果的重要因素
	盖	在散热片上加装铝盖或塑料盖，可以起到隔离散热片和风扇、延长风扇寿命，减小风阻的作用，并有防止散热片变形的作用
风扇	材质	材质以 PBT 材料为上，因为它耐高温、耐高压，还能阻燃，是高档风扇通用的材料
	寿命	寿命主要决定于轴承。同样是滚珠轴承，国产滚珠轴承的质量比起日本进口轴承就差很多，其寿命短、噪音大，但价钱也相对便宜。影响轴承精度的主要因素有轴承与内径公差、风扇转轴轴芯外径尺寸及配合公差等，如果配合不好，就会有异音，会发生风扇运转振动加大等现象，从而影响风扇的使用寿命。现在国产滚珠轴承的这些毛病，导致风扇运转效果并不好；而日本进口的 NSK 公司的滚珠轴承就非常精密可靠，在全世界都享有声誉
	转速	转速是可以根据需要调节的。风扇转速在出厂时都被调到适当的某个值，以满足散热需要。在其他条件相同的情况下，转速越高，风量越大，噪音也越大。高档的散热器都流行选用大尺寸、小转速的风扇，可以在保证风量的同时尽量降低噪音
	风量、风压	风量和风压是表明风扇散热能力大小的指标。在其他条件相同的情况下，风量和风压越大，散热效果越好
	噪音	噪音是风冷散热器的最大缺点，而且是不可克服的。通常减少噪音的方法有降低转速、改变扇叶的角度、增加扇轴的润滑度和稳定度等
	风扇罩	风扇罩是现在流行的风扇附件，它不仅增加了个性化的外观，还能够保护扇叶，有效地抑制空气紊流，防止机箱内杂物的干扰
扣具	压力	扣具压力适中，以保证散热片与原件表面的充分接触。Intel 和 AMD 公司对原件的压力都有严格的规定，扣具压力过大容易压坏或压碎元件；压力太小则散热器与原件表面接触不充分，大大影响散热效果
	重心位置	扣具重心位置应与原件的 DIE 面中心重合，以保证散热片底部与原件表面的全面接触
导热介质	导热系数、填充性	导热系数和填充性决定了导热介质的好坏。导热系数越高，填充能力越强，热传导量越大
	相变温度	相变温度是指决定导热介质发挥填充能力的温度。现在一般都采用常温下为液态的导热介质，因此相变温度也就不那么重要了

在选用散热器时，还应关注该散热器是否通过了相关的安全认证，应最大限度地保护自身的健康。目前的安全认证一般有 CE、FCC 认证。

CE 认证：就是“欧盟”拉丁文的缩写，它是欧盟所推行的一种证明产品符合其指定要求的合格产品标志。CE 标志是强制性的通行证，也是风扇生产制造的基本认证标准之一，它要求产品必须保护使用者的健康安全及符合环保的基本要求。

FCC 认证：是一项关于电磁干扰的认证。风扇在工作时内部会产生较强的电磁干扰，如果对电磁干扰不加以屏蔽就可能对器件和其他电器设备造成影响，甚至给人体带来危害，所以国际上对电磁干扰有着严格的规定，只有符合规定的产品才是安全无害的。

9.4.3 散热器的使用与安装

在使用和安装散热器时需要注意以下几点：

(1) 为了保证功率元件与散热器有良好的接触，要保证功率元件与散热器接触面的平整与光滑。由于功率元件的外壳与散热器很难做到紧密结合，总会留有看不见的空气隙，所以在接触面之间应涂硅脂，以改善接触效果，有利于散热。

(2) 当功率元件的外壳与散热器之间需要绝缘时，应加装绝缘垫，但绝缘垫的厚度必须在 0.08 mm～0.12 mm 之间。

(3) 功率元件应用弹簧垫圈及螺钉紧固于散热器的中央。

(4) 为了增加散热器的热辐射能力，一般都会进行着色处理，安装中不可将这种高辐射的涂层损坏。

(5) 散热器最好垂直安装，不要过于贴近其他部件，以利于空气对流，尤其不要接近发热及怕热的元器件。

(6) 散热器应尽量装在机壳外。当散热器装在机壳内时，要在散热器附近的机壳上开足够多的通风孔，必要时应加风机强制对流冷却。

(7) 选用板材散热时，不宜选用过薄的板材，其厚度应在 2 mm～5 mm 之间。

(8) 若功率元件的耗散功率大于 50 W，应选用微型风扇进行强制对流冷却，此时可视情况适当缩小散热器面积 2 倍～4 倍。

习　题

9-1　石英晶体振荡器、陶瓷振荡器与 RC 振荡器各有什么优缺点？在选择使用时应考虑哪些问题？

9-2　晶体和晶振有什么不同？在选择晶振时应考虑哪些问题？

9-3　在电路设计时应怎样选择熔断器？

9-4　选择一些常见的散热器，画出其封装，便于设计时使用。

9-5　寻找一些电子设计中常用的其他元件或配件，如绝缘垫、热缩套管、黄蜡套管、铜柱等，并了解它们的特点及应用。

第 10 章　数据手册的阅读

认识元器件除了要看它的外形外，对于无法通过外形识别的元器件(如集成元器件，其外形通常一样，常见的为 SO、DIP、QFP、BGA 等封装)，还需要通过阅读元器件厂商提供的数据手册(Datasheet)，以了解元器件的基本结构和工作原理，掌握电子元器件的主要性能参数。

数据手册描述了芯片的所有参数指标，阐述了芯片的使用方法，是沟通芯片设计者、制造商和用户的重要桥梁，阅读数据手册是一个工程师的必备技能。拿到一份数据手册，特别是英文数据手册，如何去读才能更快更好地找到自己想了解的内容？

元器件厂商通常以 PDF 文件格式发布数据手册，读者可以通过以下四种途径获取所需要的数据手册：

(1) 从芯片制造商的官方网站上去下载芯片的数据手册。这也是最主要的获取方式，可以第一时间获取所用芯片的最新版本数据手册，因为数据手册通常会存在这样或那样的错误，这是不可避免的，厂商在发现错误后会更新数据手册的版本，所以读者需要下载最新的版本，防止在设计电路时因数据手册的问题而导致设计失败。

(2) 从第三方销售商网站或技术支持商网站下载。这些元器件分销商或技术支持商为了更好地服务用户，通常会将元器件生产商的数据手册放在自己的网站上供用户下载，中文版的网站更有利于国内初学者下载资料。

(3) 从一些专门的数据手册下载网去搜索。例如：http://www.alldatasheet.com、http://www.icpdf.com。这些网站会提供各种元器件生产商的数据手册，有利于初学者下载不同生产商的同一用途的元器件的数据手册，便于比较学习。

(4) 直接 Google、Baidu 搜索。这是在无法找到元器件数据手册的情况下最好的一种方法。通常数据手册是 PDF 文件格式，在搜索时加上 pdf 后缀，有利于进一步定向搜索。

对于初学者，一本几百页的英文版数据手册，到底要什么时候才能看完它、读懂它呢？一本数据手册信息量很多，一般通过以下几个部分掌握其性能、特点：

(1) 芯片概述：一般性的描述，但有时也会给出一些其他资料中没有提及的特性或用法。

(2) 引脚图：帮助用户清楚芯片每个引脚的作用。

(3) 内部功能模块：详细阐述芯片各个功能模块的作用及如何工作。

(4) 电气参数：提供常规特性信息，确认电器特性所在的条件以及特殊情况。

(5) 封装信息：帮助用户设计正确的 PCB 封装。

下面以 TI 公司的 MSP430F20xx 芯片的数据手册(SLAS491C)为例讲解数据手册的阅读方法。

10.1　芯片概述

在数据手册的最前端一般给出了芯片的功能、特点，图 10-1-1 所示为 TI 公司生产的单片机 MSP430F20xx 芯片数据手册芯片概述部分的截图。它概括地说明了该单片机的一般特性和特别特性，包括工作电压范围、功耗、速度、存储容量、外设等信息，便于阅读者快速、大致地了解芯片，以确定是否使用该元器件。如果使用，可进一步详细阅读其内部章节。

- Low Supply Voltage Range 1.8 V to 3.6 V
- Ultralow-Power Consumption
  - Active Mode: 220 µA at 1 MHz, 2.2 V
  - Standby Mode: 0.5 µA
  - Off Mode (RAM Retention): 0.1 µA
- Five Power-Saving Modes
- Ultrafast Wake-Up From Standby Mode in Less Than 1 µs
- 16-Bit RISC Architecture, 62.5 ns Instruction Cycle Time
- Basic Clock Module Configurations:
  - Internal Frequencies up to 16MHz with 4 Calibrated Frequencies to ±1%
  - Internal Very Low Power LF oscillator
  - 32-kHz Crystal
  - External Digital Clock Source
- 16-Bit Timer_A With Two Capture/Compare Registers
- On-Chip Comparator for Analog Signal Compare Function or Slope A/D (MSP430x20x1 only)
- 10-Bit, 200-ksps A/D Converter with Internal Reference, Sample-and-Hold, and
- Brownout Detector
- Serial Onboard Programming, No External Programming Voltage Needed Programmable Code Protection by Security Fuse
- On-Chip Emulation Logic with Spy-Bi-Wire Interface
- Family Members Include:
  MSP430F2001: 1KB + 256B Flash Memory
  128B RAM
  MSP430F2011: 2KB + 256B Flash Memory
  128B RAM
  MSP430F2002: 1KB + 256B Flash Memory
  128B RAM
  MSP430F2012: 2KB + 256B Flash Memory
  128B RAM
  MSP430F2003: 1KB + 256B Flash Memory
  128B RAM
  MSP430F2013: 2KB + 256B Flash Memory
  128B RAM
- Available in a 14-Pin Plastic Small-Outline Thin Package (TSSOP), 14-Pin Plastic Dual Inline Package (PDIP), and 16-Pin QFN
- For Complete Module Descriptions, Refer

图 10-1-1　MSP430F20xx 芯片数据手册芯片概述部分

10.2　引脚定义

对于芯片引脚的定义，一般通过引脚图和引脚说明表给出，主要帮助用户清楚芯片引脚的排布，在绘制电路图或写程序时方便引脚功能的查看。图 10-2-1 给出了 MSP430F20x1 芯片的引脚图，图 10-2-2 给出了部分引脚说明，通过这些图表可以直接看出芯片的功能。

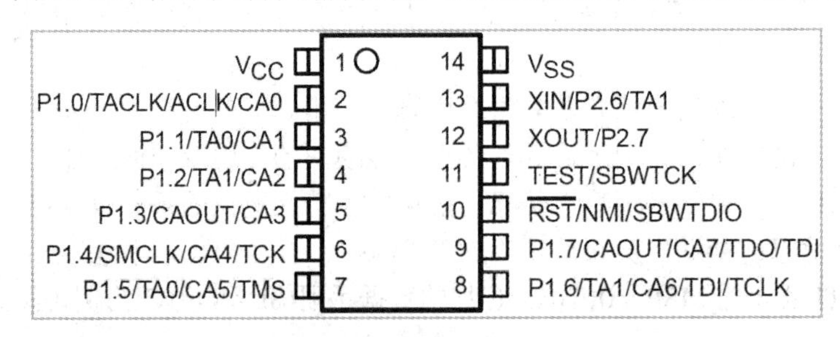

图 10-2-1　MSP430F20x1 芯片的引脚图

TERMINAL				DESCRIPTION
NAME	PW or N NO.	RSA NO.	I/O	
P1.0/TACLK/ACLK/CA0	2	1	I/O	General-purpose digital I/O pin Timer_A, clock signal TACLK input ACLK signal ouput Comparator_A+, CA0 input
P1.1/TA0/CA1	3	2	I/O	General-purpose digital I/O pin Timer_A, capture: CCI0A input, compare: Out0 output Comparator_A+, CA1 input
P1.2/TA1/CA2	4	3	I/O	General-purpose digital I/O pin Timer_A, capture: CCI1A input, compare: Out1 output Comparator_A+, CA2 input
P1.3/CAOUT/CA3	5	4	I/O	General-purpose digital I/O pin Comparator_A+, output / CA3 input
P1.4/SMCLK/C4/TCK	6	5	I/O	General-purpose digital I/O pin SMCLK signal output Comparator_A+, CA4 input JTAG test clock, input terminal for device programming and test
P1.5/TA0/CA5/TMS	7	6	I/O	General-purpose digital I/O pin Timer_A, compare: Out0 output Comparator_A+, CA5 input JTAG test mode select, input terminal for device programming and test
P1.6/TA1/CA6/TDI/TCLK	8	7	I/O	General-purpose digital I/O pin Timer_A, compare: Out1 output Comparator_A+, CA6 input JTAG test data input or test clock input during programming and test

图 10-2-2　MSP430F20x1 芯片的部分引脚说明

10.3　内部功能模块

部分芯片还会给出内部基本结构图，便于读者进一步了解芯片内部的功能，图 10-3-1 给出了 MSP430F20x1 芯片的内部功能框图，由图可以看出，该芯片内部具有系统时钟控制、1 kB～2 kB 的 FLASH 存储空间、128 B 的 RAM、10 个 I/O 口、看门狗、Time_A、比较器等单元。通过该图可以直观地看出该芯片具有的功能。

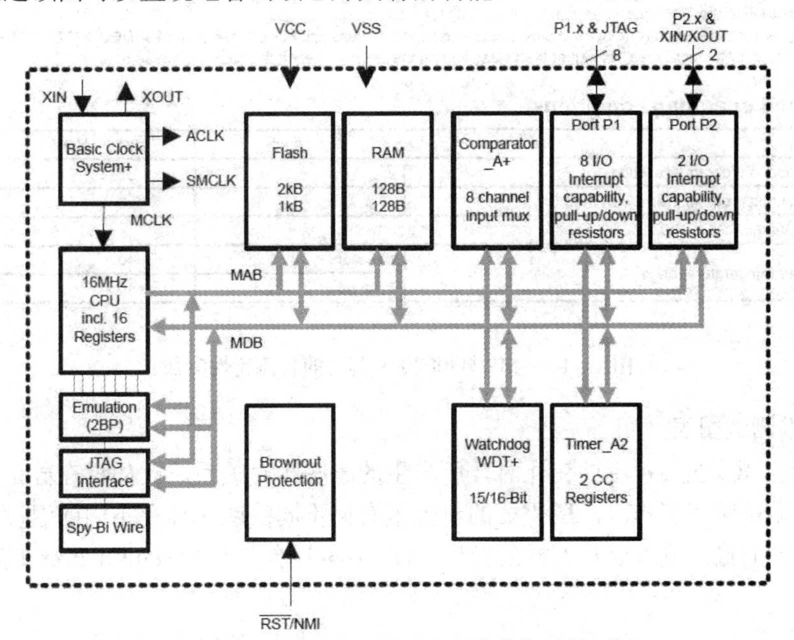

图 10-3-1　MSP430F20x1 芯片的内部功能框图

10.4 性能参数

性能参数的讲解章节占数据手册较大的篇幅，介绍不同元器件的性能参数的侧重点也不同，读者如果需要正确地使用元器件，必须仔细阅读该元器件的性能参数，如果对重要参数把握不准，可能对所设计的电路带来很大的隐患。

1．直流或交流电源下的特性参数

这是 IC 重要规格的一览表，也是设计主要的参考依据，它会清楚地标示 IC 的工作电压范围、工作电流范围、逻辑高低电平的电压值。这些参数用来提醒你在设计时所需要注意的一些细节，比如说：如果设计时所提供的工作电压过高，可能会导致芯片烧毁；如果电压不足，芯片又可能不能正常工作或根本就不工作；如果输出的电平与后级电路不匹配，便可能需要加入电平转换电路来进行匹配。这就必须仔细地将每一个参数都稍作了解，以免在电路设计时因疏忽而导致不可挽救的错误。图 10-4-1 给出了 MSP430F20xx 的直流特性参数。

Voltage applied at V_{CC} to V_{SS} .... −0.3 V to 4.1 V
Voltage applied to any pin (see Note 2) .... −0.3 V to V_{CC}+0.3 V
Diode current at any device terminal .... ±2 mA
Storage temperature, T_{stg} (unprogrammed device, see Note 3) .... −55°C to 150°C
Storage temperature, T_{stg} (programmed device, see Note 3) .... −40°C to 85°C

NOTES: 1. Stresses beyond those listed under “absolute maximum ratings” may cause permanent damage to the device. These are stress ratings only, and functional operation of the device at these or any other conditions beyond those indicated under “recommended operating conditions” is not implied. Exposure to absolute-maximum-rated conditions for extended periods may affect device reliability.
2. All voltages referenced to V_{SS}. The JTAG fuse-blow voltage, V_{FB}, is allowed to exceed the absolute maximum rating. The voltage is applied to the TEST pin when blowing the JTAG fuse.
3. Higher temperature may be applied during board soldering process according to the current JEDEC J-STD-020 specification with peak reflow temperatures not higher than classified on the device label on the shipping boxes or reels.

recommended operating conditions

		MIN	NOM	MAX	UNITS
Supply voltage during program execution, V_{CC}		1.8		3.6	V
Supply voltage during program/erase flash memory, V_{CC}		2.2		3.6	V
Supply voltage, V_{SS}			0		V
Operating free-air temperature range, T_A	I Version	−40		85	°C
	T Version	−40		105	°C

图 10-4-1　MSP430F20xx 芯片的直流特性参数

2．特性测试图表

该表标示 IC 在某种特性变化时，所产生的一些相对关系，比如说在固定电压下，在使用不同的振荡频率工作时，所需要的电流量有何不同；或芯片在不同的温度下工作时，其电压与电流的输出输入会有怎样的变化。图 10-4-2 给出了 MSP430F20xx 的部分特性测试图表。

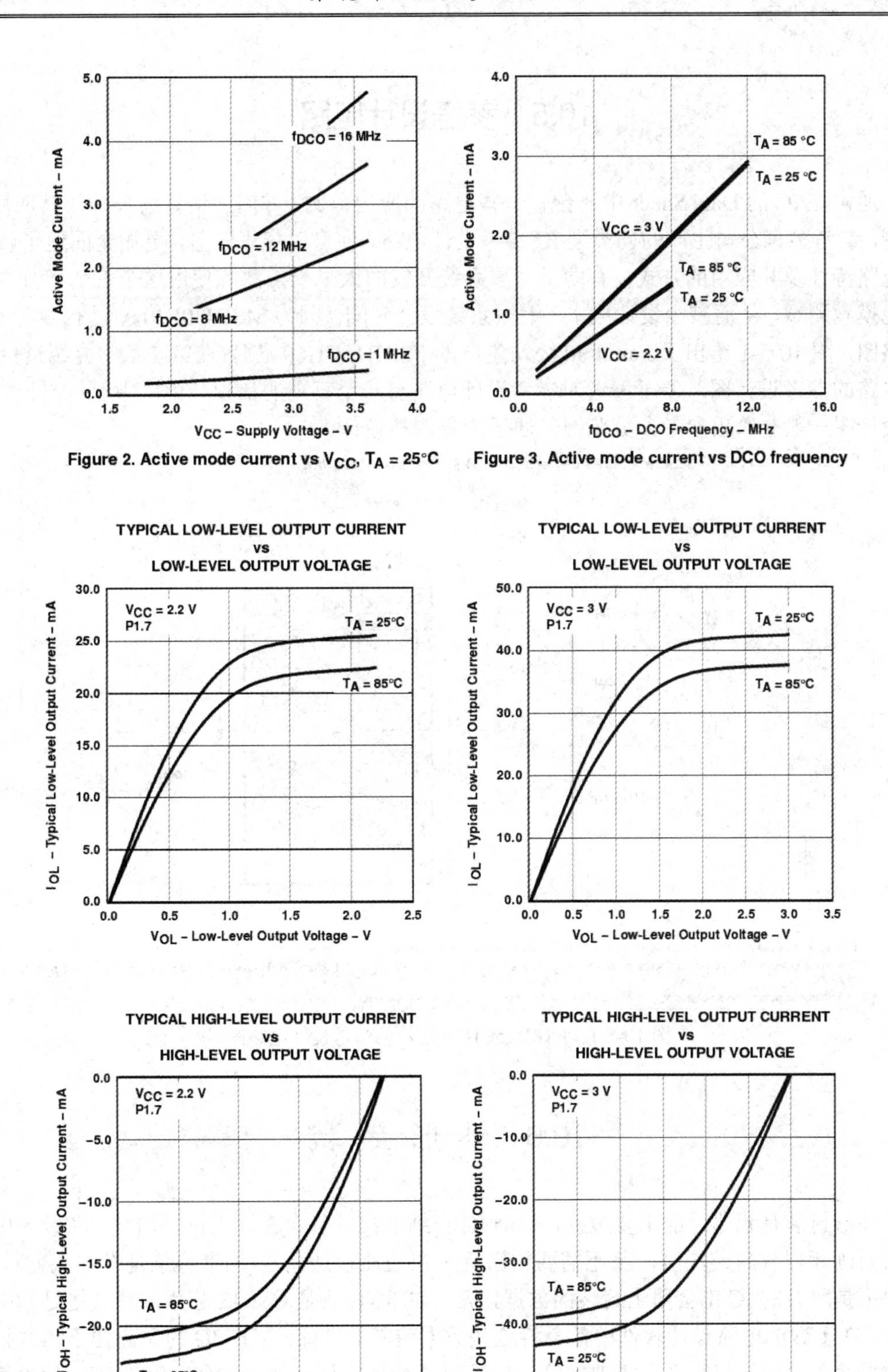

图 10-4-2　MSP430F20xx 芯片的部分特性测试图表

10.5　参考设计电路

通常在 IC 的 Data Sheet 中还会有一些电路的应用范例，并附上运算的公式及其应用的范围。参考多家公司生产的同类型 IC 参考设计电路，便可以集思广益，更加全面地了解 IC 的电路特性及其应用的方式，有助于从事系统开发的人早一点熟练使用这个 IC，而不用盲目地摸索测试，从而减少设计成本、缩短系统设计时间。因为 MSP430F20xx 没有参考设计电路图，图 10-5-1 给出了 Fairchild 公司生产的 FSBB15CH60 芯片(在第 7 章中介绍过)的自举电路的参考设计图，便于读者对参考设计电路有一个直观的认识，由图中可以看出，参考设计图一般会给出参考参数范围，便于读者调整设计。

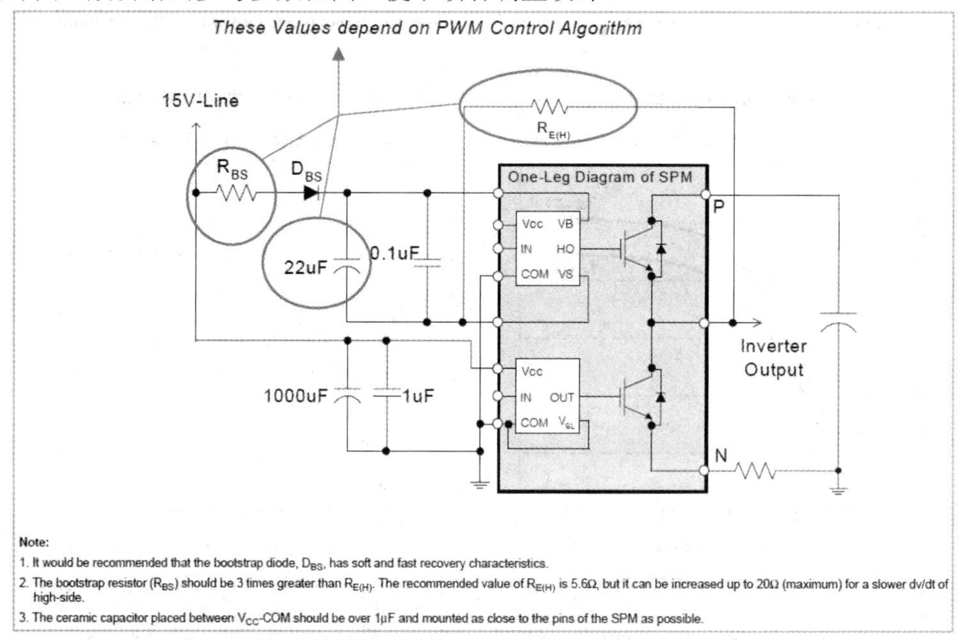

图 10-5-1　FSBB15CH60 芯片的参考设计电路图

10.6　外 形 封 装

外形封装是元器件的重要数据，整个 IC 详细的尺寸都会在这里标示清楚，在设计电路板需要画元器件封装图时，就不需要用游标卡尺边测量边猜了(测量值总是存在误差)。不过并不是所有的 IC 都会附上封装的数据，常用的 TTL 或是 CMOS 芯片，其规格是标准统一的，在多数的电路设计软件中都会将这些数据装入数据库，生产 IC 的厂商便不需要把这些数据编入手册，只需要在手册中给出标准封装名称即可，如 DIP16、SO8 等。如果读者还是需要这些资料，可以跟厂商索取完整的数据光盘，该光盘资料一般比网络上流传的 Data Sheet 要详细许多。图 10-6-1 给出了 MSP430F20xx 芯片的一种封装图 PW，上面准确地标注了该封装的参数，便于电路板设计者画图时参考。

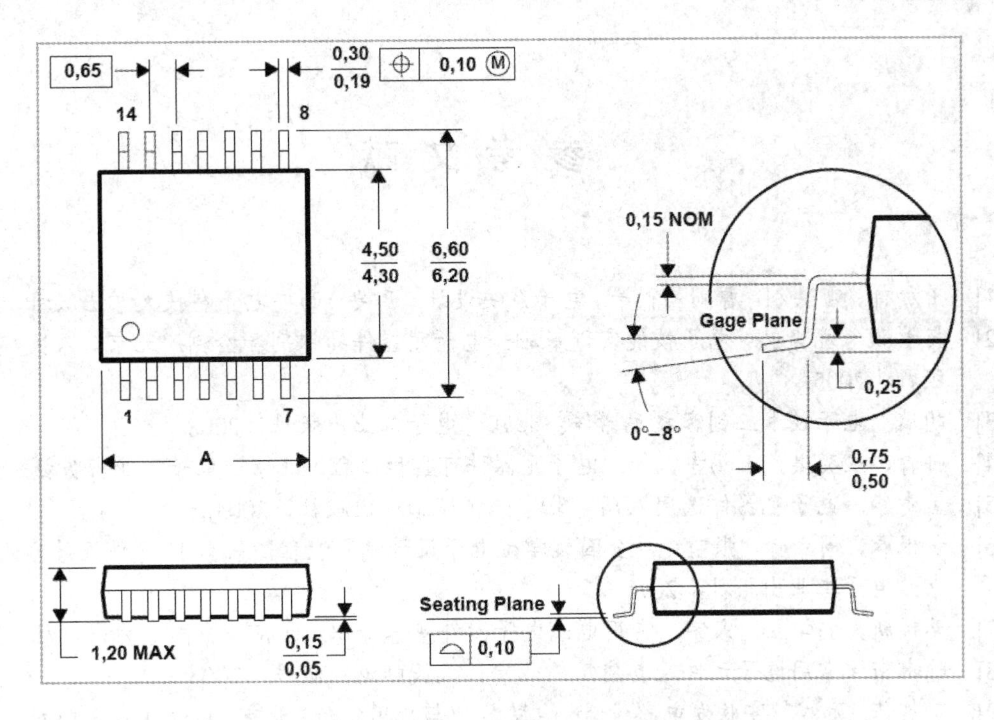

图 10-6-1 MSP430F20xx 芯片的一种封装图 PW

习 题

10-1 试着登录 TI、AD 等公司的官网，查找数据手册、应用笔记、范例程序、选型表等。

10-2 查看一些常用元器件的数据手册，阅读其功能表、引脚图、特性图等，大致了解其用途、特点。

10-3 仔细阅读一份数据手册，并对比与简要阅读时，多了解了哪些参数。

10-4 对比数据手册中的典型电路与应用笔记中的实际制作电路板的电路，它们存在什么差别？

10-5 画出或网上下载常用的元器件封装，在电路设计时能够快速应用。

参 考 文 献

[1] 王加祥，雷洪利，曹闹昌，等. 电子系统设计. 西安：西安电子科技大学出版社，2012.
[2] 杨承毅，姚建永. 电子技能实训基础：电子元器件的识别和检测. 北京：人民邮电出版社，2005.
[3] 胡斌. 电子技术三剑客之元器件. 北京：电子工业出版社，2008.
[4] 孙青，庄奕琪，王锡吉，等. 电子元器件可靠性工程. 北京：电子工业出版社，2002.
[5] 孟贵华. 电子元器件选用入门. 北京：机械工业出版社，2004.
[6] 黄根春，周立青，张望先. 全国大学生电子设计竞赛教程：基于TI器件设计方法. 北京：电子工业出版社，2011.
[7] 李祥新，安学立，宋宇. 常用电工电子器件基本知识. 北京：中国电力出版社，2007.
[8] 陈永甫. 常用电子元件及其应用. 北京：人民邮电出版社，2005.
[9] 黄智伟. 无线数字收发电路设计：电路原理与应用实例. 北京：电子工业出版社，2003.
[10] 刘征宇. 大学生电子设计竞赛指南. 福州：福建科学技术出版社，2009.
[11] 赵建领，薛圆圆. 51单片机开发与应用技术详解. 北京：电子工业出版社，2009.
[12] 王毓银. 数字电路逻辑设计. 2版. 北京：高等教育出版社，2005.
[13] M.Morris Mano. Digital Design, 3rd ed. Prentice Hall，2002.
[14] 张永瑞，等. 电子测量技术基础. 西安：西安电子科技大学出版社，1994.
[15] 薛栋樑. EM78P447 SA/SB单晶片微电脑实作. 台湾：全华科技图书股份有限公司，2001.
[16] 王振红，张常年，张萌萌. 电子产品工艺. 北京：化学工业出版社，2008.
[17] 刘宏. 电子工艺实习. 广州：华南理工大学出版社，2009.
[18] 李敬伟，段维莲. 电子工艺训练教程. 北京：电子工业出版社，2008.
[19] 王港元，等. 电子技能基础. 2版. 成都：四川大学出版社，2001.
[20] 王天曦，李鸿儒. 电子技术工艺基础. 北京：清华大学出版社，2000.
[21] 陈俊安. 电子元器件及手工焊接. 北京：中国水利水电出版社，2005.
[22] 伍宏，聂建飞，刘显芳. 电器元件与电工基本技能(插图本). 广州：广东科技出版社，2007.
[23] 王成安，毕秀梅. 电子产品工艺与实训. 北京：机械工业出版社，2007.